THE INCREDIBLE UNLIKELINESS OF BEING

Evolution and the Making of Us

我们为什么长这样

进化及人类的诞生

Alice Roberts

[英] 爱丽丝·罗伯茨 著

徐彬 译

湖南科学技术出版社

目录
Contents

1. 开端

受孕之神秘及其写就的历史

01

'Ex ovo Omnia'（ "一切都源自一枚卵"）

——威廉·哈维 （1651）

现在，当我自己成了一名母亲之后，我看世界的方式，以及我对自己在时间和空间所处位置的认识，已经发生了彻底的变化。2010年，我的第一个孩子降生了，就在那一刻，我有一种难以置信的，而且几乎是神秘的，与其他人连结起来的感觉——与我自己的祖先，以及与我的后代连结了起来。我觉得自己已经超越了个体的存在，而成了生命之链中的一环。我觉得这对女性来说是非常自然的一件事。我生了一个女儿，这件事，就和我的母亲生下我，她的母亲生下她一样自然。

如果你是一个男性，恰好在读这段文字，当然啦，男性是无法生孩子的，但是你可以用类似视角考虑一下自己的Y染色体，是它将你与所有的男性祖先的世系联系在一起。诚然，这种感觉可能并不像史诗般壮阔，但是话说回来，也没有什么事情比分娩更能让一个想法显得重要。

作为一个生活在21世纪的发达国家的准妈妈，我有幸在我的每个孩子出生之前就能看到他们。我还记得在怀孕12周的时候，当我第一次看到我的小女儿漂浮在她自己的羊水里时，我内心所感受到的无以伦比的喜悦。那时，我甚至不知道她是个女孩。能看到她的模样真是太好了，但是屏幕上的形象和怀孕的经历之间还是有很大的差距。

我是一名解剖学者——我的工作是了解人体的结构，以及它如何发育。但是不管我对胚胎的发育了解多少，对于自己体内所孕育的生命，我仍然觉得是完全不可思议的，这种感觉不会有丝毫的减弱。受精本身就挺不可思议的了，再想到一个受精卵、一个单细胞，转变成一个完整的、像人一样复杂的东西，这些就更加令人震惊了。到我孕期 12 周做孕检时，胎儿已经大体成形了：他已经有了胳膊和腿、手指和脚趾、内脏和一颗跳动的心脏。他已经看起来像一个小婴儿了。他是如何从受孕的那一刻，从一个单细胞孕育成为一条生命的呢？

此刻，你在这里，在读这段文字，这实在是太不可思议了。你的父母能够相遇，本身就是一件可能性极低的事情。他们的生活中存在着许多本该让他们背道而驰的时刻，但他们却恰巧成为了恋人。而且即使他们成了夫妻，要让一颗特定的卵子和精子相结合孕育出你，也是一件令人难以置信的事情。但是在我看来，这种令人不安的难以置信的感觉远不止于此。

由一枚受精卵、一个单细胞，发育成一个完整的人似乎超出了我们的认知。这似乎是某种生物奇迹。但是这个奇迹不需要你相信任何超自然力，也不需要神的干预；这是一个自然的奇迹，在过去的几个世纪里，科学家们已经解开了这个令人难以置信的转变过程的许多秘密（不过肯定还有一些秘密有待发现）。乍一看，一枚受精卵发育成一个完整的人，似乎是一种不可能的壮举。这种不可思议的事件让我们觉得应该有某种超自然的手引导着去实现这一目标。但一旦我们理解了这个过程的更多细节，我们就可以看到分子、细胞和组织是如何构建我们身体中的器官的。生命的孕育是一个基本的过程，它将我们与地球上的其他动物联系在一起。

当你思考自己的生命起源时，你几乎不可能相信自己曾经只是一个单细胞、一枚受精卵，但是你知道这就是事实。这一切看似毫无可能，但你的存在就是生命过程曾经发生的最好的证明。你可能也很难相信，你的各位先祖在很久以前曾经也只是单个的细胞。但是，一旦你接受了这个不可否认的事实，即你自己是在胚胎发育期间从单个细胞发育而来的，也许你会更容易相信，我们作为一个物种，是从如此卑微的起点进化而来的。看看你比较近的（但是得承认，也是相当古老的）祖先，你会发现他们曾经是从蠕虫进化而来的。如果试图追溯自己的祖先，可以沿着自己独特的血统，在生命之树的茂密枝叶中向下寻找，你会依次找到鱼、两栖动物、爬行动物、早期哺乳动物、早期灵长类动物、猿等列位祖先。在这个链条中，位于末端的是你。（顺便说一句，你仍然是一只猿猴，只不过是一种非常特别的猿类。）

我写这本书，不仅是为了帮助你重新找回你作为人类的本源——从你母亲的一枚卵子被你父亲的一个精子受精的那一刻开始，也是为了让你重新与自己的祖先联系起来。这本书将带你踏上自己的身体之旅，从头部开始，然后一直向下到你的脚趾，并延伸至你的手指。在前几章中，我们将集中讨论人类早期的祖先，如蠕虫和鱼类，然后我们将逐步进入到你的家谱中较近的几代。等到开始谈论你的四肢时，我们将会研究一下原始人类祖先的手和脚，以及你的近亲类人猿的手和脚。

我认为（我希望你也能认同我的观点）科学给我们呈现出的

最有趣的叙事之一，就是它对人类如何进化所作的解释。从一个单细胞演变成一个包含数百种不同类型、总数达到100万亿细胞的复杂有机体，这趟生命之旅，我们每个人都曾参与过。但我们也会发现，我们每个人都是进化的产物，还远远未臻完美。数百万年的进化已经产生了一些行之有效的东西，当然，这些东西也受到它的历史和构造方式的限制。对人体的结构和其运作方式的研究越深，我就越是意识到，我们每个人的这个躯壳，实际上是一个由各种碎片拼凑而成的大杂烩。它无比辉煌，但也有缺陷。我们的进化史与胚胎学发展，甚至与成人解剖学深刻地融合在一起；我们只有在进化史的大背景下才能明白身体存在的许多缺陷。就像我前面说的，我们的祖先给我们留下的除了馈赠，还有缺憾。而且在我们的身体里有非常古老的祖先的痕迹，这些痕迹存在于发育中的胚胎的形状里，并且嵌在我们的DNA里。

这是进化生物学的一个激动人心的时代——"激动人心"意味着有许多新问题尚待解决。我们仍在试图理解进化是逐步进行的还是突飞猛进的，以及进化在多大程度上是可预测的。我们仍在探索我们身体的形状和功能有多少是由先天决定的，又有多少是由后天形成的：它受到了多少过去进化以及影响其发育的遗传序列的限制，又受到了多少环境和自然选择的影响。

在通过进化论和胚胎学讲述这个"人类的形成"的故事的时候，我们将探索自己的解剖构造，并与我们自己的进化史上的祖先，以及此次发现之旅的队员中的科学先驱们见见面。但故事的中心人物其实是你。它关乎你的进化演变的历史，关乎你自己的胚胎发育。在生命发育的过程中，你的身体就像折纸的过程一样，不断地发生变化，最终才被塑造成人的形状。作为人类，这种转变几乎可以跟从毛毛虫到蝴蝶的转变相比。我们每个人都经历过这种生命形态的转变：从一个受精卵到一个扁平的圆盘，再到一个中空的管子，再到一个四肢粗短的小生命，再到一个看上去很具人形的东西——这一切都是在受孕后仅仅两个月的时间里发生的。

这是一则最美好的创世故事，因为它是真实的。故事中也充满了相当奇怪的启示。在你的 DNA 中，有痕迹表明你和果蝇曾有共同的祖先。在发育的某个阶段，你的胚胎看起来像是要长出鳃来。我们的祖先在数百万年前开始制造和使用工具，工具的出现改变了人类身体的结构，比如让你的双手成为现在的样子。这个科学故事由许多来源不同的证据拼凑起来，比我们所能想象到的任何创世神话都更不寻常、更奇异、更美丽。

思想简史

就在不久之前，人类或任何有机体的起源一直是科学界最大的谜团之一。公元前 4 世纪，亚里士多德写就了《论动物生成》（*On the Generation of Animals*），这是第一本关于胚胎学的科学著作。在这部作品中，他认为是男性的精液激活了女性的经血，产生了胚胎。尽管对今天的我们来说，这似乎是一个奇怪的说法，但是如果你仔细想想，这是基于非常合理的假设的；它假设性和怀孕之间存在联系——当然，至此为止，这是对的。在人们能够通过显微镜看到人类的卵子之前那么久的时候，亚里士多德提出的关于经血的想法确实是挺有道理的，因为当女性怀孕后，月经就会停止。

在随后的几个世纪里，除了体液之外，不存在已知的胚胎特定前体，这对于许多科学家来说并不一定是个问题。人们甚至认为一些动物是来自无生命的物质，例如，苍蝇可以从腐烂的肉中自然产生。亚里士多德的发育理论，他称之为"后成说"（epigenesis），认为一个复杂的人体可以仅仅通过混合两种液体，即精液（注意，他不知道精液中有精子，而是认为精液只是一种同质的、乳白色的液体）和经血发育出来。他的理论在之后两千年的时间里基本上没有受到质疑。

古希腊"医学之父"希波克拉底（Hippocrates）曾提出，受孕需要男性和女性的种子，但亚里士多德的观点——男性精液是孕育婴儿的关键因素——更具影响力。然而，到了17世纪中叶，威廉·哈维（William Harvey）显然对这种解释产生了强烈的怀疑，因为他一直通过解剖研究动物的产生。尽管他相信一定有一个雌性的"卵子"，甚至认为它一定起源于卵巢，但是他却始终没有找到科学依据。

我们现在都知道怀孕是怎么回事了，而且这件事似乎再明确不过了。如果我们能在极小的尺度上看到所发生的事情，就会意识到人们对生命的起源的探索是个非常引人入胜的故事。这一发现依赖于增强人眼的光学能力的技术，加上一套额外的镜片，我们能看到比裸眼所看到的小得多的物体。简易的放大镜至少在16世纪就出现了，但究竟是谁发明了第一个显微镜，却不得而知。

伽利略更为人所知的发明可能是望远镜，但他还发明了一种他自己称为"occhiolino"的东西（意大利语中的字面意思是"小眼睛"，但现在的意思是"眨眼"）。到17世纪早期，伽利略发明的"小眼睛"已经被我们现在熟知的名称取而代之：显微镜。到了17世纪后期，罗伯特·胡克（Robert Hooke）用显微镜研究了常见物体的隐藏细节——跳蚤、荨麻和蜜蜂的螫刺——并将他的发现收录在印刷装帧精美的《显微术》一书中。

与此同时，在北海的另一边，一位名叫安东尼·范·列文虎克（Antonie van Leeuwenhoek）的荷兰人痴迷于自己的爱好：制作微型玻璃镜片，并用它们来制作显微镜。透过微小的镜片，他开始看到各种各样的细微的细节和物体，这些都是以前从未有人见过或记录过的。他看到了团藻、微小的浮游动物、产卵的苍蝇、人类红细胞以及脾脏、肌肉和骨骼的微观细节。

另外，列文虎克也是第一个看到人类精子的人。想象一下那该是多么神奇的事。我们确实很难理解这件事有多么"神奇"，因为我们是知道存在精子这种东西的。但是先试着把这一知识忘掉，假设你回到了1677年，你是范·列文虎克，你痴迷于显微镜下的世界。你了解到精液这东西莫名其妙地就能造出孩子来，所以你搞到了一些精液（具体的细节还是留给诸位去想象吧），然后把一小滴这种乳白色的液体放在自制的显微镜下进行观察。你仔细看过去，然后就被眼前的景象惊呆了：整个视野中充满了胡乱运动的东西。你能分辨出一个个蝌蚪状的细胞，它们猛烈地甩着尾巴。它们似乎是微生物，就像你之前发现的原生生物一样（并且已经写信给皇家学会报告了）。但这些"微生动物"来自人类。

当然，事后看来，真正令人震惊的是，无论是列文虎克还是伦敦皇家学会的科学家们，都没有立即意识到他的观察的重要性：这是受孕的秘密的其中一半。

另一位荷兰人"差一点"就发现了人类卵子，但功亏一篑。不过他还是获得了应有的赞誉。他名叫雷尼埃·德·格拉夫（Regnier de Graaf），是一名医生。1672年，他发表了一篇关于雌性动物生殖器官的论文，其中描述了兔子卵巢内卵泡的发育。这些小细胞球——也存在于人类卵巢中——最终以他的名字命名：格拉夫氏卵泡。格拉夫还观察到卵泡破裂后输卵管内有微小的球体，他推断卵泡以及球体中一定含有卵子。但是直到1827年，才有人发现了哺乳动物的卵细胞。

那个人是卡尔·恩斯特·冯·贝尔（Karl Ernst von Baer）。从名字就能看出，冯·贝尔的祖先是德国人，但他出生在爱沙尼亚，而在1792年的时候，爱沙尼亚是沙皇俄国的一部分。冯·贝尔是哥尼斯堡大学的动物学教授，研究胚胎学。1827年，他在卵巢的格拉夫卵泡中发现了哺乳动物的卵细胞（mammalian ovum）。

太棒了。这些科学家似乎已经找到了答案：受孕需要一个卵子和一个精子，它们结合在一起就形成了胚胎。只不过，实际发生的故事又一次证明了事后诸葛亮比较容易当。也许亚里士多德的思想过于根深蒂固了，当时的人们无论如何都不相信，在孕育个体的诞生的过程中，不管到底发生了什么，精子和卵子所起的作用是相当的。于是科学界分成了两个阵营：卵原论者和精原论者。卵原论者认为精子只是一种"唤醒"卵子的力量。精原论者认为卵子只是精子创造的新生命的营养来源。

认识到存在精子和卵子，也意味着亚里士多德后成说的观点，即复杂的新生命以某种方式从简单的液体中发育而来的观点被推翻了。但这仍然留下了一个类似的难题有待解决——一个复杂的有机体是如何从一个精子和一个卵子这样简单的东西发育而来的呢？对于17和18世纪的许多科学家来说，答案就是"先成说"（胎中预成学说，preformationism）。这一理论是说，在胚胎的前体（在卵子或精子中，取决于你是卵原论者还是精原论者）中，就已经存在如此复杂的有机体了，只不过特别微小罢了。这个理论最极端的版本是，一个完整的、预先成形的人——微小的"侏儒小人"——存在于精子中。荷兰透镜制造商尼古拉斯·哈特苏克（Nicholas Hartsoeker；他从列文虎克那里学到了这门手艺）就画了一个这样的小人，紧紧地蜷曲在精子的头部内（图1-1）。

法国哲学家及天主教教士尼古拉·马勒伯朗士（Nicolas Malebranche）进一步推动了先成说的思想。1674年，他提出了嵌套（emboitement）理论，认为每个个体都是"装箱"在母亲的卵子里的。他写道：

从郁金香球茎的胚芽可以看到整个郁金香。你也可以在一个新鲜受精卵的胚胎中看到……一只可能完全成形的鸡仔。

他总结道："所有的降生下来的人类和动物的身体……也许早在创世的时候就产生了。"换句话说，每一个曾经生活过（或将来有机会活在世界上）的人都已经在那里了，以微小的形态，被

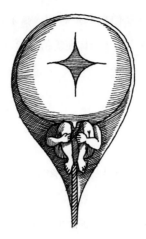

图1-1　以哈特苏克命名的小人（Homunculus）

塞进了夏娃的卵巢里，就像是一套最不可思议的俄罗斯套娃那样。这种先成说理论也被称为"演化"（evolution），这在当时不失为一个恰当的术语，因为它本来的意思是"展开"。当然，今天这个词的意思已经大不相同了。对于那些相信世界只有几千年历史的人来说，也许嵌套理论看起来确实是讲得通的。而且在细胞理论产生之前，还没有设定一个大小的极限值，所以人们会想象存在有如此微小的、预先成形的生命存在。

　　但这并不是说，早期的胚胎学家都相信这种极端形式的先成说。任何透过显微镜看过早期胚胎的人都会知道，它看起来不像一个微小的、预先成形的个体——至少在生命的最初几周不像。尽管在今天看来，先成说的某些更为极端的方面似乎有些可笑，但那批人肯定是有他们的道理的，因为他们论点的核心思想是，一个复杂的有机体不可能从一个完全未经组织、完全同质的东西中产生。在这一点上他们当然是对的；只不过，还需假以时日，人们才能发现携带形成新生命体所需信息的分子。

生命的开始

我们现在对人的生命是从何而来的有了更好的理解。你的基因身份，作为一个新的个体，在你父亲的一个精子游进你母亲的输卵管的那一刻就被确定了，那个卵子正往下朝子宫游去。

想象一下那个画面：卵子从卵巢里的巢中挣脱出来，带着一群更小的细胞。它已经进入了输卵管的漏斗状开口，管内布满了手指状的纤毛，输卵管里细小的、毛发状的纤毛摆动时，促进了管内的液体的流动，从而使卵子顺畅地前行。

现在设想一个精子，甩着尾巴奋力游动，向上穿过子宫颈管、子宫腔，进入输卵管。这个过程可能需要几天的时间。首先到达卵子的精子是通过运气和力量做到这一点的。一次射精会有数亿个精子进入阴道，尽管自它们离开睾丸以来已经走了很长的路，它们仍然有很长的路要走。许多精子甚至还没游出阴道，通过狭窄的子宫颈进入子宫就已经死亡了。如果时机不当，子宫颈内的黏液就会形成一个屏障，阻止精子进一步前进。但在排卵期前后，宫颈黏液会变得更滑、更黏稠。（这是一种古老的预测方法，用于判断女性月经周期中最适宜生育的日期。宫颈黏液由黏稠变为有弹性，就像蛋清一样。德语中表示这种特性的词是 spinnbarkeit，意思是"可纺性"，即拉丝性强。）在穿过子宫颈，进入宫腔的这一过程中，更多的精子会被留在外面，而进入的精子在这种环境中则会茁壮成长，更猛烈地甩动它们的尾巴，拼命向上游出去，进入一条输卵管。卵子会释放出化学信号，帮助精子选择正确的输卵管。到达卵子的精子数量只是射出的精子数量的一小部分。也许只有百万分之一的精子能走到这一步。但竞争才刚刚开始。

数百个精子几乎同时到达卵子；卵子周围都是微小的精子，但卵子只需要其中一个精子进入。有些精子会穿过卵丘，卵丘是卵子周围的一圈细胞，在排卵时，卵子从卵巢中破茧而出，这些细胞就附着在卵丘上。精子一旦穿过这些细胞，就会到达透明带，这是一层厚厚的、凝胶状的卵膜。现在精子无路可退了，透明带会捕获精子。精子的头部粘在凝胶上：凝胶中的含糖蛋白质附着在精子膜上的蛋白质受体上，就像可以插入锁中的小钥匙。而这些钥匙确实能开启一些东西：含糖蛋白质触发了精子尖端释放出酶，让一个精子穿过透明带直接到达卵子的细胞膜。现在精子的细胞膜接触到了卵子的细胞膜，两个细胞膜的融合使两个细胞——微小的精子和巨大的卵子——合二为一（图1-2）。

在你母亲身体的某个隐匿的角落，一个生命就此诞生了，这一切看起来非同寻常，但又无比寻常。但也要记住，受精卵不是一个人，它只是一个细胞。谁也无法保证，在那个时候，这个细胞会发育成一个健全的有机体。当然你现在有资格说：那就是我生命的起点。

当精子和卵子的细胞膜融合时，会发生三件事：首先，精子继续向卵子里游去，精子膜（此时的膜仅仅是一个壳）脱落留在卵子的表面。其次，在卵子内靠近其包膜的地方，有一小包化学物质。现在这些小包和卵子的膜融合在一起，包内的化学物质释放进入透明带的下面，使透明带变得坚硬，防止其他的精子到此与卵子发生融合。这一点很重要：卵子所需要的只是一套染色体来补充它自己的染色体——23条染色体与它已有的23条染色体配对。如果有更多的精子使卵子受精，这就意味着会有更多的染色体，这样就会破坏一个胚胎发育的机会。最后，当精子进入卵子时，母体的DNA要经过最后的准备阶段，然后母体的染色体才能与雄性配对。

图1-2 精子到达卵子

当精子游进卵子时，它的尾巴会脱落并分解。这就像把一颗卫星发射到轨道上一样，只不过是在极微小的尺度上：火箭到达预定轨道后，运载火箭与它的有效载荷——卫星本身——分离。在卵子内部，有效载荷是精子的头部，它包含一组染色体，是卵子发育成为胚胎所必需的基本信息。染色体打开时，里面的遗传物质开始膨胀。形成每个染色体的双链 DNA 随后被解开——这就是 DNA 的神奇之处。在形成新的双链前，微小的 DNA 构建块（或称核苷酸）附着在"拉链"的两边。在卵子的染色体内也发生着类似的复制。然后两个小包——一个来自卵子，一个来自精子，里面都充满着一对染色体——挤在一起发生融合。这样，母亲卵子里的 DNA 和父亲精子里的 DNA 就实现了首次结合。

现在有 46 对染色体，DNA 数量对两个细胞来说已经足够了。两套染色体在卵子的中间排列起来，就像成对跳舞一样。它们聚集在一个被称为纺锤体的支架上，纺锤体由极薄的蛋白质管组成。然后每条双染色体分裂成两条，两条染色体分别向纺锤形支架的两端移动（图 1-3）。这一切都是在受精卵的细胞膜内进行的，细胞膜向内挤压，呈哑铃状。挤压到最后，细胞膜从中间断裂，分裂成了两个细胞。从精子与卵子融合到现在已经过去了 24 个小时。在你生命的第一天结束时，你是两个细胞。

但是它们没有停歇，每个细胞都在努力工作。DNA 再次复制，细胞继续分裂。三天后，你变成了一个由 16 个细胞组成的球。此刻的样子，有一个完美而富有诗意的专业术语：桑椹胚（morula，这个词源自拉丁语，意为"小桑椹"，见图 1-4）。当这一切发生的时候，你也一直在母亲体内前进。随着输卵管肌壁的收缩，以及输卵管内纤毛的摆动，此时你已经快要到达子宫腔了。虽然你现在可能只是一个细胞球，但球内外的细胞已经注定拥有了不同的命运。你的外部细胞将帮助形成胎盘，这是你在子宫里的生命支撑；而你内部的细胞则会形成真正的你：胚胎。

受精一周后，随着你进入子宫，细胞球内形成了一个充满液体

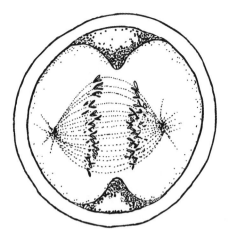

图 1-3 当卵细胞开始分裂时，纺锤体上的成对染色体被分开

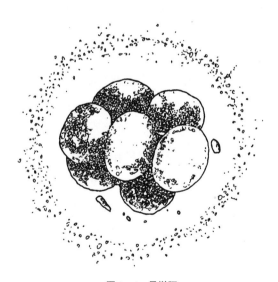

图 1-4 桑椹胚

的空间。你不再是桑葚胚；你现在是一个囊胚（blastocyst）——这个词来自古希腊，意思是"空心的芽"。内部的细胞团不是均匀地贴在外部细胞团上，而是聚集在囊胚的一端。你已经发育出了极性。这一发育看起来不重要，但这种细胞的非平均分布意味着发育中的胚胎现在有了方向。不管囊胚在输卵管内的液体中朝哪个方向漂浮，它现在都有了自己的内部方向。内部细胞团中，面向新空腔的细胞与面向边缘的细胞就此出现了不同的生长命运。

此时，你的10厘米的短途旅行该结束了。当你靠在子宫内膜上休息时，你的外部细胞随即开始侵入内膜，这标志着胎盘开始形成。

在胚胎发育过程中，有很多出错的机会。一个有机体越复杂，它的发育就越有可能出错。但事实上，从一开始发育，甚至在它还没有变得特别复杂之前，就有很多时候有可能出现致命的差错，囊胚的着床点就是其中之一。你的囊胚可能已经安全着床了，但情况并不总是那么顺利。囊胚可能会卡在输卵管里，或者更罕见地进入母亲的体腔，此时无论落在哪里，它们仍会试图着床（图1-5）。这就是所谓的宫外孕（异位妊娠，ectopic，来自希腊语的"错位"一词）。子宫能够随着胚胎的生长而增大，但是其他组织却无法适应。异位妊娠有可能非常危险：生长中的胚胎卡在输卵管内很可能导致血管破裂，引发灾难性的内出血。在没有手术干预的情况下，这种出血很可能致命。

现在我们可以说，发育成你的囊胚当时在你母亲的子宫壁上安全着床了。当你进入发育的第2周时，内部细胞团（仍在增殖）分裂成两层：上层（上胚层）和下层（下胚层）。这种分化取决

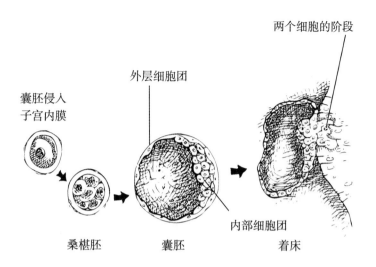

图1-5 发育的第一周：从两个细胞的胚胎，到桑椹胚，到囊胚，再到在子宫内着床

于细胞相对于囊胚腔的位置。来自下胚层的细胞扩散附着到原囊胚腔的内部。从现在开始，这个空间被称为卵黄囊，但是它不包含卵黄，因为你是一个有胎盘的哺乳动物，不需要额外的营养袋。但在这里，关于胚胎如何发育形成成体，我们发现了一些非常重要的东西。没有一种生物是从零开始"设计"出来的，进化都是对已有的东西进行调整和修补。这意味着你的进化史中的一些内容将被铭刻在你的胚胎发育中。作为一个小胚胎，你有一个卵黄囊，即使很小，也不带卵黄，但也揭示出你祖先的一些信息，以及胚胎学与进化论之间的联系。可能你是有胎盘的哺乳动物，但你的有些祖先会产卵，并带有完整的卵黄，在你的胚胎发育过程中，有这些祖先的痕迹。

我们为什么长这样

在发育的第 2 周还发生了另一件事：一个全新的空间开始出现在囊胚外层细胞的里面。这个空间是羊膜腔。一开始，它面对着发育中的胚胎的一侧，但这是个充满液体的囊，最终会包裹着你，你出生前将一直漂浮其中。夹在两个充满液体的空间——羊膜腔和卵黄囊之间的，是一个由上胚层和下胚层组成的双层圆盘。在你初具人形前，还要经历一段漫长的发育过程。但在此之前，你的模样会逐次地像一些其他动物正在发育的胚胎。在受孕后的第 4 周，人类胚胎看起来非常像处于类似发育阶段的鱼胚胎。在第 5 周，当你的四肢开始冒出来时，你和小鸡的胚胎几乎没有什么区别。几周后，你看起来像是任何其他哺乳动物的胚胎。你可能会被误认为是猪、狗或老鼠的胚胎，只有从头的形状，以及 5 个手指脚趾，才能判断出你是灵长类动物（图 1-6）。

所以，不仅仅是卵黄囊反映了我们的进化史。人类胚胎与古代祖先和今天仍存活的其他动物的高度相似性，产生了胚胎学历史上最不光彩的理论之一：重演律。

观察不同动物的微小胚胎，我们不可能忽视这样一个事实：在胚胎中可以找到一些进化的"回声"。在人类胚胎中，有一个阶段它看起来似乎有非常像鱼鳃的原基，另外有一个阶段它的心脏看起来很像鱼胚胎的心脏。那么，人类胚胎真的有可能"记住"或"重演"它们的进化史吗？

恩斯特·海克尔是一位具有开创性的生物学家，19 世纪下半叶，在德国工作和写作的他发现并命名了许多新物种，还致力于推广达尔文的进化论思想。他因提出了重演理论而被载入史册——但这个理论却是大错特错了——尽管他不是第一个提出这

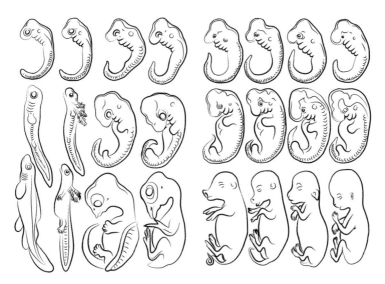

鱼、乌龟、母鸡、猪、牛、狗、人类与火蜥蜴的胚胎
本图选自海克尔的插图,显示了8种不同动物胚胎
发育的相似阶段

图1-6 8种动物的胚胎发育图

个想法的科学家。

　　亚里士多德根据复杂程度和完美程度对生物体进行了分类,认为人的胚胎会经历相似的发育阶段,最终达到完美——当然这指的就是人的样子。但亚里士多德其实只是将胚胎发育的不同阶段与他对动物的分类作了一下类比,是按复杂度排序的。

　　这种对动物——所有动物——的线性分类是一种极具影响力的想法。先成说者(他们想象一个完整的人蜷缩在一个精子或卵子里)认为,地球上所有生命的历史在世界创造的那一刻就已经浓缩成了微型的存在,而从那时起,只是把微型的东西简单地展开而已。一切都是命中注定的，每一个有机体都连接在一条巨大的生命链上，就像一个自然阶梯（scala naturae）。这是复杂性和完美程度逐渐加强的过程，当然，其顶点是文明人。

到了18世纪末、19世纪初，德国自然哲学学派的生物学家们否定了进化是以预先注定的方式进行的这一观点，但他们仍然相信，进化是朝着一个非常明确的方向发展：复杂程度逐渐增加，意识逐渐完善。同样的，人类处于这一发展方向的顶峰。在那批自然科学家中，有位名为约翰·弗里德里希·梅克尔（Johann Friedrich Meckel）的内科医生兼胚胎学家，就是他提出了重演律。有两个胚胎组织以他的名字命名，所有医学院学生都知道：美（梅）克耳氏软骨[1]（发育中的下颌骨）和梅克尔氏憩室（末端回肠壁上的突出物）。梅克尔发现，生命之链与胚胎从简至繁发育方式之间存在着深刻联系。梅克尔认为，胚胎实际上是进化的重演，是在一个非常小的范围内的加速回放。

但是并不是所有的自然哲学家都赞同这种重演的观点。哺乳动物卵子的发现者卡尔·恩斯特·冯·贝尔对小鸡胚胎进行了研究，发现了重演论存在一些关键问题：首先，胚胎与其他任何动物的成年形态都不完全一样；其次，结构在胚胎中不一定与自然阶梯一致，是"按顺序"出现的；最后，也是最重要的一点，冯·贝尔认为，胚胎发育实际上是由简至繁的演变过程。即使是像鱼这样"原始"的动物实际上也非常复杂，所以重演律根本讲

---

[1] 美（梅）克耳氏软骨——这种现象大量存在。人名译音统一之后，发现很多历史上翻译的科学名词，或是其他领域的名词，包含特定人名，却并不统一。——译者注

不通。但冯·贝尔在否定重演律的同时，碰巧发现了生物学发育的一个真正的基本规律：分化。他亲眼看到了小鸡胚胎如何从简单的生命结构发育成复杂的有机体。

19世纪上半叶所有这些发育理论，都是在一个即将被打破的理论框架上建立起来的。这个框架就是圣经创世论，它秉持着物种不变的教条。圣经创世论表明，胚胎学和成年动物中常见结构的出现，都是某种神的旨意的反映。

1859年，查尔斯·达尔文出版了《论依据自然选择即在生存斗争中保存优良族的物种起源》，生物学这个富丽堂皇的挂毯被重新放置到了一个新的框架上。其实，《物种起源》的中心论题在出版的前一年就已经提出了。那时达尔文和阿尔弗莱德·拉塞尔·华莱士（Alfred Russel Wallace）向伦敦林奈学会联合提交了一篇论文，文中就阐述了这一观点。但是这篇论文并没有引起太大的轰动，现在看来这一点还是蛮奇怪的。但是《物种起源》确实使人们由此注意到了"通过自然选择而进化"的这一观点。早期关于自然阶梯上不可变物种序列的想法，如今已经被在生命之树中随时间进化的真实物种序列所取代（不过线性进化的想法很难消除，而且直到今天仍然存在）。

在《物种起源》一书中，达尔文提及了不同动物的胚胎之间存在惊人的相似，而且用著名的解剖学家路易斯·阿加西（Louis Agassiz）的一则轶闻趣事阐释他的观点。他说阿加西"忘了给某个脊椎动物的胚胎贴上标签，结果导致他无法判断这个胚胎是哺乳动物的，鸟类的，还是爬行动物的"。达尔文认识到，胚胎之间的相似性可以为动物之间的进化关系提供重要的线索，而这些线索随着成年动物的发育变化而变得模糊。在生物的神创论观点中，胚胎之间（以及成人之间）的相似性表现了造物主头脑中和动物之间的抽象联系。而在新的进化范式下，这些相似之处反映了祖先和后代之间真实的物理联系。

在德国，恩斯特·海克尔是达尔文进化论的重要支持者，他自己也撰写过关于生物学、形态学和进化论等方面的通俗著作。尽管冯·贝尔反对重演论，但该理论在 19 世纪中期仍然很盛行，而海克尔给这个理论加入了进化的倾向。海克尔认为，在胚胎发育末期，形态发生变形时，进化发生了改变。这意味着一种有机体的胚胎发育将反映其进化发展的确切顺序。例如，人类胚胎的形态在看起来更像哺乳动物之前，可能会经历像鱼、两栖动物和爬行动物的阶段。海克尔将这一观点总结为"个体发育概括了系统发育"——换句话说，胚胎发育概括了进化史。

海克尔的重演理论，也称作的生物发生定律（Biogenetic Law），得到了广泛的接受，众多生物学家都认可个体发育和系统发育之间存在关联，而且用重演理论也能完美地解释这种联系。但这一理论注定要被彻底抛弃。大约在 19、20 世纪之交，实验胚胎学的兴起和一门名为"遗传学"（genetics）的科学的出现，宣告了海克尔理论的终结。胚胎学家开始研究发育的机制，以早期两栖动物的胚胎为样本，观察试验结果。遗传学研究表明，胚胎不一定到发育的最后阶段才发生变化：从受孕的那刻起基因就已经存在了，如果基因突变，那么胚胎随时可能发生变化。重演理论背后的关键思想——额外的特征只能在胚胎发育末期添加，以及胚胎经历了相当于成年祖先不同的阶段——已经经不起推敲。

重演理论的戏剧性失败，使这一话题变得比较微妙。提起这个名词，几乎就像是在说生物学上的脏话。这一理论已经声名狼藉，现在我们只是把它当作一个警示。但是在胚胎发育和进化历史之间，的确有可比拟之处。海克尔错了，动物的胚胎中没有祖先远程投射过来的影像。但是冯·贝尔（在当时各种理论甚嚣尘上的时候他基本上被人遗忘了），还有达尔文，都是对的。胚胎之间有相似之处，的确是因为动物有共同的祖先。

通过主要研究活体动物在解剖学、生理学和胚胎学方面的变异，达尔文和阿尔弗莱德·拉塞尔·华莱士提出了自然选择进化理论。这种变异非常重要，而且经常被神创论者忽视，因为这意味着进化论既不依赖化石记录，也不依赖自维多利亚时代以来的任何科学进步。对于如今生存在地球上的动物，我们在它们身上所看到的模式，最优雅的解释是它们都曾经有关系：它们都是一棵巨大的进化生命树上的小枝杈。19 世纪下半叶，生物学家和地质学家清楚地认识到，以化石形式出现的已灭绝的动物也是这棵大树的一部分。但是自从 1858 年达尔文和华莱士的论文发表以来，已经有许多关于已灭绝的生物化石的惊人发现，这些发现为动物群体之间提供了联系。我们现在有像提塔利克鱼（Tiktaalik）这样的长有肢状鳍的鱼的化石，也有像棘螈（Acanthostega）这样的早期两栖动物的化石，这些化石向我们展示了动物最初的四肢是什么样子。我们从长有羽毛的恐龙身上得知了鸟类是如何起源的，也找到了仍然长有腿的鲸的祖先化石。同时我们还发现了看起来像哺乳动物祖先的爬行动物的化石。目前已知的古人类化石大约有 20 种，构成了一个长达 600 万年的两足类人猿族谱，其中还包括我们自己的祖先。

　　除了这些丰富的化石证据，我们现在还可以用电子显微镜和免疫组织化学等技术，根据细胞产生的特定蛋白质来对细胞进行染色，从极其细微的角度对其进行研究，这都是维多利亚时代的人做梦都无法想到的。当然，随着 DNA 的发现、基因功能的阐明（这是一个仍在继续的主要研究领域）和整个基因组的解读（这个领域的研究如果不是处于胚胎期的话，也肯定是尚处于婴儿期），我们对遗传特征的本质的理解有了巨大的飞跃。

　　由于细胞组织学和遗传学的发展，胚胎学本身又重新焕发了活力。20 世纪下半叶，人们通过实验研究细胞如何"决定"它们将发育成什么样的组织，或者它们将长在身体的什么地方。在人们发现了 DNA 这种"生命密码"之后，胚胎学的研究发生了转变——如今它不仅显示胚胎是如何随时间形成，还包括由哪些基因推动了这一过程。当年的冯·贝尔能够通过显微镜观察到鸡、鱼和人类这些完全不同的动物早期的胚胎具有相似处，现在 DNA 测序则发现了更深层次的相似之处，这些都被写入了动物的遗传密码中。

　　现代胚胎学揭示了有机体的遗传密码是如何被翻译成蛋白质来构建身体的。为了重建生命之树，我们不仅可以利用比较解剖学，还可以利用比较胚胎学和比较基因组学进行更深入的研究。建立在 DNA 序列上的物种系谱，比基于解剖学上的更有助于我们深入了解进化史。这种混合了胚胎学、遗传学和进化论（被称为"进化发育生物学"，Evo-Devo）的新学科，能够回答有关胚胎发育和生物体进化史的重要问题。今天，新一代的胚胎学家一方面坚决反对海克尔的生物发生定律，另一方面又忙着在个体发育和系统发育、胚胎学和进化论之间寻找更多的联系。

正是通过成体的解剖结构、胚胎发育、遗传密码中与其他动物的相似之处，我们才能够理解自己在生命之树——自然之树——中的位置。我们只是那棵树上的一根小枝桠，而不是进化的终极目标（不存在终极目标）。仔细观察你的身体结构，你就会发现自己并不是你想象中的"进化的顶峰"。你远不是一个完美的创造物，而更像是一个由碎片组成的破布袋，是数百万年修修补补的结果。但就自然选择而言，你这样子就行，也正因此，今天你存在于这个世界上。

胚胎学和进化论解释了为什么你的身体是这样的。你成人后的身体结构和功能，是你自身胚胎发育和进化历程的产物。从头到脚，你都是那段历史的活生生的化身。

2. 头和大脑

从脊椎动物头部的起源到人类
大脑的惊人变化

02

人们经常问我：你如何对大脑产生了兴趣？我的回答是："怎么会有人不感兴趣呢？我们所说的'人性'和意识都从这里产生的。"

——维拉亚努尔·S. 拉马钱德兰

第一个脑袋

也许这个问题很奇怪，但是你有没有想过，为什么你会长一个脑袋？这显然不是人类独有的特征，我们熟悉的大多数动物也长脑袋。的确，如果你是任意一种脊椎动物——鱼、两栖动物、爬行动物、鸟类或哺乳动物等，长出个脑袋似乎是一个先决条件。很多无脊椎动物也有头，但有些没有。要回答"为什么我们有头"，我们应该知道我们的祖先是在什么时候开始发育出这个解剖结构的。

我以为我在学校上生物课的时候，老师就已经得出了这个问题的答案。我学到脊椎动物是从更简单的生物进化而来的，类似于现在的海鞘，它们是脊椎动物的近亲。也许世界上的某个角落确实有这么一位对海鞘特别感兴趣的动物学家，但是，我最初认为这些动物太缺乏生机，无聊乏味，尤其是与脊椎动物相比。这些几乎不怎么动的生物懒洋洋地伏在海底，粘在海床上，每天只是吸入海水，过滤并摄取其中的小颗粒食物。

在与英国广播公司（BBC）合作拍摄纪录片的时候，为了深入研究比较解剖学，我曾与一只海鞘亲密接触。那时我在桑给巴尔以东一个几乎荒无人烟的小岛的海岸边；大海蔚蓝，清澈无比，我们身上带着潜水管和水下电视摄像机。我戴着面具和浮潜器，从船上跳下，钻入蓝得不可思议的大海。我以前从未在珊瑚礁上进行过浮潜，眼前的景象让我惊叹不已，难以言述。我抬头向船上的船员喊道："下面有成百上千条鱼！"我想，其他人以前应该都见过这些景象了，要不然他们怎么会看着我大呼小叫而毫无反应呢。但是不管他们，我不能让他们的无动于衷扫了我的兴。

我潜入水下约 4 米处，到珊瑚礁附近寻找海鞘，最终找到了一个，用水桶把它带上了岸。我观察了一下这个柔软的动物，它大约有一个小土豆那么大（只是稍微比土豆有趣那么一点点），它的皮肤摸起来像橡胶，上面有个开口。开口的名字挺微妙的，叫"管形口器"，但是放在任何其他动物身上，这种器官实际上会被称为"嘴"和"肛门"。在这两个开口之间，海鞘有一个非常简单的 U 形肠子。海鞘通过它的嘴（管形口器）吸入海水，颗粒状的浮游生物被黏液困住，黏液沿着它的肠道排列，而其余的水则通过另一个（atrial）吸管排出。海鞘没有任何特殊的感觉器官，如眼睛等，但它确实能感知周围的世界，是以更微妙的方式，感受器散布在它的身体表面，对光、触觉和各种化学物质作出反应。海鞘的生活确实显得非常枯燥：它实际上只是一个内脏。它不会爬行或游动，也不会观看或思考。它只是坐在那里，从海水中获取营养，这种动作甚至不能称之为"进食"。

但是，在海鞘的生命中有一个短暂的阶段，比这稍微有趣一些。形似蝌蚪的海鞘幼体会游泳。那时它像一条小鱼，可以在水中自由自在地游来游去（图 2-1）。这种幼体有尾巴和头，但很

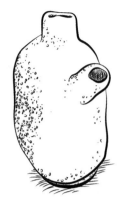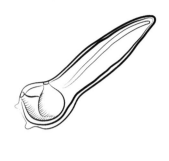

图 2-1　成年海鞘（左）及其蝌蚪状幼虫（未按实际比例绘制）

快这两个器官就会消失。仅仅三天后，当它长大安顿下来，就会变成无头的样子。19 世纪中叶，一位名叫亚历山大·科瓦列夫斯基（Alexander Kowalevsky）的俄国胚胎学家（他是海克尔的学生）注意到，海鞘幼虫相当特别：它的尾部有一根组织加强棒（称为脊索）和一根神经管。人们当时已知在脊椎动物胚胎中存在这些特征，因此尽管成年海鞘没有了脊索和神经管，但其幼虫显示它确实与脊椎动物有非常密切的关系。科瓦列夫斯基似乎是偶然发现了一个生物学秘密：脊椎动物可能是从一个类似海鞘的稚虫态延长（neotenous）的祖先进化而来的（图 2-2），就像是一个忘记长大和定居的海鞘中的彼得·潘，一辈子都做一只自在游动的"幼体"。20 世纪 80 年代，我上学时候的生物学课本上就是这么说的。

　　近期的研究对这种进化顺序提出了质疑。学界一直面临这么一种职业风险：根据现有的证据，在今天看来似乎是某种伟大理

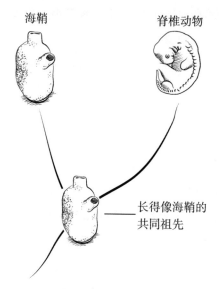

海鞘　　　　　　　脊椎动物

长得像海鞘的
共同祖先

这个家族树（底部是最早的祖先）显示了脊椎动
物是如何从一个类似海鞘的祖先进化而来的

图 2-2　长得像海鞘的共同祖先

论的东西，到了明天可能会被扔进历史的垃圾堆，因为那时某个
新的证据可能冒出来，无论如何也无法塞入现有的范式。新的研
究表明，虽然像海鞘这样的"海鞘类动物"（ascidian）肯定与我
们有亲缘关系，但如果我们想知道脊椎动物的祖先长什么样，它
们其实提供不了多少线索。对海鞘 DNA 和形态（体型）的研究
揭示出，随着时间的推移，这些动物实际上是在简化。海鞘和脊
椎动物的共同祖先可能不是像成年海鞘那样呆在原地不动的生物
（成年海鞘的外形一定是后来进化而来的），而是一种终生自由游
动的动物。

事实上，有些动物与脊椎动物和海鞘都有密切的关系，它们一生都在游泳：这种动物被称为文昌鱼（lancelet）。它们是看起来非常像鱼的小动物，但又不是鱼——它们没有刺（而且也没有头骨）。它们也被称为"双尖鱼"（amphioxus，来自希腊语中的"双尖"一词）。脊椎动物、海鞘和文昌鱼一起被归类为"脊索动物"，因为它们都有脊索（图 2－3）。脊索动物还有其他一些特征，包括中空的神经管、鳃缝和尾巴。在这里，我们应该停下来稍作思考，因为你可能在想："等一下！我是脊椎动物，也就是说我也是脊索动物。但我没有鳃缝和尾巴！另外我想我也没有中空的神经管和脊索。"这个难题的关键在于，对于一个脊索动物而言，你只需要在你生命中的某个时刻拥有这些特征就可以了。在这一点上，你有点像海鞘，在幼时拥有这些特征，但在成长过程中则失去了这些特征。当你还是个胚胎的时候，你确实有一个脊索（形成一种"前脊柱"），一个中空的神经管，一个尾巴，还有鳃缝。你的确是个脊索动物。

　　一旦我们确定了自己是脊索动物，这意味着我们可以跟这个星球上所有其他动物——无论是活着的还是灭绝的——以某种方式联系在一起。脊索动物仅仅是动物界大约 35 个大类（称为"门"）中的一个。早在 1874 年，恩斯特·海克尔就提出了脊椎动物以及海鞘和文昌鱼作为脊索动物的分类。这个类群（我们自己所属的门）的起源可以追溯到 5.42 亿年前开始的寒武纪地质时期。在此之前，地球上的生命几乎完全由单细胞生物组成，但是到了寒武纪时期，多细胞生物大量繁衍出来，种类多样，它们主要生活在海洋中，这就是所谓的"寒武纪生命大爆发"。尽管现

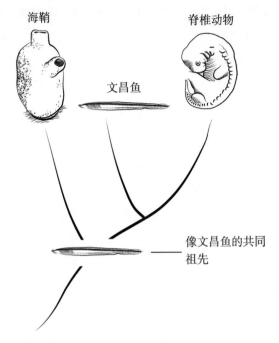

海鞘　　　　　　脊椎动物

文昌鱼

像文昌鱼的共同
祖先

图中的家族树显示了脊椎动物和海鞘从一个自由游动的像
文昌鱼的祖先进化而来（最早的祖先在底部）

图 2-3　像文昌鱼的共同祖先

在已经有明显的化石证据表明，早在 5.42 亿年之前就存在着软体
多细胞动物，但包括脊索动物在内的许多主要动物门的最早的化
石是在寒武纪岩石层发现的。

20 世纪末，古生物学家在中国南方云南省的古岩石中发现了
300 多个保存完好的小型鱼类动物化石，它们后来被命名为海口
虫。这些岩石，以及它们所含的化石，可以追溯到 5.3 亿年前的
寒武纪早期。

大家想象一下这些像小鱼一样的东西，每一个大约一英寸长（1英寸＝2.54厘米），在一个浅海的海底游来游去，偶尔停在海底休憩。这种像鱼的小东西数量非常庞大。当水里的氧气浓度下降时，它们大批地死去，沉入海底。这片海域的海底有一种非常细的泥浆，随着水流微微搅动，这些小东西被轻轻地卷入泥浆中。随着时间的推移，这些似鱼非鱼的动物的软组织会转化为矿物质。海床上像丝一样细腻的泥浆硬化成一层细粒的泥岩，将这些动物的解剖结构保存得非常精细完好。

哪怕每一个微小的化石生物只有几厘米长，也可以分辨出单个肌肉块的条纹、背部那根叫作脊索的起支撑作用的棒状结构、内脏、支撑鳃的带褶边的拱形结构，甚至还有一个微小的大脑。它们的嘴上有12条短触须。其中一块化石上还保存着一种看起来像眼睛的东西。这是个奇怪的小东西，看起来既有点像虫子，又有点像鱼。事实上，它既不是虫子也不是鱼，而是更像一把柳叶刀。古生物学家在中国发现的保存在5.3亿年前的岩石中的这种幽灵般的生物体结构，跟活体文昌鱼的解剖结构极其相似。他们发现的东西被命名为海口虫，这是迄今为止所发现的最早的脊索动物，而且几乎可以肯定的是，它有头部。今天的文昌鱼则是我们的远亲，海口虫——或者至少跟它非常类似的东西——可能是人类（和所有其他脊索动物）的远古祖先（图2-4）。这意味着头部（或者至少是我们的脊索动物的头部）已经存在了至少5.3亿年。

鉴于这种自由游动的生活方式的起源——而且这可能和长出头部有联系，我们必须更广泛、更深入地审视生命进化树，甚至

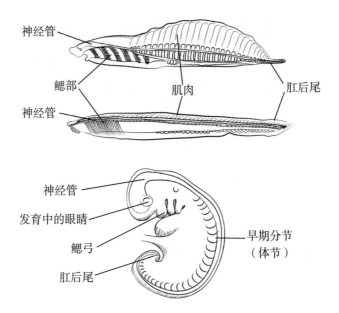

神经管

鳃部　　　　　肌肉　　　　　肛后尾

神经管

神经管

发育中的眼睛

鳃弓

肛后尾

早期分节
（体节）

图 2-4　文昌鱼和人类胚胎发育到第 3 周结束时（从上到下）的
脊索动物特征

是更久远的时间以前。但是潜入这些幽暗的深水域之后，我们很
难找寻到答案。教科书对脊索动物和脊椎动物的起源的描述非常
谨慎，而在过去的十年左右的时间里，人们对于这方面的认识发
生了很大变化。我手头有一本 2001 年出版的教科书，里面谈到了
这个问题："在这一章中，我们将推测一下无脊椎动物的起源。"

　　在地球上现存的所有其他动物种类中，与我们脊索动物关系
最密切的是棘皮动物，包括海胆、海星、海蛇尾、海百合和海参。
尽管已经进化产生了变异，但这些动物基本上都是基于一个"五
边形"的身体设计，我们称之为五重对称（five-fold symmetry）。

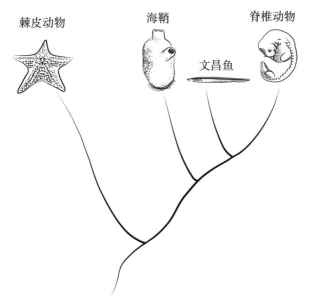

棘皮动物　　　　　　　海鞘　　　　　　　脊椎动物

文昌鱼

图 2-5　类似"火星人"的表亲——此图中的家族树显示了脊
椎动物与棘皮动物关系非常密切

很难想象出能有什么东西比海星更不像人类，或者说更不像鱼，甚至连文昌鱼也不像。理查德·道金斯（Richard Dawkins）甚至称它们为"火星生物"（图 2-5）。海星呈径向对称（辐射状对称），看起来很奇怪。相比之下，脊椎动物，甚至其他无脊椎动物——这些动物趋向于双侧对称，有前后、左右的区分，这些动物都与海星形成了鲜明对比。但是生命过程中有一个时刻海星很像脊索动物，那就是当它们还是微小的胚胎的时候。

海星的早期胚胎发育与脊索动物（包括我们）的胚胎发育相似，而海星的幼体是能自由游动的生物，这一点更像海鞘。与成年海星不同，海星的幼虫两侧对称，有头端和尾端。这种模样看起来很熟悉。难道最早的脊索动物不是从一个"忘记长大"的类似于海鞘的幼体进化而来，而是从一种类似于现代棘皮动物幼体的祖先进化而来的吗？

对于试图解开脊索动物起源之谜的动物学家来说，最大的问题就是脊索动物跟棘皮动物存在如此巨大的差距。目前有足够的解剖学、胚胎学和遗传学线索表明这两个群体密切相关，但它们共同的祖先是什么样子的？更像是棘皮动物还是脊索动物？海星是从自由游动的祖先进化而来的，还是我们是从更喜欢呆着不动的滤食性动物的"忘记长大"的幼体进化而来的？直到不久前，所谓的"彼得潘"幼虫（这次是类似棘皮动物的幼体，而不是海鞘的幼体）的想法还很流行。但这正是遗传学真正起作用的地方，因为即使两种动物表面上看起来差异很大，你也可能在深处找到遗传上的相似之处，这就意味着它们存在进化上的亲缘关系，有共同的祖先。

在这个拼图中还有另外一块：有一个家族树的分支，起初我故意瞒着大家没有说，直到现在才提到它。那就是有些皮肤多刺的动物，如海胆、海星和海百合，它们有一些关系密切的亲戚，称为半索亚门动物（"半脊索动物"）或"橡子虫"。这些离群索居的蠕虫生活在浅水区的泥巴里或岩石下，可以长到2米长。它们非常奇怪，具有脊索动物和无脊椎动物的混合特征。橡子虫的名字显然是因为它们的长鼻形状得来的，在我看来，长鼻更像是一个卡通火箭。不得不说，整条蠕虫就像一个巨大的精子（图2-6）。（我在它旁边画了一个精子，就是为了说明这一点。当然了，这么做没有实际的意义，它们只是表面上相似。但是当初如果是我负责给这种虫子命名的话，我就叫它们精子虫，因为很显然，这个名字要好得多，两个词还押韵。）[1]

图2-6　橡子虫（左）和人类精子（右，未按实际比例绘制）

1884年，恩斯特·海克尔创立脊索动物门十年后，英国生物学家威廉·贝特森（以创造"遗传学"一词而闻名）将橡子虫加入到这个门类中。他之所以这样做，是他认为自己可以在橡子虫身体上看到确定无疑的脊索动物特征。这些奇怪的生物有像文昌鱼一样的鳃缝，背上有一条神经索，看起来有些地方可能是中空的。贝特森还认为，一根伸入橡子虫长鼻的短组织棒可能是它的脊索。后来有生物学家对这种解释提出了质疑，到了20世纪40年代，橡子虫已经被赶出了脊索动物家族——好在橡子虫自己没有意识到它们被降级了。它们继续生活在泥泞的洞穴里，自顾自地繁衍下去，而人类似乎对它们完全失去了兴趣。

但在过去的几十年里，橡子虫着实又变得时髦起来。贝特森命名的现代科学（遗传学）揭开了隐藏在它DNA中的秘密。橡子虫始终没有归入脊索动物，但是作为脊索动物的一个远亲，

---

[1] sperm和worm押尾韵。——译者注

将它们作为研究对象反而更有价值，因为它们身上隐藏着我们这个"门"起源的线索。

在对它们的DNA进行测序后，橡子虫在家族树中的位置终于变得清晰起来：它们是棘皮动物的姊妹群。通过观察构成DNA的一串"字母"（四个核苷酸碱基）的差异，生物学家可以找出不同动物之间的关系，绘制出"家族树"，这是生命进化树的一部分（图2-7）。DNA的差异反映了动物之间的实际进化关系。例如，脊椎动物和海鞘有一个共同的祖先，因此它们在基因上与海鞘的相似性要比它们与橡子虫的相似性高得多。比较动物之间的DNA看起来似乎是一门全新的科学，尽管它确实具有革命性，但它实际上是进化生物学家一贯做法的延伸——比较和对比不同动物的各个部分。但是，与身体部位不同的是，比较DNA的时候，是对序列中的基因和碱基对进行比较，这称作比较分子解剖学。

DNA序列有助于我们构建动物的家族树，但遗传学也可以揭示某种动物的特定结构是否真的等同于另一种动物的类似结构。同源性存在于不同的动物中，因为这些动物有共同的祖先。例如，达尔文认识到，人的手、蝙蝠的翅膀和江豚的鳍都是同源结构，都是从一个共同的祖先那里遗传来的。但有时同源性很难发现，检测某些结构是否真的同源的最好方法是，观察在胚胎中形成这些结构时哪些基因被"打开"——行话是"表达"。

类似的基因在脊索动物和橡子虫正在发育的鳃缝的内表面表达：这些鳃缝确实是同源的。但是在脊索动物的脊索和贝特森认为是橡子虫的对等结构中，不同的基因得到表达，所以它们不是

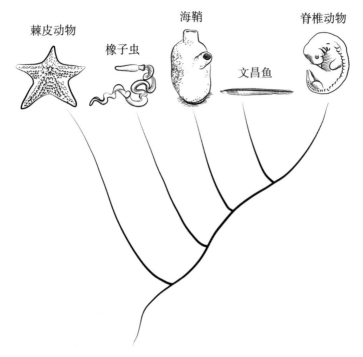

棘皮动物　　橡子虫　　海鞘　　脊椎动物

文昌鱼

这个家族树（最早的祖先在底部）显示了橡子虫跟脊索动物
的关系有多么近——这两者的共同祖先可能都是一种蠕虫

图 2-7　橡子虫家族树

同源的。结果还发现，他认为橡子虫有一个中空的神经索也是错
的；相反，它们有一个弥漫的表皮"神经网"，就在它们的身体
表面之下。贝特森把神经网的一小部分误认为是中空的神经索。

　　把比较解剖学、胚胎学、遗传学和古生物学的所有线索放在
一起，我们似乎终于可以回答下面的问题了：我们的祖先最早是
什么时候，以及为何长出头来。我们的长鼻的远亲橡子虫，它的

嘴就径直长在身体上，那里几乎还算不上是头，但似乎脊索动物（和棘皮动物）并不是从只是终日呆坐着的成年海洋生物的幼体进化而来的，而更可能是从一种学会游泳的蠕虫的后代进化而来的。而且，相当有趣的是，这意味着成年海星的径向对称性一定是后期才进化出来的——它们和我们一样，都是来自两侧对称的祖先。当海星设计出了一个夺人眼球的新模样时，我们却一直坚持采用"原始"的双边对称。头部的发育与我们远古祖先游泳能力的发展有关。头部不仅仅为了移动，像海星和海胆没有头也能移动。（英国广播公司拍摄的纪录片《生命》中有一段海星的延时拍摄令人印象特别深刻，大家可以在 YouTube 上看到这段视频。）但是海星——正如在那段延时摄影中所展示的那样——可以随意朝任何方向移动。你能看一眼海星，就确切地说出哪一边是它的前端吗？对于"这个动物应该有头吗？"这个问题应该这么问："这种动物有前部吗？"你移动得越快，你的前部越像你的头。对于一个自由游动的动物来说，把你的感官堆积在前面——集中在你的头上，是有好处的，因为头部会首先遇到环境中新奇的东西。当然，如果能有个大脑，那也是蛮有用处的，它可以处理从头部的感觉器官传入的所有信息。

远古时代胚胎期的大脑

在云南 5.3 亿年前的岩石中，我们看到了脊索动物最早的证据，动物长出头部的最早证据，甚至还找到了大脑存在的最早证据。像任何值得尊敬的脊索动物一样，海口虫有一个中空的神经管，这个神经管的前端稍微加厚，分成三段。这个部位看起来平平无奇，但是神经管的这个加粗的前端是海口虫的大脑。神奇的是，你自己的大脑——尽管如此庞大复杂——也是通过胚胎神经管的不断增厚发育而来的。

在这本书前面，我们讲到了你作为一个发育中的胚胎，植入了你母亲的子宫壁。现在我们接着从这里往下讲。外观像桑椹的桑椹胚的内部细胞团变成了一个扁平的双层圆盘，夹在卵黄囊和新形成的羊膜腔之间。圆盘的上层是上胚层，下层是下胚层（图2-8）。

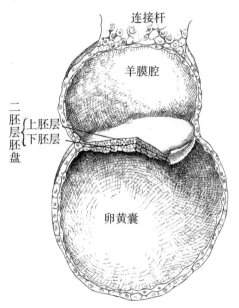

在胚胎发育的第2周，胚胎是一个两层的圆盘，夹
在羊膜腔和卵黄囊之间（卵黄囊来自原囊胚腔）

图2-8　桑椹胚内部细胞团结构

现在，当你进入胚胎发育的第 3 周，将会发生一些十分有趣的事情。是时候体验一下身体外的感觉了。想象一下把你的胚胎等比例放大很多倍，漂浮在羊膜腔里，俯视其上胚层的表面，它现在的形状更像一个二维的梨形，而不是一个圆盘（图 2-9）。（请记住，这个奇特的、像外星人一样的扁平物体是刚受孕两周后你的样子。）这个扁平的梨形已经有一个前部（较宽的部分）和一个后部，另外有左侧和右侧。在上胚层的表面发生了一些奇怪的事情：你可以看到沿着胚胎中线出现了一个延伸的凹槽，就像一个地质断层。上胚层细胞正在增殖并向断层线移动，然后向下进入断层线消失。它们会将下胚层纤维细胞推开，在这些细胞所在的位置形成一个新的层。不仅如此，这些细胞还会推出形成一个新的中间层，夹在原来的上胚层细胞和新的"下层"之间。

所有这些移动和增殖的结果是，胚胎最初的两层转化为三层：外胚层、中胚层和内胚层。你现在是一个三层或三胚层胚盘。每一层上的细胞都有自己特定的命运。内胚层最终会排列在你的肠道、肺和膀胱里。中胚层最终会变成骨骼、肌肉和血管。外胚层会形成皮肤的外层并产生神经。就在那里，我们看到了人类胚胎发育的另一个方面，它把我们和远亲动物联系在一起，就像是我们久远的进化史传来的回声。还记得橡子虫的表皮神经网吗？

这种由两层胚盘变成三层的过程被称为"原肠胚形成"，因为在简单的动物中，如文昌鱼，细胞的这种运动也产生了最早的肠道。这是进化过程中非常重要的一件事，因为它为构建你我这样复杂的有机体奠定了基础，而且实现这一过程的方法也意味着在动物王国中被归为哪一类，标志着远古时代的一次分道扬镳，

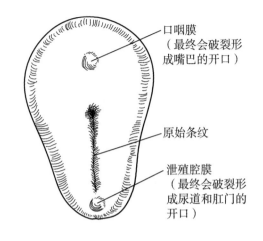

口咽膜
（最终会破裂形
成嘴巴的开口）

原始条纹

泄殖腔膜
（最终会破裂形
成尿道和肛门的
开口）

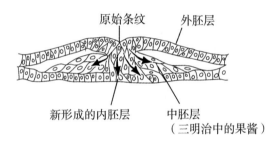

原始条纹　　外胚层

新形成的内胚层　　中胚层
（三明治中的果酱）

外胚层的表面显示原始条纹（上图）和穿过原始条纹的横
截面（下图），显示细胞堆积在胚盘的内部，形成新的中胚
层和内胚层

图 2-9　发育到第 3 周的胚胎

这件事要追溯到很久之前，甚至比我们已经冒着重重风险所经历
的所有时间还要久远，大约在 6 亿年前。在某一动物群体中，原
肠胚形成新的层，同时形成一个开口，这个开口将成为嘴巴——
这些动物是原口动物（protostome，在希腊语中是"嘴巴优先"的

意思）。原口动物是一个庞大的类群，包括节肢动物（包括昆虫、甲壳类动物和蜘蛛的一个大的门）、软体动物和一些蠕虫门。在另一组动物中，后口动物（deuterostome，意为"嘴巴第二"）的嘴发育得较晚，是一个单独的开口。相比之下，后口动物是一个小族群，这个族群包括我们自己所属的门——脊索动物，以及橡子虫和棘皮动物。

对于我们这样的脊索动物来说，原肠胚形成也是人类第一个决定性特征出现的时间。随着中胚层中间层的形成（就像果酱抹到三明治中间），一些中胚层变厚，沿着胚胎的中心轴形成一根杆。这根杆是脊索（notochord，希腊语是"索"的意思），它对另一个脊索特征的形成至关重要：神经管。就好像脊索在和外胚层的上层"说话"一样，告诉它开始变身。在某种程度上，情况就是这样的，只不过对话是由化学信号介导的。DNA包含一套构建胚胎的指令，这个模式就是这样生成的：当特定的基因被打开时，细胞会产生信号蛋白，告诉其他细胞下一步该做什么。

在这种情况下，脊索释放出化学信号，上覆的外胚层开始变厚。很快，外胚层的勺形区域就从外胚层的其余部分凸出来了。这个勺子形状然后开始沿着中线折起来，形成一个两个脊夹着的长槽。脊的顶部开始向内卷曲，最后在中间会合，密闭在一起，形成一个管（图2-10）。

20世纪60年代，胚胎学家预测，神经管等结构的形成——实际上，所有胚胎的发育——必须依赖于信号蛋白的存在。但直到20世纪90年代，人们才将这些分子以及编码它们的基因研究清楚。在正常胚胎中，神经管上部（背侧）的细胞将成为感觉神经

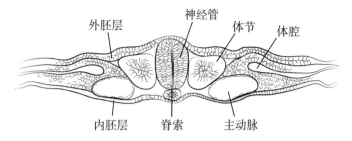

外胚层　神经管　体节　体腔

内胚层　脊索　主动脉

在发育的第 3 周结束时人类胚胎的横截面。胚胎在这个阶段
仍然是一个扁平的圆盘，但是神经管已经形成，神经管两侧
的中胚层正在聚集形成称为体节的突起。血管——两边的主
动脉——已经形成。原体腔是体腔的前身，是肺、心和肠周
围的膜状小囊

图 2‐10　在发育的第 3 周结束时人类胚胎的横截面

元，而下部（腹侧）的细胞则注定成为运动神经元。这种模式延
续至成熟的脊髓神经中，感觉神经元（把信息带进来）集中在背
部，运动神经元（传递信号到肌肉）集中在靠近脊髓前部。鸡胚
胎实验表明，如果去掉脊索，腹侧运动神经元就无法发育。脊索
似乎产生了一种化学信号，这种信号的浓度有梯度差别，对细胞
的影响也大不相同。最终，人们追踪到了基因和信号本身，并给
它起了个绰号叫"音速小子"（字面意思是"声波刺猬"）——
这是为了纪念电子游戏中的那个蓝头发角色。

　　虽然你的脊索只在子宫内短暂地存在一段时间，而且作为一
种令众生景仰的脊椎动物，你已经在脊索的位置上建立了一个更
坚固的脊柱（稍后我会多聊一下这个），但在早期，你仍然需要
使用这个脊索。没有它，你就不会发育出脊髓神经或大脑。想想

用来建造塔楼的脚手架：建筑完工后，脚手架就要完全拆除，但它在施工过程中却是必不可少的。同理，脊索对神经管的发育也是必不可少的。

这根管子并不是从头到尾都密封起来的：它在胚胎盘的中间开始闭合——实际上这是胚胎未来的颈部区域。然后它从两个头闭合，在发育到第 4 周的时候，它的末端最终完全密封起来，形成一个盲端管。这个空心管是中枢神经系统——你的大脑和脊髓——的基础（图 2-11）。

如果神经皱褶未能融合，结果就是"神经管缺陷"。在英国，大约有万分之八的婴儿患有神经管缺陷。这些缺陷的范围和影响非常广泛。如果神经管前端无法闭合，胚胎大脑就无法发育。这是一种被称为无脑畸形的病症（anencephaly，来自希腊语"无脑"一词），出现这种病症的婴儿在出生时或出生后不久就会死亡。但像这样严重的缺陷通常在产前的超声扫描中就能发现。神经管其他部分闭合失败被称为脊柱裂（spina bifida，先天性椎管闭合不全），它可能会造成极为严重的身体缺陷，比如腿部瘫痪，也会引起一些不痛不痒的小毛病，比如隐藏于椎骨中的裂缝。

作为一个 4 周大的胚胎，你刚形成的神经管前端稍宽稍厚，与原始脊索动物的神经管有着惊人的相似之处——比如文昌鱼和远古时期的海口虫。你的大脑仍有大量的发育工作要做，但文昌鱼的大脑只是神经管的一个微小的扩张，比它后面的脊髓复杂不了多少。当然，在脊椎动物中，包括我们在内，一个更复杂的大脑开始在胚胎中形成：盲端神经管的前端膨胀，形成一系列三个相连的气泡或囊泡，这些气泡或囊泡将发育成前脑、中脑和后脑

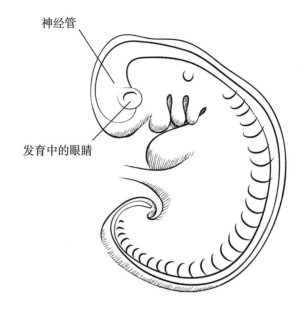

神经管

发育中的眼睛

在发育的第 4 周，神经管在前端和尾端闭合，胚胎不再是一个扁平的圆盘：它的两侧弯曲，直到它们在中间相遇，这样胚胎的外表面现在完全是外胚层

图 2-11　发育第 4 周后的人类胚胎

（图 2-12）。后脑的发育是由一组负责生成模式的同源异型基因（Hox 基因）控制的，这些基因的版本也存在于果蝇中，我们与它们共同的祖先可以追溯到 8 亿年前。前脑和中脑的区域是由基因指定的，这些基因在我们的进化史上出现得稍晚一些，在原口动物和后口动物分裂之后，但在脊索动物起源之前。

随着前脑前部继续膨胀，它也分成两个叶，这两个叶将形成大脑半球，或者简单地说，"大脑"（cerebrum）。就在这些脑叶的

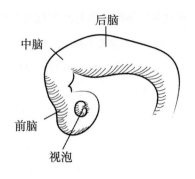

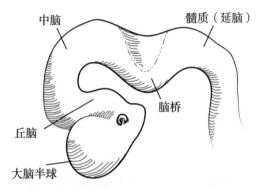

发育中胚胎的大脑，在发育的第 4 周（上图）
和第 6 周（下图），前脑发育成大脑半球和丘
脑，后脑发育成脑桥和延脑

图 2 - 12　发育中胚胎的大脑

后面，一对将成为你眼睛的小泡正从前脑两侧生长出来。许多脊
椎动物在胚胎发育期的大脑的早期模式在成人大脑中仍然很容易
识别出来。乍一看，人类的大脑似乎是一个完全不同的东西，但
这是因为前脑已经大大膨胀，不成比例了。我们过度膨胀的大脑
两半球与大脑的其他部分重叠，但是如果你观察大脑底部，或者

把它切开，你可以看到那些早期胚胎囊泡形成的结构。虽然发育中的人类胚胎大脑看起来非常像鲨鱼的大脑，但这只是暂时的。人类的大脑比鱼的大脑复杂得多。我们来自一个擅长扩张大脑两半球的动物世系。哺乳动物的大脑两半球比爬行动物的大。胎盘哺乳动物（包括我们在内的这一类，以及大多数其他哺乳动物）的大脑两半球比鸭嘴兽等哺乳动物的大；灵长类动物的大脑两半球比大多数其他哺乳动物的大，人类则已经将这种扩张推向了极致（图2-13）。

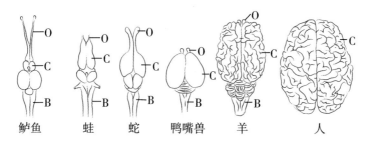

鲈鱼　　蛙　　蛇　　鸭嘴兽　　羊　　　人

O——嗅束和嗅球；C——大脑半球；B——脑干。
一组大脑（未按比例绘制）显示了大脑两半球的相对大小；在人类大脑中，如图所示，从大脑的顶部看下去，能看到的只是巨大膨胀的大脑两半球

图2-13　一组动物的大脑图

在鱼类中，脑干（中脑加后脑）是大脑中最大的部分。其前脑很小，嗅叶相对较大。与鱼类相比，两栖动物的大脑稍有增大：它必须处理更多的感官信息，并控制四肢更精细的肌肉组织。爬行动物（和鸟类）的大脑两半球变得更大，并向两侧突出，覆盖住下面的丘脑。哺乳动物——特别是有胎盘的哺乳动物，其大脑

变得异常巨大。除了体积增加之外，哺乳动物还有另一个重要的变化：生长出一个全新的外层脑组织，即"新皮质"。哺乳动物的新皮质已经生长得很大，与大脑进化上更古老的部分重叠起来了。要找到大脑皮层中那些古老的区域着实得下一番工夫，但它们确实存在。嗅觉皮层隐藏在大脑下方，在颞叶内侧边缘，它负责接收嗅觉这种最古老的感觉，此外这里还有与记忆有关的海马体。

哺乳动物的新皮质含有神经元细胞体，其被推到大脑外侧了。大脑皮层主要有三个作用：接收并理解来自全身的感觉信息；向肌肉发出运动信号；整理感觉信息并将其作为记忆储存起来。在显微镜下，可以看到新皮质有六层，在大多数哺乳动物中，它都是高度折叠的。这种折叠增加了可以安放在头骨内部的皮层的体积——想象一下把一张纸揉成一个球。事实上，人类大脑皮层的面积相当于一张很大的纸，大约2400平方厘米，比A2纸（四张A4纸）稍小。据估计，人类大脑中有860亿个神经元，其中大脑皮层中有130亿个。不过我们的大脑不是所有动物中最大的，大象和鲸的大脑就要比人的大得多，但相对于我们的体型来说，我们的大脑确实极其巨大。

绘制人脑地图

在我和英国广播公司（BBC）合作拍摄有关人体解剖和进化的纪录片时，我有幸得到两件非常稀有的宝贝，这是摄制组专门为我制作的。一个是重塑的我的头骨，另一个是重塑的我的大脑。两者都是基于我的头部详细的核磁共振成像（MRI）扫描数据，然后用 3D 打印技术制成实体的。

我通常对看到自己的内部解剖结构很乐观。这些内部结构通过拍摄纪录片或是教学时获得，而无需为了任何医学上的原因。我可能比大多数人能更多地了解自己的身体结构。通过超声波，我曾看过自己的心脏的跳动，还有随之跳动的脖子上的肌肉和神经；我曾用一个小小的胶囊摄像头看到肠子的内部；而借助核磁共振技术，我见识过自己的子宫和卵巢，以及头部和喉咙。但是当他们用那些头颅核磁共振扫描的数据重建我的头颅时，我还是觉得这事儿挺吓人的。我把像雪花石膏一样白的成品从盒子里拿出来，面对面地看着自己。我习惯看头骨，而且是真的头骨，但这个模型仍然使我颇感震撼。15 世纪时建造的一些坟墓里摆放着死者遗体，主要是为了提醒活着的人，每个人都是血肉之躯，而不是为了纪念死者；在墨西哥亡灵节上，人们会戴上骷髅面具。同样的，我的 3D 打印头骨是一个强有力的对死亡的提醒—— 一个极其私人而且强有力的死亡象征。

从现在起，不到一百年后，等虫子们完成了一项彻底的工作，真正的我就会像它们一样。

另一个我的身体器官的 3D 打印作品是我的大脑，虽然没有像头骨那么吸引我，但仍让我觉得非常有趣。我把它放在书桌上，在我写作的时候它就在我面前。想到所有这些想法都是神经脉冲在这个打印的大脑的对应物（我的大脑）的里面，在安放在我的颅骨内的神经突触上奔跑跳跃而产生的，真是一种奇妙的感觉。

我的三维大脑模型重建得非常好。尤其是在它的上表面，可以清楚地看到脑回和脑沟，它们分别是大脑皮层上的褶皱和凹槽——这构成了人类大脑核桃状的外观特征。我甚至能看到中央沟，这是在大脑的两侧从下到上一直延伸到两个大脑半球之间的大裂口。在这个沟前的灰质是中央前回，它包含运动神经元的细胞体，这些细胞体将轴突向下送入脑干和脊髓神经，在那里与次级运动神经元形成突触，次级运动神经元用长纤维伸向我身体的所有骨骼肌，甚至延伸到了让脚趾活动的肌肉。中央沟的后面是中央后回，它接收来自身体表面传入的感觉信号。这些脑回中神经元的排列，与它们接触或接收信息的身体部位相比照，并非是随机的。与身体其他部分的联系可以在这里被映射到大脑皮层，并且经常被画成一个"小矮人"（图 2-14）。（这是我第二次使用这个词，不过这次它代表的是大脑中真正的联系模式，而不是一个想象中的蜷缩在精子头部的"小矮人"。）

中央沟也形成大脑半球两叶之间的分界线：额叶和顶叶。两侧各有两个叶：颞叶（位于顶叶和额叶下，被颞骨覆盖）和后面的枕叶（也位于同名的骨头——枕骨——下）。

令人难以置信的是，这个器官的真实版本，这一团我头骨里的神经组织，决定了我现在所知所做的一切。想想你此刻在做什么：当你翻页或往下滚动屏幕时，控制你手指的额叶皮层部分是活跃的。除了控制自主运动外，你的额叶还与注意力、记忆、识别和情绪有关。你的顶叶正忙于处理刺激信号，包括视觉刺激——此时此刻，接收你面前的页面或屏幕上的内容。颞叶对语言至关重要，它能让你识别出书面的以及口头说出的词。你的枕

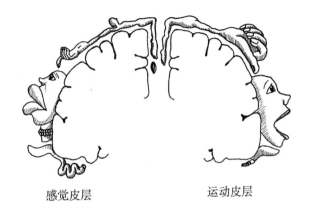

感觉皮层   运动皮层

这些小矮人显示了中央后回（主要的感觉皮层）和
中央前回（主要的运动皮层）与身体的映射关系：
受神经高度支配的区域看起来更大

图 2 - 14 大脑的感觉皮层和运动皮层

叶正在接收来自视网膜的信息并形成一个图像：虽然你可能觉得
你在用眼睛看东西，但其实你只是在把光转换成眼球中的电信号；
实际上是在你大脑的后部，这些信号才开始变得有意义，电信号
在那里被制成图像。

　　大脑左右半球之间也有功能分区。脊髓中神经元的交叉意味
着大脑的右侧控制着左侧的运动，反之亦然。对于其他功能，这
种划分是不对称的：负责"创造力"的右半球（对大多数人而
言）涉及空间感知、艺术和音乐。左半球涉及更多的"理性"工
作，如控制语言和整理逻辑思维。但是这两半球是不断沟通的。
事实上，一直都有信息从大脑皮层的一个区域发送到另一个区域，
而不仅仅是通过中央沟。大脑皮层是大脑灰质的一部分，充满了

神经细胞体，但信息在白质中传递，白质构成了大脑的"布线"，即称为轴突的神经细胞的长的凸起。每个轴突都覆盖着一层绝缘层，就像包裹电线的塑料一样，不过神经纤维周围的绝缘层是由一种叫作髓鞘质的特殊脂肪构成的。髓鞘质包裹的纤维束形成了大脑皮层各区域之间、两个大脑半球之间以及大脑皮层和深处的灰质"岛屿"之间的连接。新生儿大脑中的髓鞘很少；婴儿大脑的发育主要是神经纤维开始长出绝缘的髓鞘，而不是长出新的神经细胞。

再看看我大脑的三维重建，在它的背面，可以看到我的小脑依偎在我的枕叶下面。就是在这里，来自身体的感觉信息与来自大脑两半球的对肌肉的指令结合在一起，以协调运动和保持平衡。因此，小脑受损的人很难保持平稳、精准的运动。然而，当人们在做各种各样的工作时，对人脑进行的功能扫描显示小脑也具有认知功能和纯粹的运动功能。如果我把我的三维大脑模型颠倒过来，就可以看到我的脑干部分：中脑、脑桥和延髓。我甚至可以看到我进化过程中古老的嗅觉皮层和海马体所在的位置。

目前，对大脑中发生了什么，不同的"模块"负责什么，我们的理解主要来自于活体大脑可视化技术，例如功能性核磁共振成像（fMRI）。但是，早在脑部扫描技术发明之前，通过对遭受局部脑损伤（如中风或外伤）的人进行研究，人们就对大脑不同部位的区域负责不同的功能有所了解了。在那些有记录的早期案例中，最著名的是美国铁路工人菲尼亚斯·盖奇的案例。1848年9月13日，25岁的盖奇在一次爆炸中受伤，一根铁棒径直穿过他的头骨。他奇迹般地活了下来，并接受了一位名叫约翰·哈洛的医生的检查，哈洛医生关于盖奇受伤事故的报告于 1868 年发表在《马萨诸塞州医学学会会刊》上。

哈洛描述了铁棒是如何贯穿盖奇的头部的：

铁棒的尖端从面部左侧紧靠下颌角的前方进入，斜向上方和后方穿过，在正中线位置出来，位于额骨后部，靠近额顶缝。

哈洛接着讲述说，盖奇在事故发生后几分钟内就迅速恢复了意识并能说话，他被一辆大车送到旅馆，然后他站起身，走上楼，回了自己的房间。哈洛检查了盖奇的伤口：他脸颊上有一个铁棒穿入造成的洞，头顶上有一个长方形的大洞，直径 2×3.5 英寸（约 5 厘米×9 厘米）。哈洛用手探查了他的伤口。他可以把整个右手食指从头顶的洞里向下伸进去，整个左手食指从盖奇面颊的洞里向上伸进去，但是两个指尖无法完全碰在一起。哈洛给他清理了伤口。

在接下来的几个月里，哈洛一直为盖奇做检查。同年 11 月，哈洛记录说，盖奇"病情持续好转"，身体状况良好。盖奇很想回去工作，但铁路公司不愿再雇用他了。

哈洛记录说，在受伤之前，盖奇"思维平衡，认识他的人都认为他是个精明且聪明的人，精力充沛，并且是一个有恒心与毅力的人"。他的老板则"认为他是他们雇用的最高效、最能干的工头"。但大脑受损后，盖奇性格大变，他"脾气时好时坏，粗鲁无礼，有时出言不逊，满口脏话……脾气暴躁……，有时非常固执，而且反复无常，摇摆不定"。以至于他的朋友和熟人都说他

"像是变了一个人似的"。

接下来的四年里，菲尼亚斯·盖奇在纽约和新英格兰四处游历，还曾在巴纳姆的马戏团待过一段时间，讲述他与那根铁棒的故事。之后，他去了智利；八年后，又去了旧金山，他的母亲和妹妹住在那里。他换了一个又一个工作，干什么都干不长。1861年，他开始间歇性痉挛，同年 5 月，在一阵非常剧烈的抽搐后，他去世了。

虽然没有对盖奇的遗体进行尸检，但他的母亲后来同意让哈洛"出于科学研究考虑"，打开盖奇的坟墓，取出他的头骨。铁棒贯穿的通道清晰可见：从左上颌骨向上，穿过左眼窝后部，然后从头骨顶部的额骨穿出去。这根铁棒肯定穿过了盖奇大脑额叶的左侧，哈洛推测它同时损伤了左侧颞叶，并有可能刺穿侧脑室——颞叶内充满液体的空间。

在菲尼亚斯·盖奇脑部受重伤并幸免一死 150 多年后，哈佛医学院的一组解剖学家和放射科医生重新检查了盖奇的颅骨，这次对其进行了计算机断层扫描（CT）。他们利用扫描数据对盖奇的颅骨进行虚拟三维重建，然后该小组就可以对 3 厘米直径的铁棒的轨迹进行建模。他们发现，盖奇大脑的颞叶实际上没有受到损伤，因为铁棒只是穿过了他的左额叶。这种轨迹不会直接影响额叶的运动区域，这就解释了盖奇为什么没有因此而瘫痪。这根铁棒差一点就伤到了头骨底部的颈内动脉和头盖骨顶部的上矢状窦（一个被层层脑膜包围的静脉）。如果它损坏了这两条大血管中的任何一条，都会导致大出血，那么盖奇的伤无疑就会是致命的。

菲尼亚斯·盖奇的脑部被铁棒贯穿的案例揭示了大脑额叶在某种程度上与推理、决策和社交行为有关，自那以来，我们对大脑的了解已经取得了长足的进步。最近对大脑的功能研究表明，这些"更高级"的认知功能发生在额叶的前部，称为"前额叶皮质区"，就在运动皮质区的前面。在当年，很多科学家并没有注意到盖奇受伤带来的启示：大脑的功能是专门化的，不同的区域负责不同的功能。哈洛的发现并没有得到人们的重视，这一点真是令人难以置信。在今天看来，他当年的洞见现在几乎已经是常识了。

　　在 19 世纪之前，人们大多认为大脑在功能上是一个同质的团，很像肝脏。颅相学专家曾提出，大脑的不同区域与不同的认知功能有关，但他们对头骨鼓起的解读却是建立在伪科学的基础上。

　　法国医生保罗·布罗卡（Paul Broca），同时还是一名解剖学家和人类学家，他对大脑功能专门化的研究最早被大众广泛接受。通过检查脑损伤和语言障碍患者的大脑，布罗卡确定了额叶中似乎负责口语的区域。1861 年，他在一篇题为"大脑定位原理"（Sur le principe des localisations cérébrales）的论文中发表了他的发现——巧合的是，就在这一年，菲尼亚斯·盖奇去世了。

　　1874 年，德国神经学家卡尔·韦尼克（Carl Wernicke）提出，颞叶的上半部分负责理解语言，而且他的发现也是基于脑部受损患者的缺陷得来的。尽管现代神经科学已经使我们对大脑解剖和功能之间的关系有了进一步的理解，但那些先驱们所确定的区域的名称保留下来了，仍然被称为"布罗卡区"和"韦尼克区"。

就像绘制一个新国家的地图一样，图中的细节随着调查和探索的深入而逐渐浮现出来，大脑皮层的地图也被逐步绘制出来。最终，大脑就像地球一样，上面所有的大陆、国家和岛屿都被绘制了出来，并得到命名。翻开任何神经解剖学教科书，你都能看到这些区域已经被精确界定，贴好了整齐的标签。只不过，事情并没那么简单。而且当然没那么简单了，因为我们所谈论的可是人的大脑啊。大脑皮层中有大约130亿个神经元，平均每个神经元有7000个连接或突触，这使得大脑皮层有近100万亿个突触连接。光是听到这些数字就让我感到头大了。绘制大脑中与各种功能相关的一般区域是一回事，而试图绘制出所有这些连接的真实地图则是另一回事。然而，一些神经科学家不畏困难，勇于尝试。

2007年，哈佛医学院的一个研究小组在杰夫·利希特曼（Jeff Lichtman）和乔舒亚·桑斯（Joshua Sanes）教授的带领下，发明了一种新的成像技术：一种多色神经元映射系统，可以用来显示出大脑复杂的连接性。他们利用基因工程技术在小鼠基因组中插入了额外的基因。这些基因指示产生不同颜色的荧光蛋白，从而使小鼠的神经元发光。颜色的随机组合产生了一百多种不同的颜色，可以用来识别特定的神经元。在显微镜下观察小鼠大脑的切片，这些颜色帮助研究人员准确地追踪神经细胞的长纤维，并识别出彼此形成突触的细胞。他们非常形象地将这种方法命名为"大脑彩虹"（脑虹）。

几年前，我很幸运地在哈佛遇到了杰夫·利希特曼。我们讨论了人类大脑是多么的独特。我们的脑容量如此庞大，里面有这么多的神经元，但是杰夫很清楚，让我们人类与其他动物不同的不仅仅是大脑的容量，或者单单是神经元数量的多少：重要的是电路本身，即神经元的连接。在原始的动物中——至少在神经元的连接性这一方面是原始的，比如被人们研究得很透彻的秀丽隐杆线虫（世界各地胚胎学家最喜欢的一种实验动物），它的大脑只有300个神经元，神经元的连接在很大程度上是由基因决定的。在灵长类动物中，特别是在人类中，基因编程建立了一系列的可能性，然后通过个体与环境的相互作用来打磨这些可能性。在出生时，人类的婴儿已经形成了大部分的神经元和非常多的连接。这并非出于发育失误——恰恰相反，这是复杂神经系统发育的一个关键部分。根据经验，随着大脑的发育，多余的连接会被剪掉。结果是，每个神经元都会受到限制，但同时也会加强与其他神经元的连接。这不是丢弃一些联系，而是以一种更为有限或更富战略性的方式重新部署它们。杰夫在肌肉纤维的神经支配（innervation）中也看到过类似的情况。人出生时，每个运动神经元支配许多肌肉纤维，每个肌肉纤维由一系列不同的神经元支配。紧接着，会发生一场竞争，每个轴突都竞相获取接触肌肉纤维的机会，但只有一个将获胜。（用下面这种方式思考发育很有意思：你是一个复杂的细胞群落，这些细胞在里面也为生存而斗争。）

在所有哺乳动物中，人类的童年最长，他们延长了对大脑中的连接做减法的时间，事实上，我们在一生中都在持续地学习这么做。我们的大脑远非单纯由基因决定的，而是先天和后天结合的产物。基因设定了可能性的范围，而与环境的相互作用（非常重要的是，这里面当然也包含了文化）塑造了成人大脑的连接。

对杰夫来说，人类大脑不可思议的复杂性也给自由意志的产生留下了空间。"人类大脑中有太多的因素，太多的复杂性，以至于不可能预测结果——要么自由意志本来就存在，要么就是复杂性大到了一定程度，所以总归有可能存在自由意志。"

我也询问过杰夫关于绘制人脑地图，以及使用神经元网络成像并试图理解神经元网络的特殊性等事情。"这是个奇怪的循环，"他对我的看法表示同意。"我们是用这个非常复杂的机器，来观察我们试图理解的这个复杂的机器。尤其是当我们观察丘脑的视觉联系时，我们用自己大脑中的这些连接来解释这些连接的图像……"

杰夫显然是有心理准备的，不会被吓倒或感到迷惘。对于解构人脑，将其拆开，理解其各部分，然后再将其重新组合这样的事业，他还持有一种颇有哲学意味的态度："我认为我们的思想是一种物质的东西。尽管在这个结构之上，我们发现的是动态过程——神经细胞的功能，以及通过这些连接的电脉冲。但即使身为一名神经科学家，有一点也令我觉得不安，那就是——这就是人类大脑的全部，这些连接就是人类大脑的全部。"

不管我们如何对大脑进行成像，并试图理解它，无论是通过核磁共振成像（MRI）扫描创建一个立体的、三维的大脑模型，还是绘制神经元及其连接的图，这一切似乎都无法捕捉到我们头骨内部的真实本质。总有一天，我们可能了解所有这些联系，并确切地了解我们的大脑如何运作，知道其中令人难以置信的细节，但我不确定，即使是到了那种程度，我们会不会感觉到什么不同。

大脑好像是决心要维持其神秘的、基于经验的、不可知的特性。

杰夫·利希特曼的工作本质上是解剖学——在电子显微镜的尺度上。但这数十亿个连接到底在做什么呢？要弄清楚这一点，其中一个方法是追溯这门科学的起源，观察像菲尼亚斯·盖奇这类受过脑损伤和有功能缺陷的人。但现在我们能够借助新的技术工具观察活体大脑中的活动。这听起来很可怕，但现在有一些完全非侵入性的方法，利用这些方法，神经科学家几乎可以进入人们的大脑。

其中一种非侵入性的方法是，用贴在头皮上的电极记录大脑的电活动，这叫作脑电描记法（EEG）。但是这种方法很难精确地定位大脑中电活动发生的位置。其他的功能成像方法则是使用替代指标来测量大脑活动。正电子发射断层扫描（PET）使用葡萄糖代谢率或血流速度作为脑组织代谢活动的标志。功能性磁共振成像（fMRI）可以识别脑组织的活动区域，因为这些区域的血流量会增加。功能性脑扫描显示，虽然可以将功能定位到大脑皮层的各个区域，但这些区域的边缘是模糊的，似乎一个功能可能会使用几个不同的大脑皮层区域。重要的是区域之间的连通性。

杰夫·利希特曼精细的神经解剖（可以对单个神经元、轴突、树突和突触进行观察）与粗略的功能成像产生的图像之间仍存在巨大的差距有待弥补。我们希望，在未来的某个时候，这两个研究领域将更紧密地联系在一起，到时候我们将对大脑的功能解剖结构有一个高分辨率的、详细的了解。

我做过几次 fMRI 扫描，对于自己大脑中的这种活动可以变得可视化感到十分的惊讶。几年前我第一次做核磁共振，我动了动手指，发现控制手部肌肉的运动皮质区变亮了，这实在是太有意思了。但其实我知道会这样，毕竟，我知道运动皮质区在哪里。但2011年进行的第二次扫描真正令我感到惊讶。那次扫描所看到的景象，是人们最近才发现的关于大脑的一个新的认识，而在20世纪90年代初，我在医学院学习神经解剖学时，人们肯定还没有发现这个秘密。

镜像神经元

2011年1月，一个寒冷的早晨，我坐火车来到伦敦，心里惴惴不安地来到伯克贝克学院。我来做这个扫描并不是因为我生病了，但是不管你是出于什么原因，在做这样的检查时，总是担心会发现一些意想不到的，甚至是恶性的病变。虽然理性告诉我，出于健康考虑，万一有身体问题，越早发现越好，而且我也明白单单通过这样一个扫描也检查不出什么，但我还是感到十分紧张。

我刚走到大学门口，就碰到了医学院的电视节目主持人迈克尔·莫斯利（Michael Mosley）。他正准备接受一项手术——也是为了拍摄纪录片，而不是真的生病了——这个手术会带来暂时性的脑损伤：使他的布罗卡的区域失去功能，这样他就不能说话了。（一位制片人曾问我是否愿意考虑做这样的一个实验，我拒绝了。我不想出于通过电视宣传科学的名义让自己受到不必要的惊吓，另外我也禁不住担心它的影响——我知道风险很低，约等于无，但万一你无法完全康复呢？）我跟迈克尔说，你真是比我勇敢得多。那天我没有再见到他，但几个月后我见到了他，而且我很高兴地告诉大家，他似乎完全恢复了语言交流的能力。

一进大楼，我就下到地下室，杰夫·伯德（Geoff Bird）医生正在走廊尽头的核磁共振室等我。杰夫的研究重点是利用功能磁共振成像来研究我们是如何复制他人活动的，但他也研究大脑中似乎更模糊的认知功能——注意力、情感和移情——是在哪里发生的。

我换上没有金属物的衣服，摘下所有的首饰，然后我就准备好被推进这个磁力强大的机器里。我坐在床的边缘，这张床像架子一样，可以把我推入扫描仪。与此同时，杰夫在过一遍测试程序。然后我把耳塞塞好（核磁共振成像仪会发出很大的叮当声），平躺在床上。杰夫在我头上放了一个像面具一样的罩子，里面有一个射频线圈，这是扫描过程中不可或缺的部件。扫描的时候射频波会穿透我的头部，每次扫描之间都会固定暂停一会儿，这样我的头部就不会过热。现在，我没有后悔的余地了，杰夫离开了房间，关上了身后那扇沉重的门。但我仍然可以通过对讲机与身处在控制室的杰夫以及摄制组人员沟通。

现在我独自一人在扫描器室里，机器开始运转，把我抬升起来，然后把我推了进去，直到我的头完全进入一个像巨型甜甜圈的扫描仪器内。在我头顶有一个小镜子，有一定的倾角，能让我看到外面——只能看到控制室里模糊的身影。杰夫在扫描仪的口上挂了一块不透明的屏幕，对我的指令就投射到上面。实验开始了，屏幕上出现了一系列的词："指点""握拳""伸展"和"拇指"，对应每一个词我都要用右手做一个适当的动作，做完一个之后要恢复为放松休息的姿势。（"指点"和"握拳"是不言自明的；"伸展"是指手指张开，而"拇指"是指"竖起大拇指"的手势。）屏幕上的词不断闪过，我好不容易才能跟上。有时我会试着预测下一个单词，但却往往猜不对，这让我很泄气，屏幕上让我竖起大拇指，我却伸手去指，或者是让我握紧拳头，我却张开手指。我发现必须全神贯注地去照着指令做，但还是会犯错，这让我在扫描仪器里禁不住骂自己。我希望我不会把这个实验搞砸了。每一组指令和手的动作之后都会有一小段有些无聊的视频，视频显示的是不同人的手做出相似的手势。播放视频的时候我的任务是保持静止并观察。几轮之后，我发现就连单纯看视频都很困难。我很容易感到无聊，头脑会开小差，去想其他更有趣的事情，比如午餐吃什么。这时我就会提醒自己集中注意力。

扫描完成后，杰夫向我展示了我的大脑扫描图像：大脑的活动区域在灰色的大脑图像上用红色突出显示了出来。结果很有趣：额叶、前额叶皮层中有一些区域与计划动作有关，当我移动我的手时，这些区域就会亮起来。值得注意的是，当我在视频中看到其他人做同样的动作时，我自己的那块区域也会亮起来。

因此，该实验表明，在我的大脑中，神经元不仅在我做特定动作时会被激发，而且在我看到其他人做同样的动作时也会被激发。你也有这些神经元，每个人都有。这些是"镜像神经元"，它们的存在使认知神经科学更加复杂，更加吸引人。事实上，你甚至不必看到他人的行为才会让镜像神经元激发，当听到某个特定动作的声音时，这些神经元也会被激发。这一点已经在猴子和正在听人讲话的人身上得到了证实。这些神经元非常聪明，它们不仅能通过简单的动作被激活，而且可以通过一个共同的目标连接起来的动作被激活。它们似乎有助于我们理解特定行为的意向性。

想想你通过观察或模仿别人都学到了什么吧，简直是太多了，而且这种学习在你能记事前就已经开始了。人类特别擅长相互模仿他人的行为，因此镜像神经元对我们来说非常重要（尽管人类并不是唯一拥有这种神经元的动物），是我们模仿和学习他人的能力的基础。

神经科学家维拉亚努尔·S. 拉马钱德兰（Vilayanur S. Ramachandran）认为镜像神经元赋予我们天生的模仿能力，因此新生婴儿能够模仿母亲伸舌头的动作。下面这个例子引起了我的注意：在我的两个孩子都很小的时候，我对他们伸舌头，他们会模仿我，做出一模一样的动作，这让我感到很惊讶。想想这个能力意味着什么：婴儿不需要在镜子前练习，就可以做出伸舌头的动作（事实上，婴儿无论如何也不会把镜子里的人认作是自己的）。婴儿的大脑似乎已经被设定好了，会将自己的脸和他人的脸联系在一起。

当我们看到或听到其他人做各种动作或说特定的话时，镜像神经元会被激活，但它们的功能似乎远不止如此。当我们看到有人受伤或情绪低落时，我们会感同身受——我们不仅能意识到并理解他们的痛苦，我们的身体也能感觉到。拉马钱德兰称镜像神经元为"甘地神经元"：它们模糊了自我和他人之间的界限。人类有一种非同寻常的能力——能够判断别人在做什么和思考什么——这可能就是所谓的"读心术"，这种能力也可能是依赖于镜像神经元。因此，这些特殊的神经元似乎对我们这种社会化物种必不可少：使人类能够共情、合作，当然，还能互相欺骗。拉马钱德兰还提出，镜像神经元对人类进化至关重要，更广泛地说，它允许语言得以发展，文化得以繁荣，文明也得以崛起。

我问了杰夫一些关于镜像神经元的问题。他正在研究镜像神经元与移情之间的联系，以及另外一个更具争议性的假说，即自闭症可能与缺乏镜像神经元活动有关。从某种意义上讲，这听起来是合乎逻辑的，但杰夫认为还没有任何令人信服的证据表明存在这一联系，此前的研究的结果不是很一致。他还怀疑镜像神经元及其特殊功能是否是我们大脑的固有特征。他认为，这可能是大脑功能中的一个习得的功能——例如，模仿他人获得的积极反馈可能会鼓励这种神经元的发育。当孩子微笑的时候，我也报之以微笑，这么做是不是鼓励我的孩子模仿我的做法？

镜像神经元并不是人类独有的，它们也存在于其他类人猿和猴子身上。但它们是从哪里来的？有可能它们本身就是一种被自然选择所偏爱的适应性变化。在这种观点下，镜像神经元可能是先天的，任何拥有镜像神经元的个体（猴子或人类），并且因此具有理解其他个体行为的内在能力，都将具有进化优势。但如果镜像神经元是学习的产物呢？当然，作为一个独立的个体，既可以观察和执行任务，也可以在"我的行动"和"其他人的行动"之间建立起联系来，这种镜像神经元就有可能通过学习而塑造出来。在这种情况下，运动神经元变成镜像神经元——通过学习，能够通过观察他人执行任务，并且做出相匹配的行动。自然选择也可能偏爱这种类型的学习，而不是偏向镜像神经元本身。与人类相比，猴子的镜像神经元系统的运作方式有细微的差异，如果人和猴子的镜像神经元系统是各自通过联想学习而不是天生的，那么就更容易解释这些差异。

那我的孩子伸舌头呢？这岂非证明了镜像神经元的先天起源？新生婴儿还没有任何经验，未在他们自己的行为和他人的行为之间建立联系。不幸的是，伸舌头似乎是新生婴儿模仿成人的表达的孤例，而且有一些科学家认为，这根本不是模仿，而是对刺激的一种非特异性反应。似乎没有证据表明新生儿大脑中存在镜像神经元。也许我的宝宝会对各种各样的事情伸出舌头来作为回应，但我只是在她回应我伸舌头的时候才真正注意到这一点。

也有证据表明经验会改变镜像神经元系统。看到别人弹钢琴时，钢琴家比非钢琴家表现出更多的大脑激活。芭蕾舞演员在观看芭蕾舞时比其他舞者表现出更多的激活。基于这些观察结果，我们认为镜像神经元更有可能是通过学习而建立的，并且依赖于过去观察和执行任务的经验。

虽然我的宝宝伸舌头可能与镜像神经元没有任何关系，但她可能正在努力建立自己的镜像神经元系统。她会花很多时间全神贯注地看自己的手，或是动手指，这可能已经成为了一种趋势，甚至可能是婴儿在刚出生后相当无助的表现，帮助我们学会更灵活精准地控制手部活动，将视觉和肌肉动作联系起来。人类拥有一双巧手有利于我们制造工具，进行科技创造。也许镜像神经元和通过观察他人行为并进行模仿的能力，只是学习协调视觉和运动的副产品。

似乎镜像神经元更可能是学习将我们执行的任务与他人所做的事情相关联的一种表现。然而，这些神经元并不是人类独有的，所以尽管它们很迷人，却不能解释人类的独特性。虽然它们在社会交往中——以及在解释基本行为中——可能非常重要，但它们更可能是一种结果，而不是我们极富社交天性的原因。

尽管如此，镜像神经元还是很有趣，因为它们不符合神经科学家期望发现的模式。也许我们试图将整个大脑皮层某一块简单地标记为"感觉区"或"运动区"是一种很幼稚的做法，镜像神经元不喜欢呆在那样的"鸽子笼"里。至少，它们教会了我们对大脑的理解不要那么狭隘。

要弄清楚我们的大脑和其他灵长类动物的大脑的区别，是一项棘手的任务。我们的大脑体积很大，比我们最亲近的灵长类动物的大脑要大得多，但在试图弄清楚这些额外的大脑组织到底是干什么的时候，我们遇到了问题，也正因如此，关于镜像神经元的争论特别令人沮丧。曾有那么一刻，我们以为自己似乎偶然间发现了人类大脑中真正独特的东西。我们以为那就是人性的基础，能够解释我们这一物种为何能够成功。但到头来我们却发现，镜像神经元并不是人类独有的特征。

巨大的人脑

与包括猴子在内的大多数其他哺乳动物相比，黑猩猩等类人猿的大脑要大得多。但黑猩猩的大脑与人脑比起来，只相当于后者的一小部分。在进行这些比较时，要把体型考虑在内。抹香鲸的大脑重约 8 千克，大约是人脑的 6 倍。但考虑到鲸的体重，这个巨大的大脑就不是那么大了——抹香鲸的体重大约 20 吨，而人类的体重大约是 70 千克。换言之，抹香鲸的大脑占其整个身体质量的 0.04%，而人类的大脑约占 2%。

但是这意味着什么？大型动物并不只是对小型动物简单地进行放大——物理和生理定律意味着，即使自然选择没有让我们体型朝某个特殊的方向发展，身体各个器官的比例在不同的体型下必然会改变。我们不要想当然地以为，不管动物大还是小，大脑总是占其体重一定的比例。有人认为，观察大脑大小的更好方法是使用脑商，即"脑力商数"（EQ，encephalisation quotient）来表示。在大多数哺乳动物身上，脑质量随体重增加的比例大约是 0.75 次方。当一种哺乳动物的大脑符合这个比例关系时，它的 EQ 是 1。黑猩猩的脑商大约是 2——它们的大脑重量是你对于这种体型的哺乳动物所期望的脑重量的两倍。人类的脑商超过 5——是据我们的提示估算的预期值的 5 倍。在人类进化的过程中，人的体型确实在增大：生活在 300 万年前的南方古猿的平均体重只有 40 千克左右，可能只有你体重的一半多一点。你可能认为大脑会随着体型的增大而变大，但在人类进化的过程中，大脑的体积有着和体重不成比例的增长，正因如此，你的脑商与其他猿类相比是如此之大。

人脑的大小差异大得惊人。有的人的大脑体积在 1 公升左右，而另一些人的大脑体积则高达 1.7 公升（这种变化很大程度上取决于体型）。然而，平均而言，人脑的体积约为 1.4 升。

说到这里，我想要知道我自己的大脑有多大。毕竟，我有一个自己大脑的非常精确的 3D 模型。结果表明，我的大脑体积正好是 1.4 升（是用我厨房里的量杯测量的）。跟平均值出奇的一致，但同时，与其他哺乳动物相比，又显得巨大无比。

相比之下，黑猩猩的大脑体积平均不到 380 毫升，甚至比人类新生儿的大脑还小。我的大脑体积处于平均水平，是黑猩猩的三倍半，大脑皮层灰质中的神经元数量是黑猩猩的两倍。

在人类进化的过程中，人类的大脑不仅比我们活着的最近的近亲的大脑要大，而且还发生了大脑重组，特别是大脑皮层的重组。这种重组反映在脑叶比例的变化上。尽管人类大脑皮层在某种程度上看起来像是黑猩猩大脑的放大版，但有些区域要小得不成比例，有些则要大得多。比如，与视觉有关的枕叶相对较小。黑猩猩大脑的初级视觉皮层占整个皮层的 5% 以上；而人类大脑的初级视觉皮层仅占 2.3%。人类小脑也相对较小，其占大脑总体积的比例，大约比猿类的小脑小 20%。另一方面，人类额叶的顶叶、颞叶和前额叶皮质按比例看都很大。很难知道这些差异对脑功能有什么实际的影响，但似乎自然选择既影响了大脑的整体大小，也影响了大脑中"模块"的大小。

我们可以（谨慎地）假设，在人类进化过程中，我们大脑中变得相对较大的区域之所以这样变化，是因为自然选择对它们起了作用。前额叶和颞叶稍大的祖先一定略有优势，因此，随着时间的推移，这些区域的增长不成比例。这到底有什么好处呢？为了回答这个问题，我们需要研究这些扩展区域的功能。当然，这里需要提醒大家，大脑功能的研究表明，特定的任务通常涉及大脑的多个区域，而且个体之间存在差异。但我们确实知道，颞叶与记忆和语言有关，与其他猿类相比，人类颞叶按比例看要大

25%。通过观察头骨化石，我们得出颞叶的这种扩张似乎发生在人类进化史的晚期。颞叶位于颅底中颅窝，颞骨岩部上面。与尼安德特人和海德堡人（可能是我们和尼安德特人的祖先）等古老的人类物种相比，智人头骨的中颅窝大约大了五分之一。不过这一差异对于这些物种之间语言能力的差异究竟意味着什么，我们就不得而知了。

前额叶皮层参与了"更高级"的认知技能，如语言、推理、计划和社交行为——可怜的菲尼亚斯·盖奇被铁棒击中之后正是失去了这些功能。人类前额叶皮层的扩张可能代表了许多我们认为是"现代人类行为"的生理表现——我们思考抽象的概念并用口头或书面语言表达它们的能力，我们共同创造文化的倾向，以及我们复杂的社会网络。

人类喜欢沉溺于各种复杂的社会交往，这似乎取决于一种"心智理论"的特殊能力，人们认为这种能力是人类心理的一个基础。这是一种将精神状态赋予自己和他人，并理解他人的信仰和目标与自己不同的能力。你基于他们的精神状态理解其他人的行为方式，你可以预测其他人在某些情况下会采取何种行为，因为你可以想象他们的想法和感受。这种能力是在婴儿时期发展起来的。婴儿在7~9个月大的时候开始注意到别人在关注什么，例如，他们会看父母在看什么。当孩子们2至3岁时，他们明白他人的行为是目标导向的。

所以，黑猩猩是非常善于交际的动物——进行竞争和合作——你可能会认为，能够将精神状态赋予他人对这种动物非常有用。但是他们有心智推理能力吗？

相关研究产生了相互矛盾的结果。1996 年发表的一项研究中，不管人们是否头顶着水桶，黑猩猩都会向人类乞讨食物。这项研究表明，黑猩猩不知道其他人对某种情况的认识可能与自己的不同。这些结果以及其他的研究表明，黑猩猩只了解"表面行为"。它们能够对他人的行为做出预测，但这是基于对先前行为的经验，使它们能够相应地预测他们的行为，而非基于他人思维的想象。

实验者们设计了一些测试，观察黑猩猩是否明白行为是以目标为导向的，即一个人在执行一个动作时心里有一个特定的目标。它们可能理解某一目标是通过一个特定的行为来实现的，但这并不意味着它们理解行为人具有要实现这个目标的意愿。然而，如果一个行动者试图实现一个目标却失败了的时候，或者在这个过程中发生了意外，黑猩猩理解了这个目标，那就意味着存在某种更深层次的东西。如果黑猩猩没有模仿那个人无谓的尝试，而是意识到了真正的目标，并且自己成功地做到了，那么这就强烈地表明黑猩猩能够阐释行动者的思维状态。研究黑猩猩和儿童行为的迈克尔·托马塞洛（Michael Tomasello）认为，现有证据已经偏向于认为黑猩猩拥有心智推理能力。在许多测试它们对目标导向行为的感知的实验中，它们为了产生类似的结果而采用的行为以及遵循的基于环境的规则，这些实验结果的数量意味着，它们不太可能只具有表面的理解能力。

黑猩猩拥有心智理论的另一个标志，是它们能感知到他人所关注的东西。它们会追随视线（更多的是追随头部方向而不是注视方向，但后者可能是人类特别擅长的事情，这是我们眼睛的解剖结构造成的，对于人类来说，眼睛的白色巩膜使得追随视线非常容易）。它们像人类婴儿一样，会寻找别人注意的对象。在黑猩猩争夺食物的研究中，如果它们没有心智推理能力，就很难解释它们的行为方式。例如，当其他黑猩猩在视线或听觉范围内时，它们会试图掩藏自己正在试图接近隐藏的食物源。

在过去十年左右的时间里，大量复杂的研究得出一个合理的结论：黑猩猩有着与我们相似的心智推理能力——正如迈克尔·托马塞洛所说，"它们理解这一点：别人也能看到、听到和知道东西"。不管怎么说，我们大脑中与社交互动有关的部分异常之大。

通过观察古人类的头骨化石，我们可以追踪到人类大脑的增大过程，并且在某种程度上知道它的不同构成模块。我们早期祖先的大脑差不多和黑猩猩的一样大。大约六七百万年前叫作撒海尔人乍得种（Sahelanthropus tchadensis）的人亚科原人（hominin），他的朋友称之为"托迈人"（Toumai），他的大脑容量只有350毫升左右。非洲南方古猿（一种生活在三四百万年前的非洲原始人物种，其中包括著名的"露西"标本）的平均大脑大小约为440毫升，脑商约为2.5，就比今天的猿类大了一点点。虽然直立人（大约200万年前生活在非洲和亚洲的一个物种）的大脑，似乎在大小上差异很大，其平均值约为910毫升，平均脑商为3.7，但大脑体积真正令人惊讶的增加是在人类进化相当晚近的时候发生的。大约一百万年前开始，随着海德堡智人（Homo heidelbergensis）、尼安德特人（Neanderthal）和我们这些智人等物种的出现，我们看到大脑的平均体积远远超过了一公升，脑商达到了现代人的4~5左右。

当然，越来越大的大脑对承载它的壳子有着重大的影响：人类的头骨必须扩张以容纳更大的大脑。脑壳在人类头骨中占主导地位，这一点不适用于其他动物，包括黑猩猩，虽然与其他物种相比，黑猩猩的大脑还是比较大的。但是头骨也不得不改变形状以容纳更大的颞叶。这意味着，颅底可能会形成一定的角度。这个角度是人类头骨的一个特殊特征，可以帮助头骨容纳一个非常大的大脑。

我们用一个二维的例子来帮助大家理解这一点：想象一个折扇，打开到了最大程度，最外边打开到了180°，形成了一条直线。你可以给折扇增加更多的扇叶，让它再打开40°，使扇面变大。但这时候这把扇子就不容易握在手中了，这个超大开合角度的折扇说明了颅底是如何弯曲的，好让更多的大脑安放在它上面的头骨内部。颅底的折曲有另一种连锁效应，它把颅骨的面部部分拉进去，把它塞到脑壳的前部下方。

虽然长出硕大的大脑对我们头骨的形状产生了巨大的影响，但这是它们进化过程中的一个非常新的小变化，是起源于最早的脊椎动物的一个重要解剖特征。那个古老的故事，已经揉进了你自己的头骨胚胎发育的故事之中。

3. 头骨和感觉

为建造头骨，并培养出感知周围
世界的器官奠定基础

03

'Ut imago est animi voltus sic indices oculi'

"眼睛是心灵的窗户"

——西塞罗

神经嵴与颅骨的起源

这是你胚胎发育的第三周，你的神经管——最终将成为你的大脑和脊髓——正在形成。但是，当神经褶皱上升，然后挤在一起形成神经管时，每个褶皱顶端的细胞变得躁动不安——它们即将为之做出突破。当褶皱融合时，嵴细胞起锚出航，在胚胎中迁移到它们的许多目的地。它们是非常重要的细胞群，有时被称为"第四胚层"，这样总共是外胚层、中胚层和内胚层，加上神经嵴。这些细胞遍布全身，形成各种各样的组织，包括部分肾上腺、大脑周围的膜和你的头骨的一部分——特别是形成你的脸的骨头。所有脊椎动物，包括鱼类、两栖动物、爬行动物、鸟类或哺乳动物（图3-1），它们的胚胎中都有这些神经嵴细胞。头骨对于脊椎动物来说和脊椎一样重要，而神经嵴细胞对于头骨的形成至关重要。

那么，当第一批脊椎动物进化时，神经脊和头骨是如何突然冒出来的呢？我们谈论的是进化，而不是神的创造，正如一些发育生物学家所说的："结构……不是简单地从尘土中冒出来的。"这时，就该遗传学大显身手了。文昌鱼是脊索动物，不是脊椎动物。它既没有神经嵴组织，也没有头骨，而且也没有理由相信这

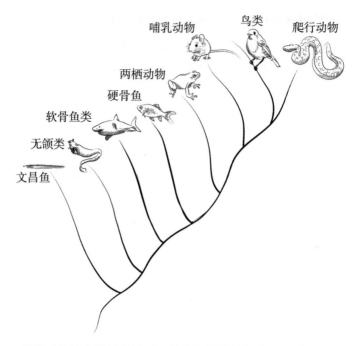

脊椎动物的家族树（最下面是它们最早的祖先），它们的近
亲无颌类（包括七鳃鳗）和远亲文昌鱼

图 3 - 1　脊椎动物的家族树

两者中的任何一种会在像海口虫这样的远古的前脊椎动物中存在。
我们无法研究海口虫的 DNA——它已经消失太久了——但我们可
以研究与之对应的活的海口虫——文昌鱼的基因。虽然世界上现
存的文昌鱼和海口虫之间隔了 5.3 亿年，但文昌鱼看起来确实像
一个"活化石"，而且文昌鱼的祖先不太可能先是获得像神经嵴
组织和头骨这样的脊椎动物特征，然后又失去。更有可能的是，
在寒武纪的前脊椎动物和文昌鱼之间的所有世代的动物中，神经

嵴和头骨从未出现过。这意味着文昌鱼的基因组中应该完全不存在神经嵴基因。如果我们想找出是哪些基因使脊椎动物成为脊椎动物，文昌鱼的真正价值恰恰在于展示出它的基因组中缺少什么。

为了找出是什么特定的基因变化导致了神经嵴细胞的"开启"，或者是导致了头骨的形成，最好将文昌鱼与一种相对原始的脊椎动物进行比较。（我们不要被一些基因变化搞糊涂了，比如，在脊椎动物进化的后期，基因变化导致了四肢等新奇事物的出现。）最早的脊椎动物是一种没有下巴的鱼（agnathans，"无颌类"，在希腊语中，这个词的字面意思是"没有下颌的"），如今存活的有两类：盲鳗和七鳃鳗。

根据编年史家"亨廷顿的亨利"的记载，亨利一世最后的让他丧命的一餐中，就有七鳃鳗，这让七鳃鳗获得了一种奇怪的名气。亨利一世是"征服者威廉"（William the Conqueror）的儿子，1100 年，他的哥哥在一次狩猎中丧生，他就成了国王。他在位 35 年，68 岁时，他吃了"过量的七鳃鳗"——显然是违背了医嘱，第二天就病倒了，不到一周就死了。听起来七鳃鳗似乎是一种很奇怪的食物，但在古罗马，七鳃鳗被视作美味佳肴，直到中世纪，贵族仍然喜欢吃七鳃鳗。我曾在推特上礼貌地询问是否有人吃过七鳃鳗，能否告知我它的味道如何。大家的回复五花八门："很像海鳗""黏糊糊的""像鸡肉""像肥皂"，所以至今我也搞不明白它的味道如何，而且因为现在七鳃鳗在英国成了濒危物种，我就更不可能知道了。不过在日本似乎不是这样的。我的朋友、历史学家尼尔·奥利弗（Neil Oliver）发了一条精彩的推文：信不信由你，我在萨摩藩（鹿儿岛）的藩主岛津家中享用的一顿盛宴中，就有七鳃鳗这道菜。

有些七鳃鳗生活在河里，有些生活在海里，它们看起来像鳗鱼：身体很长（可达1米），很灵活，没有鳞片（图3-2）。但与鳗鱼不同的是，七鳃鳗没有颌部。七鳃鳗的嘴就像《星球大战·绝地大反攻》中深渊底部的沙拉克之口的微缩版。（事实上，它们简直是太相似了，以至于我怀疑布景设计师一定见过七鳃鳗，并且认为它已经够可怕的了，完全可以作为讨厌的外星生物的原型。）

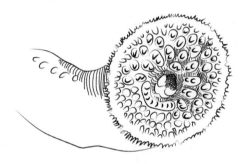

图3-2　七鳃鳗

由于没有下巴，在某种程度上无颌类鱼能吃的东西很有限。早期的无颌类鱼是滤食性鱼类，但现代七鳃鳗已经发展出一种特别令人讨厌的进食方式。它们是寄生的吸血者，用充满尖牙的圆嘴吸住猎物。（它们的"名如其身"的堂兄弟盲鳗，也是一种非常肮脏、令人毛骨悚然的生物：它们从身体两侧的腺体中分泌出大量具有保护作用的黏液来躲避捕食者，吃东西的时候侵入濒死鱼的身体，从内部享用它的猎物。）

无颌类的一些习惯可能令人讨厌，但它们仍然是脊椎动物，这意味着它们有头骨，至少，它们成年后有头骨。七鳃鳗的幼体是没有头骨的，事实上，它看起来很像文昌鱼。所以七鳃鳗的幼虫就像文昌鱼一样有鳃缝，沿着背部有一条中空的神经索，有脊索、分节的肌肉和一条延伸到肛门口之外的尾巴——所有你能想到的脊索动物的特征。但当七鳃鳗幼虫蜕变成成虫后，它们体内会形成一副软骨骨骼，包括椎骨和脑壳，这是脊椎动物的特征。

通过比较文昌鱼和七鳃鳗的基因组，可以发现它们之间的差异。这有点像玩查找两张照片的不同之处的游戏。七鳃鳗基因组的差异使它能够经历令人难以置信的转变，从一种看上去不起眼的前脊椎动物变成一种有脊椎和头骨的生物。

正如解剖学的某些部分不会突然凭空出现一样，新基因也不会。它们必须来自某个地方，新的基因通常以现有基因的副本出现，它们的出现是由于复制 DNA 时的错误造成的。通过对基因组的研究，我们可以清楚地看到，在脊椎动物谱系中，大量的DNA 都有副本。例如，哺乳动物有四个模式产生基因簇，称为同源异型基因（Hox 基因），而文昌鱼只有一个。文昌鱼是脊椎动物古代祖先的活化石，在大规模的基因复制发生之前，它们依靠的是单一的同源异型基因。

当一个复制的基因出现在基因组中时，会发生几种不同的情况。有时，产生的一个版本对于需求而言本质上是多余的，可能会退化甚至完全消失。但还有另一种更有趣的可能性：一个基因可能会继续完成它的旧功能，而另一个基因则可以自由地做一些新的事情。基因也可能有不止一种功能；例如，它们可能在发育期间的不同时间被打开，每次执行不同的工作。所以，当你有了相同基因的两个版本时，而且它们之间分担不同的工作，复制基因的第三种可能的命运就会发生。这两种基因在基因组中都变成了必需的，它们都不会退化，但它们可以向不同的方向进化，最终承担新的功能。

当发育中的小文昌鱼正在形成神经管时，有一组细胞看起来很像脊椎动物胚胎中的神经嵴细胞——它们在相似的位置出现，并且激活一些相似的基因。这些非典型的神经嵴细胞甚至会远离神经管——但它们不会移动太远。这些细胞和脊椎动物真正的神经嵴细胞之间的区别似乎可以归结为一组特定的重复基因。其中有一种叫 FOXD3。文昌鱼只有一个 FOXD 基因拷贝，而脊椎动物有四个或五个。文昌鱼 FOXD 基因在发育中的神经管附近是沉默的，但在七鳃鳗和其他脊椎动物中，其中一个拷贝——FOXD3——在神经褶皱的顶部非常活跃。这似乎是一种"告诉"神经嵴它是什么的基因，启动它在胚胎中的迁移进程。

数百万年前，一些活跃的复制基因在发育中的胚胎中扮演了一系列新的角色，导致了脊椎动物的进化，包括神经嵴和头骨。而且，到了最近，这些相同的基因在人的发育中的胚胎中也很活跃。神经褶皱顶部的细胞会对遗传信号做出反应，这可以追溯到你最早的脊椎动物祖先。每个细胞都长出小的突起，非常类似于变形虫（amoeba）的伪足（pseudopodia，希腊语中意为"假脚"），然后从你胚盘中间层的细胞群中爬出来。

其中一些细胞只移动了一小段距离，停留在脊髓附近，形成感觉神经细胞的节——神经节。另一些则爬到颈部，躺在那里等待成为分泌激素的甲状腺细胞。有些会去嘴的形成处，想要帮助你形成牙齿。另一些则位于心脏外面的大动脉之间的隔膜中。有些进入你肾上腺的核心，在那里它们最终负责产生肾上腺素。还有一些把自己填满脂肪，把自己包裹在神经细胞的延伸部分，在神经纤维周围形成一个绝缘的鞘。一些细胞远离它们的诞生地，进入你的皮肤，并在那里制造色素。它们中的许多爬进了你正在发育的脑袋，在那里开始奠定你头骨的基础。没有神经嵴细胞，你就不会长出脸来。

随便拿起一本关于胚胎学的教科书，你就会发现一长串的成人身体组织都是从神经嵴开始的。但是要搞清楚所有这些神经嵴细胞的履历，在学术上和技术上都充满了困难。

1893 年，朱莉娅·普拉特（Julia Platt）发表了一篇论文，她花了九年时间在哈佛大学和德国弗莱堡大学（Freiburg）攻读博士学位，研究胚胎学。在当时，有关神经嵴细胞的理论令人无法接受，因为人们认为所有的软骨和骨头都来自胚胎的中胚层。大家都知道外胚层（也就是神经嵴的来源）形成了表皮和神经结构。提出任何别的观点都让人觉得可笑之极。这个来自加利福尼亚的女人在说什么？在胚胎学文献中形成了一场毁灭性的批评风暴。一位胚胎学家甚至认为，普拉特女士的标本一定制备得很糟糕。最终，朱莉娅·普拉特被证明是对的，但为时已晚，此时无法挽救她自己的科学生涯——她的科学生涯以 1898 年完成博士学位而告终。

朱莉娅·普拉特的主张遭到了同时代人怀疑，部分原因是她所关注的是发育中的胚胎中细胞外表上的非常细微的差别，这种差别极其细微，结果有些人怀疑这些差别根本就不存在。朱莉娅·普拉特在显微镜下研究了蝾螈胚胎标本的切片,她确信自己可以分辨出来自外胚层的细胞与来自中胚层和内胚层的细胞之间的区别。这听起来确实困难重重,但这是其他胚胎学家也使用过的方法:外胚层细胞(包括神经嵴细胞)比中胚层细胞小,并且含有棕色色素颗粒。但这些研究依赖于观察不同年龄的胚胎样本,以重建神经嵴细胞的迁移。胚胎学家怎么能确定他们看到的从一个胚胎到另一个胚胎的是相同的细胞呢?

随着"细胞发育制图技术"的发展,追踪细胞变得更加容易了。这听起来有点像做预言,但是其中并没有用到水晶球。[1] 胚胎学家所做的,是将染料注入胚胎的活细胞,然后观察它们的去向。在 20 世纪 20 年代,胚胎学家将迁移的细胞染成蓝色或红色。到了 20 世纪 70 年代末,他们开始用一系列的荧光染料,到了 20 世纪 80 年代,胚胎学家们用细胞创造出了改变基因的胚胎,这些细胞能有效地"自身染色",带有各种荧光颜色(这种办法开创了一种技术,最终使"大脑彩虹"成为可能)。现在人们可以标记神经嵴细胞并观察它们的迁移。

胚胎学家观察到,神经嵴细胞从头部分离并向前流动,准备开始铺设头骨前部的基础,包括额骨和上、下颌。现在它们所要做的就是变成头骨。

---

[1] 水晶球是魔法师占卜用的器具。——译者注

形成头骨

当你还是一个三层的胚胎时，你中间的细胞——中胚层，连同在头端迁移的神经嵴细胞，形成了一种特殊类型的胚胎组织，称为间充质（mesenchyme）。间充质细胞还没有决定长大后要做什么。它们还没做好决定——还没有分化。它们中的大多数很快就会有特定的命运，比如变成骨骼、软骨、肌肉或血细胞。但是一些未分化的干细胞存活的时间更长，即便在成人体内，它们仍然存在，在骨髓和脂肪组织中，作为替代细胞的来源。再生医学的整个领域都是基于利用这些"间充质干细胞"修复损伤的潜力。

对于许多最终形成骨骼的细胞来说，第一步是将间质转化为软骨。在将成为颅底的地方，间质形成一块块的软骨，然后这些软骨会结合在一起，再转化为骨头。这种制造骨骼的方法，即首先制造一个软骨"模型"，是胚胎中最普遍的骨化形式：脊柱、肋骨、胸骨和除了锁骨之外的所有肢骨也都是这样骨化的。

在发育中的头骨中，我们看到了另一个达尔文称之为"胚胎相似定律"的例子（1859 年）。成年人类的头骨看起来与大多数其他哺乳动物的头骨非常不同。但是，当你将胚胎时期人类颅底的软骨模型与其他哺乳动物正在发育的头骨进行比较时，你会发现它们存在惊人的相似之处（图 3-3）。颅底由三对囊构成，包括鼻腔、眼睛和耳朵。在许多其他哺乳动物中，这些隔间在成年

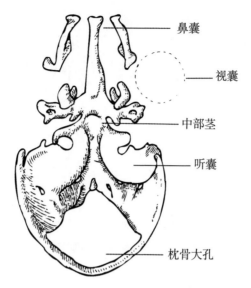

图 3 - 3　人类胚胎的软骨性颅（头骨的软骨基础）

头骨中仍然很容易辨认：特别是鼻囊，突出在前面形成一个鼻子。脑壳小而规整，位于听囊之上，听囊包含了耳朵的构造。相比之下，我们的脑壳变大了，如果你从一个成年人的头骨上方看下来，除了脑壳什么也看不到。我们的眼睛藏在脑壳前面；我们的外鼻非常短，一点也不像鼻子，整个鼻腔也都是隐藏在脑壳下（图 3 - 4）。

　　人的整个骨架中的大多数骨骼与颅底的发育方式相同，间质首先变成小的软骨模型，然后变成坚硬的骨头。但形成脑壳顶部的头骨，连同部分面部骨骼和锁骨，都是直接从间质骨化出来，这一点与其他骨头非常不同。

　　在发育中的大脑上方的间质中，骨细胞分化并开始产生骨基质针状体，这是含有蛋白质和骨矿物质的混合物。针状体逐渐从

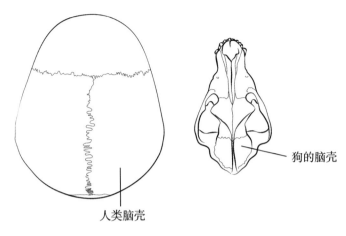

狗的脑壳

人类脑壳

图 3 - 4　人类头骨和狗头骨的顶部

骨化中心向外辐射，但骨骼的边缘在出生时仍是轻微分离的，由纤维膜形成连接。当两根骨头连在一起时，窄缝被称为骨缝。当几块骨头相互接触时，这个覆膜的开口被称为囟门。囟门位于婴儿头顶——靠前面的稍大一点，称为前囟，是额骨和顶骨的交界处，后面的稍小一点，称为后囟，是头盖骨和枕骨的交界处。这些头盖骨之间的纤维性关节使骨头在分娩时能有一点重叠，使婴儿头部（直径 9 厘米）通过盆腔出口（直径 10 厘米）时能稍微顺畅一些，这会导致一些新生儿的头部形状看起来有点奇怪。不过，在接下来的一天左右，这些骨头通常会恢复到原来的位置，婴儿的头部看起来也会更圆、更正常了（图 3 - 5）。当孩子的头部发育时，穿窿扁平骨之间的纤维骨缝保持开放状态，从而使头骨能够扩张。事实上，骨缝对颅骨生长至关重要——生长就是在这里发生的，这些缝隙中的膜会为颅骨边缘增加新的骨组织。

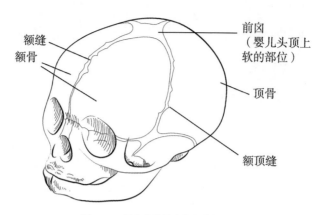

图 3-5　新生儿头骨上的骨缝和囟门

（图中标注）
额缝
额骨
前囟
（婴儿头顶上软的部位）
顶骨
额顶缝

颅骨形状

　　婴儿头骨的可塑性很强。相对而言，它们容易因意外或刻意的影响而变形。在古代的埃及、希腊、秘鲁和澳大利亚，人们曾刻意让孩子的头骨变形。怪异的头部形状似乎被用作社会身份的标志，表明一个人属于某个特定群体，或作为群体内地位的标志——表明某人是社会精英或战士阶层的一员。埃及法老阿肯那顿（Akhenaten）的头部似乎因病理原因而变形，但他的王后奈费尔提蒂的雕像表明她也有一个细长的圆锥形头部（图 3-6）。图坦卡蒙和他母亲的木乃伊也显示出一些锥形变形的证据。对埃及王室的记录表明王室成员的头都很长，看起来这不仅仅是一种艺术上的自由发挥——他们确实是故意地让头长成了锥形的。

　　早期的中美洲人把他们的婴儿的头绑在两块木板之间——一

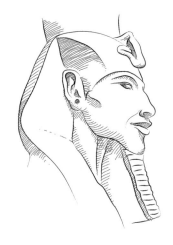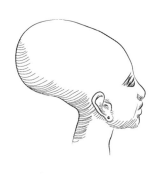

图3-6　法老阿肯那顿的雕像（左）　以及他和娜芙提提所生的女儿的雕
像（右）

块在前额，另一块在后脑——把婴儿的头前后压平，使其长高。
欧洲、亚洲和非洲的一些文化中，也曾鼓励把婴儿的头绑起来，
让头骨长成理想的圆锥形。最近在学术期刊《临床解剖学》
（*Clinical Anatomy*）上发表的一篇综述文章提醒临床医生，一些婴
儿头骨的畸形可能仍然是由家庭成员利用各种技术塑造而成的。
值得一提的是，就在 1994 年，还出版过一本题为《美丽宝贝：塑
造婴儿头部手册》的书。

因意外事故造成婴儿头骨变形的现象在美国人中间很常
见——有些父母把婴儿绑在称为摇篮板的婴儿背带上。这导致了
后脑勺的"体位造成的"扁平。自 20 世纪 90 年代初以来，由于
美国和英国的父母得到建议让孩子平躺着睡觉，人们注意到了类

似的效果。"平躺睡眠"运动取得了巨大的成功，降低了婴儿猝死综合征（SIDS）的死亡率。虽然该运动也降低了婴儿脸朝下睡觉造成的额头扁平的几率，但是现在更多的婴儿的枕骨过于扁平。幸运的是，这种姿势产生的枕骨扁平似乎是暂时的。

这些由故意或偶然的原因对不同区域施加压力造成的颅骨畸形，似乎对颅骨内发育中的大脑没有任何影响。然而，如果一些头骨的骨缝过早闭合，就会真的出问题，因为这会限制头骨的生长。矢状缝的早期闭合意味着颅骨无法长宽，所以它在前面和后面都向外突出，变得又长又窄。额顶缝的过早融合会阻止额骨和顶骨之间的生长，使颅骨变得又短又高。

尽管骨头看起来是如此坚硬的组织——成熟的骨头确实很坚硬，但是头骨内的压力会随着它们的生长而影响穹窿骨的形状。如果骨缝融合过早就能看到这样的现象，另外，颅内压异常高时也会有这种现象。在脑积水（hydrocephalus，希腊语"水"和"头"合并而成）病例中，头盖骨中过量的脑脊液（CSF）会产生压力，导致头盖骨膨胀。脑积水的病理可以追溯到大脑的形成时期，从中空的神经管在胚胎中发育的时候就产生了。随着大脑发育，大脑内部的空间被精心设计成一系列相互连接的腔室或脑室，充满脑脊液（图 3–7）。

脑室之间或通向脊髓的一些通道非常狭窄，这些通道的堵塞会导致脑脊液积聚。这种情况可以通过外科手术治疗：将一根管子插入大脑，将多余的液体排到另一个体腔（通常在腹部），或者在大脑底部开一个小口，让脑脊液流出。

1999 年，一位名叫劳埃德·佩伊（Lloyd Pye）的超自然现象

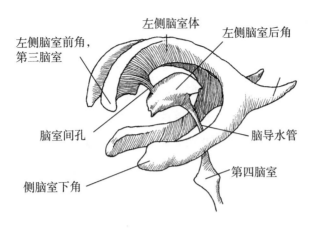

左侧脑室体

左侧脑室前角，第三脑室

左侧脑室后角

脑室间孔

脑导水管

第四脑室

侧脑室下角

图 3-7　正常大脑中的脑室

研究人员声称，1930 年在墨西哥的一个矿井里发现的一个奇怪的头骨，很可能是一个人类女性和一个外星人的后代。他在YouTube 上放了一段视频，在里面他将"外星儿童头骨"描述为"与人类头骨几乎毫无共同之处"。佩伊引用了加拿大一位颅面外科医生的话说，在他的职业生涯中，他从未见过任何类似畸形的头骨，所以说这更有可能是外星人的头骨（图 3-8）。那个头骨没有上颌骨，对于未经训练的眼睛来说，这可能使它看起来更奇怪。那个头骨当然是很不寻常的，但它看起来更像一个死于脑积水的孩子的头盖骨。外星人头骨背后的真实故事，并没有任何关于外星来客的让人激动的因素，而是一个悲伤的故事。这是一个孩子的头骨，他的身份已经不可考证，对他来说，当时的医疗条件无法治疗他的疾病，使他早夭。

绑住头或是脑积水可能会造成奇怪的头骨形状，而正常头骨

我们为什么长这样

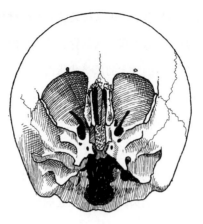

图 3 - 8　"外星儿童"的头骨

的形状则可以透露很多关于其主人的信息。世界各地不同人群，以及不同性别的人的头骨形状和大小都存在不同。

典型的欧洲男性头骨在眼睛上方有明显的眉骨。从侧面看，在鼻梁和突出的鼻骨之间有一个明显的凹痕。在头骨的后面，在枕骨上，男性通常有一个突出的骨脊，在中间有一个更加突出的突出物，这就是所谓的枕骨外隆突。这个隆突在男人的后脑勺位置通常很容易摸到。如果他是秃头或剃光了头，甚至可以看得到。隆突的脊部两边各有一条弧线，向中线的突起处倾斜，形成一个卡通海鸥的形状。在耳朵下面，一个叫作乳突骨的倒金字塔状的骨头向下突出。这块骨头很容易摸到，就在你的耳垂下，而且男人的比女人的大得多。乳突骨和枕骨外隆突都是肌肉与颅骨相连的区域。乳突骨形成了一条长肌带的锚点，它斜向下延伸到颈部——胸锁乳突肌。当你将头转向一侧时，这条肌肉就会在你脖子的另一侧突出——事实上，正是这条肌肉的收缩使你的头转向。枕骨外隆突加上两侧的海鸥翼形状的脊，让颈后的肌肉连在上面，包括一块被称为斜方肌的巨大的风筝状肌肉。

女人的头骨看起来一般不那么强壮，或者，换句话说，更纤细一些（图3-9）。所有的特征也都更小或是更微妙。额脊实际上可能不存在：由额骨形成的一个柔和弯曲的前额向下弯曲进入鼻子的骨质部分。女性的乳突骨小而整齐，后枕骨的背部通常是完全光滑的圆形，颈部肌肉往上与之相连的地方几乎没有皱褶。

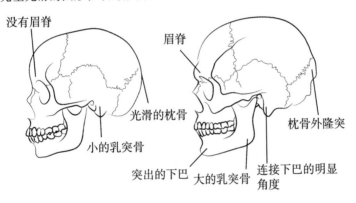

图3-9　人类头骨的性别差异：女性（左）和男性（右）

我在审视考古发现的骨架，并试图确定一个成年人的性别时，如果能有一个保存完好的头骨就简单了。即使骨盆缺失或是变成了碎片，头骨也能帮助我判断那个人是男是女。牙齿会给我更多的线索，帮助我确定死者死亡时的年龄。不成熟的牙齿很容易老化：牙齿在不同的时间，按照相当严格的顺序形成和长出（图3-10）。一个孩子3岁的时候嘴里有20颗乳牙；在每一边的半颌，有两个门牙、一个犬齿和两个白齿。3 岁后，孩子的乳牙开始脱落，恒牙取而代之：最终会有 32 颗，包括第三颗白齿或称智齿（除非你属于 10% 至 20% 的少数人，这些人没有长出第三颗白齿）。婴儿期的门牙和犬齿被更大的门牙和犬齿所取代，婴儿的白齿被两尖的成年前白齿所取代，然后这三颗成年白齿会填补乳牙后面扩大的下颌的新空间。大致说来，第一颗白齿是 6 岁长出的，第二颗是 12 岁长出的，第三颗是 18 岁长出的。

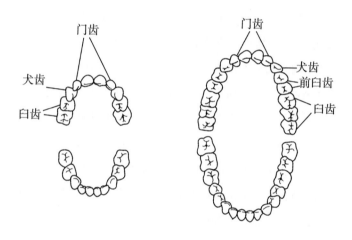

图 3-10　乳牙（左）及恒牙（右）

一旦嘴里所有的牙齿都长全了，就很难判断头骨的年龄了。不过，通过头骨扁平板之间的骨缝，你可以非常粗略地判断出你看到的是年轻人还是老年人的头骨。这些关节在出生时是开放的，有隔膜隔着，在儿童时期变得非常狭窄，相互交错，但是骨头仍然被少量的纤维组织分开。随着年龄的增长，骨缝会闭合，骨头会融合在一起。不过可惜的是，骨缝闭合不像牙齿的生长，它没

3 | 头骨和感觉

有固定的闭合的程序，所以只能粗略地指示出年龄。但牙齿可能更有用，尤其是在考古中遇到人类遗骸的时候。

我们今天的饮食非常的精致，所以我们牙齿的磨损速度比祖先的要慢得多——我们的祖先的面包里充满了来自磨石的细砂。虽然牙釉质是人体中最坚硬的物质，可以承受重度的研磨，但它最终还是会磨损，露出牙齿的牙本质，所以牙齿磨损的程度可以看作是一个有用的年龄指标（图3-11）。首先，牙齿尖上的牙本质会暴露出来，沿着门牙的边缘和前白齿及白齿的尖。随着岁月的流逝，牙齿被磨得越来越平，直到牙尖完全消失。磨损严重的白齿有着扁平的牙本质研磨表面，只是边缘留有薄薄的珐琅质。牙齿甚至可能严重到所有的牙釉质都磨掉，最后都磨到了根部。作为一个现代人，我的饮食要比几个世纪前的饮食对牙齿友好得多。然而，当我刷牙时，冲着镜子张开嘴看过去，我可以看到，虽然我的白齿尖保护得还不错，但是在每一个门牙的尖端都露出了一条细细的牙本质线。无可避免地，我的牙齿也在慢慢地磨损。你可能也需要检查一下你的牙齿。

听觉

对于一个试图通过骨骼上的线索来判断某个人的年龄和性别的人类学家来说，头骨和牙齿非常有用。每当一个保存特别完好的头骨被送到骨骼实验室时，我知道很有可能判断出骨骼主人的性别和年龄，不过同时我也常常忍不住要在送来的头骨中找一下

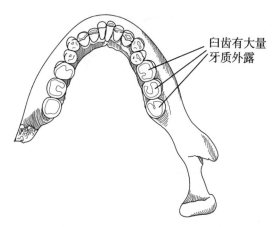

臼齿有大量
牙质外露

来自中世纪墓地的下颌骨，显示牙齿严重磨损
（表明死者死亡时年龄在 35 到 45 岁之间）。

图 3-11　中世纪墓地出土的下颌骨

人体中最小的骨头。这些小骨头对我的分析并没有什么帮助，它们只是很迷人，使我忍不住要看一看。

小心翼翼地用刮牙器（这种工具更常用来刮掉活着的病人牙齿上的牙结石）通过耳道，然后用一只手在下面托着，轻轻敲一下颅骨，一小堆干土就会掉到我的手掌里。我用指尖在尘土中寻找小的骨骸，一共有 3 块：锤骨、砧骨和镫骨（图 3-12）。锤骨大约 9 毫米长，而小小的镫骨只有 3 毫米长。如此微小的结构居然能保存下来，这似乎太不可思议了。然而，它们经常能保存下来，而且保存得完美无缺。在活体中，这些骨骸通过微小的关节和韧带相互连接。这个系统把空气中的波转换成流体中的波。

鼓膜位于外耳道的内端，将其完全封闭。如果你用耳镜观察健康的耳道，在一个活着的人身上，你可以看到鼓膜的末端——

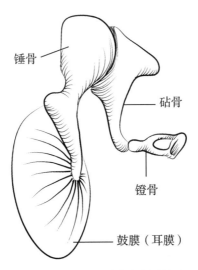

锤骨

砧骨

镫骨

鼓膜（耳膜）

图 3－12　听小骨：　人体中最小的骨头

一个闪闪发光的、有点像珍珠的色泽，几乎是半透明的膜。你甚至可以看到锤骨附在耳膜的后面。进入耳朵的声波使这层精细的膜振动，然后这条骨头组成的链把这些振动带过中耳的空间，到达耳蜗。

耳蜗是一个蜗牛形状的充满液体的腔体，位于颅底的颞骨深处。在耳蜗附近，这块骨头里还有其他充满液体的管子：三条 C 形的半规管。它们彼此成 90°——这个角度可以完美地探测三个平面上的加速和减速。在耳蜗和半规管中都有微小的带"毛发"的细胞，这些"毛细胞"可以探测到耳蜗管内液体的运动（图 3－13）。

耳蜗内液体的震动会激发毛细胞内的电脉冲，然后脉冲被神经细胞接收。这些神经细胞的纤维连接在一起形成一个束——耳蜗神经。它与前庭神经相结合，携带来自内耳迷路其他部分——包括半规管——的位置和加速度的信息。由此产生的前庭耳蜗神经从颅骨内部进入脑干。信息从一个神经元传递到另一个神经元，通过脑干向上传递到大脑本身，最终到达颞叶的听觉皮质区。

这种听力的基本装备是我们和其他哺乳动物共有的。无论观察老鼠还是大象的中耳腔，你都会看到相同的三根听骨链，连接着耳膜和耳蜗。相比之下，爬行动物的耳朵里只有一个听骨。哺乳动物（由爬行动物进化而来）是如何最终拥有三个听骨的呢？这是一个不同寻常的故事，稍后我会说说这个问题。

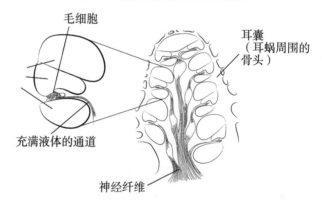

耳蜗的横切面，切面上有三个充满液体的通道，这些通道围绕着中轴（蜗轴）螺旋分布。左边的图像显示的是放大的局部，上面有毛细胞，毛细胞中的神经纤维聚集形成耳蜗神经

图 3-13　耳蜗的横切面

耳朵是一个如此复杂而又精致的系统——从半透明的薄薄的耳膜到微小的听骨，再到耳蜗内的微小的毛细胞，在这种情况下

人类的听力出问题的几率并不算是太高，这真是很不寻常。听力损失的范围从完全失去到部分失去，有不同的程度，有的可能是遗传造成的，从生下来就存在，也有的是后天造成的。随着年龄的增长，我们都会在一定程度上遭受听力损失，失去听高频声音的能力。除了这种不可避免的下降，还有许多其他原因导致后天性听力丧失，包括麻疹、腮腺炎和脑膜炎等感染，以及受一些药物或是溶剂和杀虫剂的影响等。你也会因为暴露在非常大的声音下而失去听力，这占了所有后天性听力丧失的一半左右。耳蜗中的毛细胞极其脆弱，一声巨响会在液体中产生震动，把它们压平，就像强风吹倒了一片成熟的麦田。

嗅觉

在人体解剖结构中，有很多我们非常依赖的部位，当你在骨骼实验室或解剖室中发现它们时，它们看起来非常的脆弱。大脑本身似乎得到了它的骨质外壳的很好的保护，但它仍有可能在头骨完整性未遭破坏的情况下受到损伤。即使对头部没有任何冲击，快速的加速或减速也会伤害大脑，这种突然的运动导致大脑在颅骨内移位，并与之相撞，造成损伤。虽然脑挫伤通常会自行痊愈，但其症状令人很不舒服，包括头痛（这一点毫不奇怪）、头晕和恶心等。另一个长期的创伤性脑损伤的结果可能是嗅觉的丧失，称为嗅觉缺失（anosmia）。如果你观察头骨内部（图 3 - 14），就会很容易理解为什么嗅觉神经——它将嗅觉信息从鼻腔传递到大脑——在创伤性脑损伤中尤其处于危险之中。在头骨的前部，大脑的额叶位于骨骼形成的架子上，这个架子也形成了眼窝的顶部。在两个眼窝的正中间，有一小块骨头，上面布满了小洞。这是筛骨（ethmoid bone）的筛状板（cribriform plate；cribriform 在拉丁语中的意思是"筛状的"；ethmoid 则是希腊语，表示"筛状的"）。这两个词放在一起似乎强调过头了，但筛骨也有其他不像筛子的部分，只不过它的名字显然来自这个布满孔的板状骨。筛状板的底部形成长而窄的鼻腔顶。鼻腔内层含有特殊的神经细胞，这些细胞的细胞膜上有微小的带有蛋白质（嗅觉接受器）的突起。这些蛋白质识别特定的气味分子；当一个分子与接受器结合时，接受器改变形状并启动电脉冲。然后，这种冲动通过神经纤维向上传播，这些神经纤维像嗅觉神经一样被捆绑在一起，穿过筛状板。紧贴在筛状板的上方，嗅觉神经进入一种叫作嗅球的结构，在那里它们与第二组神经突触形成了嗅径，在进入大脑之前，嗅道在额叶下运行。

如果大脑在头骨内部移动，那么通过筛状板的微小嗅觉神经就会受到威胁——它们可能会被切断，切断鼻子中的嗅觉感受器和嗅球之间的联系。在宾夕法尼亚州，一项对创伤性脑损伤患者的研究发现，超过一半的人丧失了嗅觉，但其中 40% 的人没有意识到这一点。这好像有些特别，但在我们所有的特殊感觉中，嗅觉失去之后造成问题可能是最少的一种。这并不是说我们的嗅觉是多余的，但是，与其他动物相比，我们的嗅觉的地位在进化过程中被削弱了。

哺乳动物有超过 1000 个嗅觉感受器基因（占基因组的比例相

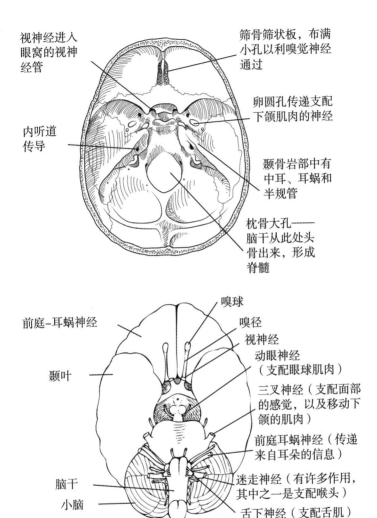

視神経進入眼窝的视神经管

筛骨筛状板，布满小孔以利嗅觉神经通过

卵圆孔传递支配下颌肌肉的神经

内听道传导

颞骨岩部中有中耳、耳蜗和半规管

枕骨大孔——脑干从此处头骨出来，形成脊髓

前庭–耳蜗神经

嗅球

嗅径

视神经

动眼神经（支配眼球肌肉）

三叉神经（支配面部的感觉，以及移动下颌的肌肉）

前庭耳蜗神经（传递来自耳朵的信息）

颞叶

迷走神经（有许多作用，其中之一是支配喉头）

舌下神经（支配舌肌）

脑干

小脑

上图：头颅的顶部被移除以显示颅底的内部，显示神经和血管通过的孔。下图：脑下表面，显示了脑神经从这里冒出来

图 3 - 14　头颅的截面图

我们为什么长这样

当大，达到了 3%)，而我们的老朋友七鳃鳗只有大约 60 个。不出所料，七鳃鳗只能探测到数量有限的不同气味。然而，尽管与任何有自尊的哺乳动物相比，七鳃鳗的这些基因数量很少，但这些基因在大小和结构上是相似的。这是进化中基因复制的另一个例子。这一次，复制的基因与原来的基因起着微妙的、不同的作用，编码的嗅觉接受器略有不同。通过基因复制，嗅觉基因家族在大多数脊椎动物中经历了一次大规模的、爆炸性的扩展，从七鳃鳗的共同祖先开始，直至在哺乳动物中达到了顶峰。

我经常喜欢和我的狗狗鲍勃用一个旧网球玩捉迷藏，但它往往不是找到而是嗅到球的。在大约 5 亿年的进化过程中（要想找到与七鳃鳗共同的祖先，就需要回到那么久远之前），大多数哺乳动物都拥有了非凡的鼻子。我是说，大多数哺乳动物都有了，但我们除外。人类只有不到 400 个活跃的嗅觉基因。此外，在我们的基因组中还有额外的大约 400 个基因，但它们已经严重退化，变得不活跃了，突变到了无法被"解读"并被翻译成蛋白质的程度。狗——实际上还有老鼠——的活跃嗅觉基因是人类的三倍，也许正因如此，不管我把球藏在哪里，鲍勃都能很快地嗅出它最喜欢的网球在哪儿。如果我把这个网球凑近我的鼻子，我肯定能闻到它的气味（不怎么好闻），但我绝不可能隔着整个房间闻到它。

如果人类的活跃嗅觉基因比其他大多数哺乳动物少那么多，而不活跃的嗅觉基因却比其他哺乳动物多那么多，这种对本来敏锐嗅觉的故意忽视是什么时候开始的呢？事实证明，拥有如此少的嗅觉基因的不仅仅是人类。通过比较基因组样本，一组遗传学家认为他们找到了嗅觉退化真正开始的时刻。看起来，包括人类在内的猿类，以及许多旧世界的猴子，如叶猴、狒狒和疣猴，与新世界的猴子和狐猴相比，都有更高比例的不活跃的嗅觉基因。这两类灵长类动物看待世界的方式也不同。狐猴和懒猴，以及大多数新大陆猴，眼睛里只有两种颜色感受器；旧大陆的猴子和猿有三种，这就让它们有了三原色视觉。换句话说，灵长类动物发育出了我们所认为的"颜色视觉"，同时对嗅觉的投入就减少了。

这个解释听起来很巧妙，但可惜对整个基因组的更详细的分析未能支持这一解释。相反，嗅觉基因的缺失似乎是灵长类动物的普遍趋势。大多数灵长类动物似乎有 300 到 400 个活跃的嗅觉基因。事实上，尽管我们倾向于认为自己在嗅觉方面特别欠缺，但人类在灵长类动物中却被证明是嗅觉神童，拥有比黑猩猩、猩猩、狨猴、猕猴和婴猴更活跃的基因。

尽管已有的证据似乎不再支持灵长类对嗅觉投入的资源的减少不是随着颜色视觉的进化而出现的，但作为一个群体，灵长类动物的嗅觉基因确实比其他哺乳动物少。随着嗅觉的遗传基础的减弱，大多数灵长类动物（除了像狐猴这样的卷鼻猴亚目的种类）的鼻子比大多数哺乳动物短得多，嗅球也小得多。嗅觉和听觉是许多哺乳动物的主要感官，但灵长类动物这个群体似乎更擅长视觉和触觉。所以，嗅觉发达的解释就和视觉发达的解释发生了冲突。为了了解我们眼睛和视觉的起源，我们需要观察更遥远的亲戚和更久远的过去。

视觉

像人类的眼睛这样的眼睛已经存在了至少 5 亿年——脊椎动物从一开始就有眼睛。第一种脊椎动物,类似于现存的七鳃鳗,可能没有下巴,但它们有眼睛。事实上,七鳃鳗的眼睛非常复杂——与任何其他脊椎动物的眼睛都是相似的。它们像照相机一样,有虹膜和内透镜,有六块肌肉来移动眼球——这跟我们的眼睛一样。如此看来脊椎动物的眼睛就好像是突然出现的,一下子就完全成形了。这对进化论来说是一个不小的挑战,因为进化论预测任何结构都是随着时间的推移而逐渐改变的,所以也难怪神创论者会盯上眼睛这件事。就连达尔文也承认眼睛的结构很难解释,他在《物种起源》中写道:

眼睛具有不可模仿的装置,可以调焦至不同的距离,接收不同量的光线,以及校正球面和色彩的偏差,若假定眼睛能通过自然选择而形成,我坦承这似乎是极为荒谬的。

神创论者喜欢引用达尔文的这句话,但他们喜欢断章取义,到此为止就不再往下引了。达尔文的这句话只是一种先抑后扬的修辞手法,引诱我们往下读。达尔文继续叙述了他的思考,比如,当第一次有人提出地球是绕着太阳转的,而不是太阳绕着地球转的时候,这种说法显得多么荒谬。达尔文继续说:

然而理性告诉我，倘若能够显示在完善及复杂的眼睛与非常不完善且简单的眼睛之间，有无数各种渐变的阶段存在的话，而且每一个阶段对生物本身都曾是有用的……那么，相信完善而复杂的眼睛能够通过自然选择而形成的这一困难，尽管在我们想象中是难以逾越的，却几乎无法认为它会颠覆这一理论。

有时我真想穿越回到过去，告诉达尔文在他身后又有了哪些科学发现，这些在 20 世纪和 21 世纪的发现增加了我们对进化的理解。我会跟他介绍那些令人难以置信的化石，它们展示了两栖动物是如何长出四肢的，恐龙是如何长出羽毛的，以及人类是如何进化的。我会告诉他关于 DNA 和基因组的事。但我特别想告诉他最近发现的"简单、不完美的眼睛"和"复杂而完美的眼睛"之间的基因联系。

我们的朋友"活化石"文昌鱼有一种很久以前就被称为"额眼"的东西，只不过科学家不确定它是否真的被用来看东西。"额眼"可能包含感觉细胞，靠近深色色素细胞（就像我们的视网膜在一层色素细胞上有一层感光细胞）。但这种安排真的对光敏感吗？文昌鱼的"眼睛"真的是某种东西的遗迹吗？这种东西可能是更复杂的脊椎动物眼睛的前身。与我们眼中复杂的视杆细胞和视锥细胞不同，文昌鱼"额眼"中潜在的感觉细胞非常简单（图 3 - 15）。即使在细胞水平上，比较解剖学似乎也无法提供答案。

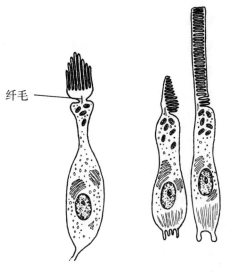

纤毛

图 3-15　文昌鱼的"额眼"（左）和人类眼睛的视锥细胞
（中）和视杆细胞（右）中的一个简单的纤毛细胞

　　现在让我们进入遗传学的殿堂。一个由捷克和德国的遗传学家和发育生物学家组成的团队着手解决这一难题，他们检测了在文昌鱼的"额眼"中表达的基因。文昌鱼色素细胞表达的基因与脊椎动物视网膜色素细胞表达的基因相似——这些细胞的"分子指纹"是相同的。文昌鱼中的感光细胞也表达了与脊椎动物眼睛中感光细胞相似的基因。重要的是，这些基因包括编码蛋白质的基因，这些蛋白质参与将入射光转换成视杆细胞和视锥细胞中的电信号。研究人员还追踪了这些感觉细胞的长神经纤维，一直追踪到小文昌鱼的大脑。在这里，终于有证据证明，在一种与脊椎动物有亲缘关系的原始动物身上有一只非常基本的眼睛，这让我们明白，我们复杂的眼睛原本可能是一种非常简单的东西。

对于像早期脊索动物这样的自由游动的生物来说，拥有一个位于前端的感光器官肯定是种偶然，而且随着脊椎动物的多样化，拥有良好的眼睛和能够接收和解释图像的大脑回路将有助于一些动物躲避捕食者，并有助于另一些动物寻找猎物。

但是，从简单的"额眼"到复杂的脊椎动物眼睛，仍然需要一个巨大的飞跃——完整的视网膜、晶状体、虹膜，以及用来移动它的肌肉。其他如今仍存活的无颌纲鱼形动物可能有助于弥补这一缺口。七鳃鳗的眼睛和其他脊椎动物一样复杂，但它们的近亲，黏糊糊的盲鳗却有着非常粗糙的眼睛。盲鳗的锥形眼睛位于半透明的皮肤下，它们的视网膜上有神经纤维，与大脑的下丘脑相连。但盲鳗没有晶状体，没有虹膜，没有眼角膜，也没有眼部肌肉，而且盲鳗似乎并不用它的眼睛来"看东西"——它实际上是瞎的；它为长这样的眼睛找的蹩脚借口可能是用来设定昼夜节律。然而，盲鳗的眼睛可能代表了一个步骤，一个达尔文的进化"层次"，处在文昌鱼的基本的"眼睛"和我们的眼睛之间。问题是，根据目前的证据，很难知道盲鳗是否真的与最早的脊椎动物相似，或者它们是否曾经像七鳃鳗一样，后来在许多方面发生了退化。这意味着我们不能依靠盲鳗来表明简单眼睛和复杂眼睛之间可能的中间物。

所以我们仍然无法完善地解释这一天降神迹。除非我们不只限于观察成体的解剖结构，而是考虑眼睛是如何发育的。七鳃鳗幼体的眼睛非常像盲鳗的眼睛。当七鳃鳗蜕变成成体时，眼睛变得更大、更复杂：视网膜上的细胞变得更精细，形成一个晶状体，每只眼睛都从表面突出来，变得可移动。

我们还可以通过观察眼睛在我们自己的胚胎中是如何形成的来了解眼睛是如何进化的。虽然我们没有像海克尔所说的那样，在胚胎发育的过程中重演我们的进化史，但我们确实可以在早期胚胎中看到遥远过去的"回声"。进化并不是从零开始创造新的生物体，而是对已有的生物体进行修修补补。正在发育的胚胎中，新的特征往往是"附加的"。

你又回到了子宫里，在你父亲的幸运的精子到达卵子 22 天后。神经胚形成为你提供了中枢神经系统的基础，而且就在你的神经管前端被封住的时候，两个小突起从它的侧面伸出来，就像蜗牛把眼睛从触角上伸出来一样。就在几天后，这些突出物已经向外延伸到你微小身体的表层：外胚层。如果到此为止，你会得到一个看起来像盲鳗或小七鳃鳗眼睛的东西。但你会一直继续发育。

现在表面上发生了一个变化：外胚层变厚，形成一个小的圆盘，是一个基板。从前脑突出的视泡开始向内塌陷，形成杯子状。与此同时，皮肤表面的基板开始向内下沉，形成一个凹坑，然后完全被挤压掉：一个外胚层泡泡被困在你的身体表面之下。七周后，杯子里的空间和气泡都消失了。这个杯子会形成视网膜（内层是感光的视杆细胞和视锥细胞，外层是色素层）和你眼睛的虹膜，而这个泡泡会变成晶状体。视杯周围的结缔组织为发育中的眼球形成了双层膜，内层充满血管，外层坚硬，形成眼睛的"眼白"，还有移动眼球的肌肉。视杯内的结缔组织会变成你眼球内透明果冻状的玻璃体液。视柄（眼柄）连接原视杯和前脑，成为视神经。你的眼睑是外胚层的皱褶，在发育中的眼睛上融合，直到怀孕后 20 周左右才再次分离，大约是你在子宫里的一半时间的时候。

回溯到寒武纪大爆发前后，我们可以想象在几千万年的进化时间里，会发生一系列类似的事件，有多个梯级变化，每一个都"对其拥有者有用"。前脊椎动物的祖先可能是从大脑中排列着的一小片光敏细胞开始的，类似于文昌鱼的"额眼"。当大脑被包裹在头骨里时，这个单独的斑块变成了两个，每个都变大，向外边膨胀。覆盖在感光性脑隆起上的皮肤变得透明。像这样的眼睛——类似于盲鳗的眼睛——可以感知明暗，但不能形成图像。在这种长着简单眼睛的生物的后代中，透明的表面组织向内凹陷，形成一个晶状体。眼部肌肉出现，视网膜变得更加复杂。光敏感蛋白（视蛋白）基因的复制产生了一个由四到五个不同的锥状细胞组成的阵列，每个细胞对不同波长的光产生反应。随后，杆状细胞进化产生了，视网膜的神经布线也变得更加复杂——就像现代七鳃鳗的眼睛一样。很久以后，当一些有颌鱼类的后代自己爬到陆地上时，开始发育出眼睑以保护眼睛，晶状体改变形状以适应光线从空气进入眼睛时弯曲的方式。

通过观察现代七鳃鳗，我们可以清楚地看到，早期脊椎动物的眼睛不仅是复杂的，能形成图像，而且它们看到的世界还是彩色的。南半球的澳洲七鳃鳗（Geotria australis）有五种不同的锥形光感受器，每种感受器都有自己的视蛋白。大多数鱼（有颌鱼类）至少有四种视锥细胞，其中一种对紫外线有反应。大多数爬行动物和鸟类也有四种视锥细胞。但大多数哺乳动物只有两种不同类型的视锥细胞，且视网膜上的视锥细胞相对较少。在所有哺乳动物中，只有灵长类动物中有一个独特的群体重新发育了色觉，它们有三种而不是两种视锥。

因此，从早期的脊椎动物到我们人类，故事情节非常曲折：复杂的眼睛已经存在了很长时间，而且色彩视觉也很古老；它曾经丢失了，然后又恢复了。我们鱼类祖先的色觉在哺乳动物祖先中消失了——四种感光视蛋白中有两种消失了。套用奥斯卡·王尔德的话说，失去一个视蛋白是一种不幸，而失去两个视蛋白就纯粹是粗心了。[1] 但是对于任何在黑暗中活动的动物来说，保留四种不同的颜色感受器并非必要；或者换句话说，失去一些感受器不太可能是有害的。很有可能，我们最早的毛茸茸的祖先几乎都是在夜间活动的。

但是为什么在所有哺乳动物中，有一群灵长类动物能够重新恢复颜色视觉呢？大多数哺乳动物有两种视锥细胞：一种对波长较长的光有反应；另一种对波长较短的光有反应。就我们对颜色的感知而言，这使得大多数哺乳动物都是红/绿色盲。在灵长类动物中，狐猴、懒猴和大多数新大陆的猴类也有这种色盲。但是，大约 3000 万年前，在一只猴子身上，也就是今天旧世界的猴子、猿和我们的祖先，长波长视蛋白的基因开始复制。该基因的一个

---

[1] 奥斯卡·王尔德的原话是："失去父母中的一方是一种不幸，但跟父母都走散了就纯粹是粗心了。"（To lose one parent may be regarded as a misfortune; to lose both looks like carelessness.）——译者注

拷贝发生了微妙的改变，引入了一种新视锥细胞，这种新视锥细胞将对中等波长的光作出反应，而这个新的视锥细胞一定被证明有利于这种生物的生存，因为它是自然选择的结果。

与此同时，旧大陆的猴子也在多样化，它们栖息的热带雨林中的树木也在多样化。许多猴子以树叶为食，所以颜色视觉可能有助于发现更新鲜、更嫩的树叶。这可能为编码新视锥细胞的基因在猴子种群中传播提供了足够的生存优势。颜色视觉的进化是为了帮助寻找食物，这不是一个新观点；它是由 19 世纪的生物学家格兰特·艾伦（Grant Allen）在 1879 年出版的《色彩感觉》（The Colour Sense）一书中提出的。在颜色视觉进化后，猴子和猿可以利用这种新的能力，发展出不同形式的颜色信号。正在排卵期的雌性狒狒和黑猩猩用鲜红的臀部来显示它们的繁殖力，而对于那些对颜色感觉不那么敏感的哺乳动物来说，就无法捕捉到这一信号。

尽管色盲在猴子中极为罕见，例如，每 250 只雄性食蟹猕猴中只有 1 只患此病，但是在人类中就更为常见，比如，高加索男性中每 12 人就有 1 人患此病。这种色盲的基础似乎是人类拥有如此多的中等波长视蛋白基因副本，有时这些副本与长波视蛋白混合在一起，产生了一种混合视蛋白，这种视蛋白对分辨红色和绿色不再有用。如果能够区分红色和绿色对灵长类动物来说是有利的，使它们更容易找到成熟的果实和嫩叶，那么我们有理由认为失去这种能力是一种劣势，会被自然选择淘汰。对猴子来说，色盲可能是一个更大的不利因素，因为它们不像人类那样喜欢分享食物。患有色盲的人则可能不那么处于弱势，因为他们不完全依赖自己采集的食物存活。因此，色盲可能在人类中更为普遍，因为这些缺陷不会像在更自私的猴子中那样，会被自然选择更加勤奋地消除掉。

在探索灵长类动物的颜色视觉是如何进化的过程中，我们一直在研究细胞和分子水平上的视觉机制。但是，灵长类动物的视觉也有一些重要的特征，这些特征在宏观层面上是可以理解的。换句话说，在不用显微镜或对蛋白质进行化学分析的情况下，我们用自己的眼睛就能辨别出这些特征。

手里托起任何一个灵长类动物的头骨，让它面向你，你就可以一直从眼窝看进去。这看起来很明显也很普通，但你不可能在每个哺乳动物的头骨上都看到同样的情形。如果你要观察老鼠、兔子、绵羊、马、牛或鹿的头骨，你只能看到眼窝周围的骨头，边缘稍微突出一点。对许多哺乳动物来说，这是一个有用的眼部位置：眼睛长在头部两侧，它们的视野几乎是 360°。如果你是一个食草动物，并不断警惕捕食者的话，这一点非常有用。食肉动物，如猫（不论是大型猫科动物还是小型的），其眼睛的位置使它的两只眼睛都注视着前方而不是侧面。这两只眼睛的视野互相重叠。这似乎是浪费了空间，但它可以让大脑做一些巧妙的事情：通过比较同一物体的稍微不同的图像，用两只眼睛同时看到，你的大脑可以计算出到那个物体的距离。每个人在看东西的时候其实都在做这个简单的三角测量，只不过从没想过罢了（至少没有有意识地去想）。但是如果让你闭上一只眼，你就只能猜距离了。

大多数灵长类动物的眼睛都位于前方，视野之间有大面积的重叠。一些研究人员认为，我们的灵长类祖先进化出的立体视觉有助于判断距离——如果你是一只住在森林地面以上的地方的从一个树枝跳到另一个树枝的动物，立体视觉无疑是有用的。但实际上，灵长类动物的两只眼睛靠得太近，这种深度知觉并不能成为它们立体视觉存在的理由。只有当你非常接近一个物体时，两只眼睛距离较近才有助于判断距离，这对吃昆虫的动物来说很方便。而这似乎的确是早期灵长类动物爱干的事儿，它们可能也以水果和花蜜为食，但主菜应该是昆虫。随着猴子和类人猿的进化，后来它们才更多地吃树叶和水果。

立体视觉让我们看到三维的世界。虽然你可能会为没有在脑袋后面长眼睛（或者至少是在脑袋侧面）感到遗憾，但进化已经慷慨地赋予了你非常灵活的眼睛和灵活的脖子，让你可以扭头向后看。

人类的眼睛与其他灵长类动物的眼睛相比有一些特别之处，事实上，与其他动物的眼睛相比也是如此。一个人在朝哪个方向看很容易就能看出来，因为我们可以看到大面积的巩膜（眼白），以及它和虹膜的对比。在大多数哺乳动物中，巩膜不是白色的，而是深色的，因此很难看到巩膜和虹膜的分界，也很难看出来动物在朝哪儿看。人类巩膜的白色可能不仅仅是一种随机的奇怪现象；巩膜和虹膜之间的这种对比可能是为了帮助我们看清别人在看什么，这是一种非语言交流。我们是一个非常社会化的物种，我们经常一起做事，合作完成各种任务。能够快速、轻松地看出来别人在朝哪看是有用的，可能正因如此，与其他哺乳动物相比，我们的眼睛在进化过程中变得如此不同寻常。但观察一下其他类人猿就会发现，很明显，拥有白色巩膜并不是人类独有的特征。一些黑猩猩和大猩猩也有白色的巩膜，而且已经证明大猩猩会注意其他大猩猩眼睛注视的方向。但在人类中，我们的眼睛的巩膜普遍是白色的，意味着很容易看到别人在看什么。

作为一种视觉上的、社会性的、会交流的动物，我们非常注意别人的眼睛。西塞罗曾说过"Ut imago est animi voltus sic indices oculi"，翻译过来就是"表情是思想的写照，眼睛是心灵的阐释者"。西塞罗以口才雄辩和文笔优雅著称，所以我认为这句话一翻译便失去了原文的韵味。有一句英语谚语更诗意地表达了西塞罗的思想："眼睛是心灵的窗户。"通过看别人的眼睛，我们可以知道他们在想什么，其意义远远超出了顺着视线的方向判断出另一个人在看什么。

我们还会利用眼睛的注视模式来推断一个人是否咄咄逼人，是支配型的还是顺从型的，或是他的智力、能力、理解力等，或是他的身体是否有吸引力。关注眼睛的凝视是我们与生俱来的习性：新生儿对成年人目光注视方向的变化很敏感；6个月大的时候，他们会根据头部和眼睛的位置来判断他人注视的方向。到18个月大时，婴儿就能在没有头部位置提示的情况下跟踪眼睛注视的方向。相比之下，虽然成年黑猩猩会根据头部的方向来跟随人类的视线，但它们不会只跟踪眼睛的方向。在两到三岁的时候，人类的孩子开始用眼睛注视来"读心"——来了解别人在想什么。如果你是一个群居物种的一员，其中的个体经常合作，这是一个值得掌握的有用技能。但如果有人试图欺骗你，这个技能就会显示其作用。例如，如果有人声称不知道某个东西藏在哪里了，但是他们可能会无意中瞥一眼藏东西的地方。成年人非常善于捕捉这些线索，但孩子们能同样容易地揭穿这些骗术吗？研究表明（其实家长们都知道！）三岁大的孩子就能理解并学会欺骗。但是他们会像成年人一样用眼神作为线索吗？

心理学家曾用一个简单的实验来测试儿童"看穿"这种欺骗的能力。他们让不同年龄段的孩子观看一段视频，里面的演员将一个小玩具藏在三个塑料杯子中的一个下面，但是在演员隐藏玩具的关键时刻，屏幕一片空白。在一个场景中，孩子们被预先告知演员很狡猾，"她不想让你找到玩具"。当演员再次出现在屏幕上时，她面前只有三个杯子，玩具不见了，她告诉孩子们她不知道玩具藏在哪里，但她低头看了一眼其中的一个杯子。孩子们需要猜出玩具藏在哪儿。在第二个骗局中，演员说出哪个杯子下有玩具，但是她是在撒谎，不过同时她的眼睛会看向实际藏有玩具的杯子。在另一个实验中，孩子们被告知，演员不会试图欺骗他们。这一次，当演员拿着三个杯子出现时，她说她知道玩具在哪里，并看着那个特定的杯子。在真实的场景中，只是用眼睛的注视作为一种暗示，三岁的孩子能够选择正确的杯子。但当演员有欺骗行为时，即使他们已经被警告过演员会"耍花招"，这么大的孩子还是选不对。但是四五岁的孩子就能更容易地发现其中的欺骗因素，他们会选择演员看的那个杯子，即使她声称不知道玩具在哪里，或者谎称玩具在另一个杯子下面。

对成年人来说，这些似乎都是非常简单的任务——也许我们只是更加老成，更加缺乏对他人的信任？——但是，这里我们只是考虑一下识别骗局需要什么线索。为了选对杯子，你必须意识到演员是有意欺骗你的。然后你必须弄清楚，有些信息——所说的话——是有意欺骗你的，而其他信息——眼睛的注视——可能揭示了真相。这些四五岁的孩子似乎已经懂得"听其言更要观其行"。对于三岁的孩子来说，即使告诉他们说有人要骗他们，他们也很难相信别人说的话是不可靠的。四岁的孩子已经开始注意别人眼睛里透露的线索。这个实验表明，我们识别欺骗以及骗人的能力是在整个童年时期不断提高的，即使是学龄前儿童，也能将目光的注视理解为一种重要的非言语暗示。

眼睛不仅能让我们推断他人的心理状态，而且，眼睛的的确确也是大脑的窗口。眼睛在我们远古的脊索动物祖先中进化产生，在人类胚胎中发育，作为前脑的延伸，眼睛通过它们的"茎"——视神经——与大脑保持联系。如果你用检眼镜（眼底镜）观察一个人的眼睛，聚焦在眼睛后部的视网膜上，你可以看到视神经离开的地方（图3-16）。大约有一百万个视神经纤维把遍布在视网膜上的光感受器细胞的信息汇聚在一个点上，然后离开视网膜，向后传递，形成视神经。它们交汇的地方叫作视神经盘，用检眼镜很容易就能看到。视神经盘的直径通常小于4毫米，在视网膜其他部分较深的橙红色背景下，显示为亮橙色。

在视神经盘上，没有任何神经纤维离开视网膜的受体细胞的空间。这是我们的身体中的一个缺陷，它表明我们是被一个没有远见、没有明确方向的过程"设计"出来的。没有设计师：你身体的结构和功能是进化的产物。我们如果要从零开始设计一只眼睛，可能会把受体细胞放在视网膜的表面，然后把它们连接起来，

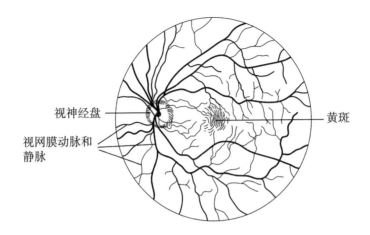

图 3-16　用检眼镜观察到的视网膜

视神经盘

视网膜动脉和
静脉

黄斑

这样神经纤维就可以附着在受体细胞的后面。这样，你的视网膜上就不用有视盘了。如此一来，你就不会有这个没有受体的补丁，这个"盲点"。

　　你可能没有意识到你的每只眼睛都有一个盲点——事实上，你不应该意识到。这是因为你的大脑很善于填补空白，它会借助在盲点边缘看到的东西来进行推断。但是你可以用一个简单的测试找到你的盲点，而且现在就可以做。用左手遮住左眼——不要偷看。右眼直视前方。现在将你的右手尽量向外伸展，然后用食指向上指。如果你的姿势正确，你可以清楚地看到你右手食指上的指甲。现在开始移动你的食指，保持你的手臂笔直。从一边移动到另一边，稍微上下移动调整一下。同时保持直视前方，右眼绝对不要跟随右手移动。做这个的时候要有耐心，很快某件非常奇怪的事情最终就会发生：你右手食指的指尖会消失。当你的手

我们为什么长这样

臂水平伸出略微向肩膀外倾斜时，就可能会出现这样的情形。第一次发现自己的盲点是一个相当奇妙的经历，你会突然意识到视觉不仅仅是一个被动的过程。你的大脑非常努力地工作，处理所有来自你眼睛的信息，并理解它，当数据有缺失时，它通过填充数据来理解它。在你的指尖应该在的位置，那里的背景其实是不应该存在的。那是你的大脑刚刚编造出来的：这是一个微型的视觉上的幻觉。有趣吧，而且现在你知道你的眼睛存在盲点了。但如果眼睛从一开始就以一种更合理的方式连接起来，你的大脑就不必费力去填补这个空白。

视盘可以表明眼睛不是"智能设计"的，但医生们也发现了它的一个用途。观察视盘可以为了解头骨内部的情况提供有用的线索。

眼球的外层与眼神经鞘相连，眼神经鞘包裹着视神经，并与脑膜相连包裹着大脑。脑膜内两层之间的空间含有脑脊液（CSF）。如果颅腔内压力异常高，脑脊液就会被推入视神经鞘，压迫视神经和视网膜中央静脉。这种压力可以一直传输到眼睛本身，导致视神经盘中的神经纤维膨胀。视神经盘肿胀，也被称为视乳头水肿，是一种危险的信号，表明颅内压升高，这可能是由大脑炎症或肿瘤或脑脊液流动受阻引起的。视乳头水肿让我们想起眼睛和大脑之间的密切联系，这种联系是从眼睛的胚胎发育中产生的，并让我们联系到我们非常古老的祖先的眼睛的起源。

4. 说话和腮

发音盒子的水下来源

04

"人们不得不说啊说， 只是为了让他们的发音盒子正常工作，这样好保证一旦有什么真正有意义的话要说， 这个发音盒子还好用。"

——库尔特·冯内古特

U形骨和蝶形软骨

20世纪20年代，一些英国地质学家为了在海法建造一座新港口寻找优质石材，在当时的英国托管地巴勒斯坦（现在的以色列）卡梅尔山的西坡上发现了一些有趣的史前石制工具。考古学家关注起了这里。在1929年至1934年间，考古学家多萝西·加罗德（Dorothy Garrod）带领的一个团队在卡梅尔山上挖掘了一系列洞穴，并取得了一些惊人的发现。在一个名为斯虎尔（Skhul）的洞穴里，考古学家们发现了数千件石器和10个人类墓穴。即使当时只是在考古的现场，也可以很明显地看出来这个遗址非常古老，可以追溯到旧石器时代。现代的年代测定技术又把这个推测的时间往前推了，比多萝西·加罗德所想的还要早，一直上溯到10万到13万年前。这些骨骼是重要的证据，他们具有早期现代人（智人）——以及走出非洲的现代人扩张的一支——的解剖结构，但那是另一个故事了。加罗德的团队考查了卡梅尔山上的其他洞穴，包括凯巴拉洞穴，在这里发现了以石器形式存在的人类活动痕迹。

1982年，考古学家回到凯巴拉继续完成加罗德开始的工作。

这个团队由哈佛大学的欧弗·巴尔-约瑟夫（Ofer Bar-Yosef）领导，团队中有来自法国和以色列的同行。经过几个季节的挖掘，凯巴拉的秘密展现在世人面前：更多的石器；来自多种动物的骨头，包括山瞪羚、羚羊、各种鹿、野马、犀牛、鬣狗和狐狸；还有古老的灶台的遗迹。然后，在 1983 年的挖掘季，考古学家发现了一个人类墓葬，但这一次不是现代人的，而是一个尼安德特人的，大约 6 万年前埋在这个洞穴里。虽然没有头骨和大部分腿骨，但这是迄今为止发现的最完整的尼安德特人骨架。考古学家在它的下颌下发现了一根又细又小的 U 形骨头：舌骨。

这块骨头也是你的骨骼的一部分；它藏在你的脖子里，就在下颌骨下面。如果你用一只手把你的拇指和食指叉开成半环形，然后掐住脖子，在下颚骨下面几厘米的地方，就可以感觉到它。你应该能够探测到一个比较硬的东西，甚至可以把它从一边到另一边稍微摆动一下。（这个动作不要做太久，也不要太用力，否则会很疼。）

舌骨是口腔和颈部各种肌肉和韧带的重要锚点。构成口腔底的肌肉从前面的下颌骨的内表面连接到后面的舌骨。一对舌肌，称为舌骨舌肌（hyoglossus），从舌骨开始，并呈扇形向上进入舌体。茎突舌骨肌是一种细长的肌肉，它与同名的纤维韧带一起，从茎突（一根从颞骨向下延伸的尖骨，在头骨下面）连接到舌骨。在颈部下方，喉腔或喉头被一块纤维组织和一些肌肉悬吊在舌骨下方。

喉是一个非常复杂的解剖结构（图 4－1）。它直径只有 3 厘米，长 4 厘米，但它由 9 个独立的软骨组成，这些软骨是由韧带和膜串在一起的，还有一些活动部件，上面附着有微小的肌肉。喉最大的软骨是甲状腺（我们已经见过）和环状软骨（cricoid cartilage；cricoid 在古希腊语中意为"环形的"）。这块软骨看起来有点像图章戒指。甲状软骨在你的脖子上形成了喉结，男性的喉结要比女性的突出得多。蝶形甲状软骨位于环状软骨之上，其小关节可以使其轻微晃动。

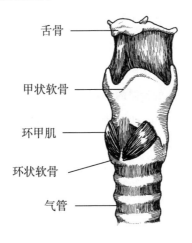

舌骨

甲状软骨

环甲肌

环状软骨

气管

图 4-1　人类的喉

在喉的内部，一对绳索状的弹性韧带在甲状软骨靠前的内表面与后面的两个位于环状软骨上的小金字塔形软骨之间延伸开。[不管怎么说，我认为那些小软骨看起来像又小又高的金字塔，但是给它们命名的人显然认为它们看起来更像杓子，所以叫它们"杓状软骨"（arytenoid cartilages）。] 连接杓状软骨的韧带是声带。连接在小的金字塔形软骨上的肌肉，将声带固定在后面，这意味着声带可以被拉到一起，堵住通向气道下面其余部分的开口。当你吞咽食物时，这个动作会自动发生，以防止食物块进入你的气管和肺部。与此同时，叶状的会厌软骨（另一种喉部软骨）也向下放下以保护喉的开口。当你搬起重物（你下意识地"知道"，你需要在肺里憋住气来帮助挺直你的躯干），或者当你在排便时（甚至是生孩子时）使劲，你也会用声带来堵住气道。有时，在这种情况下，很难阻止空气从声带之间挤出来，所以你情不自禁地会发出吭哧声。（别担心，这完全是正常的，而且现在你知道为什么了。）

从进化的角度来看，喉的这一作用——作为一个阀门，封闭气管和肺——是它最初的功能。当然，它也是发声器官，是我们说话的地方。

当你说话时，杓状软骨把声带拉紧。当一股气流从它们身边经过时，它们就会振动，发出声音——就像木管乐器中的簧片发出声音一样。你的音高取决于声带的长度。女性声带的长度在1.25~1.75厘米之间，而男性的在1.75~2.5厘米之间。这意味着男性的喉头从前到后更深——它在颈部更突出，形成一个突出的"喉结"。

当然，你也可以改变你的音高。你可以通过拉伸声带来发出更高的音符。这种事不需要去想，你自然而然就知道怎么去做。喉前部的环甲肌收缩时就会自然地这么做。这块肌肉将环状软骨拉向甲状软骨。你可以在自己的脖子上摸一下，感觉这一动作：找到你的喉结，然后轻轻地把你的指尖向下移动，直到你感觉有一个窄窄的空隙。这是甲状软骨和环状软骨之间的间隙。把手指留在那里，现在发出一个短促的高音"eek"。感觉出来了吧？当环状软骨的前部被拉向甲状软骨时，你应该已经感觉到缝隙消失了：那是你的环甲肌在起作用。环状软骨与甲状软骨的连接方式使它就像一个倒置的跷跷板。当环甲肌在前面把它拉起来时，环状软骨的后面和杓状软骨一起向下移动。这把声带拉得很紧，所以当你把一股空气推过它们时，声音的音调就会很高。

如果说语言是极为重要的人类特征，我们就需要问一下，人类的喉头到底有多特别？很多人可能会想象它一定比其他哺乳动物的喉部复杂得多，但事实并非如此。我们所拥有的是一个相当标准的哺乳动物喉头，没有额外的"铃铛"和"哨子"。也许这并不奇怪，因为将从喉头发出的声音转化为语言的，其实是你喉部上方的解剖构造。虽然发出的音节可能是从声带振动的声音开始的，但当我们听到别人说话时，我们听到的不仅仅是声带的振动声。当我们说话时，声带上方的空气柱会改变形状，而控制气道形状和所发出声音的主要因素是舌头。你可以通过把舌头压在上颚上，然后释放它，从而发出一个爆破音，比如"d"或"t"的声音，或者留下一个小间隙来强行通过，发出"sss"的声音。发辅音的时候你的嘴唇也参与进来，它通过阻止并释放空气流来发出"b""m""p"，而嘴唇和牙齿在一起则发出"f"和"v"。当空气自由流动的时候，通过改变舌头的形状，你可以调整元音。

我看见过我的发声器官如何工作。前面说过我看到自己的镜像神经元的证据，在同一个功能磁共振成像扫描仪里，我看到我的嘴唇和舌头在我说话的时候努力地创造出一连串的元音和辅音。我当时正在拍摄一段关于声音解剖学的视频，我要在扫描仪里说一段话，然后会在外面的咖啡馆里重复这段话，这样我们就可以把我说话的视频和磁共振成像产生的动画匹配起来。我说的是：

> 我肺里的空气在声带间流动，导致声带振动。声音向上传递，被我的舌头和嘴唇塑造，变成说出来的话……ahh……eee……ooo。

我喜欢看做出的动态的 fMRI 图像，显示我说话时喉部、舌头和上颚的活动。我可以清楚地看到不同辅音的结构，但是元音——ahh、eee、ooo——是最有趣的，因为我在发这些音的时候，并没有意识到我的舌头在嘴巴里扭动。在发"ahh"的时候，我的舌头紧紧抵在我的嘴巴后面；在发"eee"的时候，它位于嘴巴中间，离上颚很近；在发"ooo"的时候，它变成了一个奇怪的形状，弓起来，前面有一个缺口。

我们的舌头对于讲话非常重要，它不同于其他哺乳动物的舌头，包括与我们亲缘关系最近的灵长类动物黑猩猩的。部分原因是我们人类的鼻子很短，所以我们的舌头不像其他大多数哺乳动物的那样又长又平，而是圆的，而且高度灵活。但是舌头就像喉头一样，不会变成化石。因此，如果想知道我们的祖先是什么时候开始长出大而灵活的舌头的，我们只能从骨骼化石中寻找线索，这些线索有可能让我们对软组织解剖结构多一些深入的了解——但这很不容易。即使我们无法直接观察到祖先的舌头肌肉，也可能找到一个关于支持它的神经的舌头肌肉的线索：舌下神经。被命名的神经往往大到可以用肉眼看到，它们是由成千上万个独立的神经纤维组成的束。

像舌下神经这样的运动神经中的每一根纤维最终都会到达肌肉，并支持一组被称为"运动单元"的肌肉纤维（图4-2）。所以舌下神经的大小取决于它里面的神经纤维的数量，也应该能显示出舌头上运动单元的数量。更多的运动单元可能有助于更好地控制舌头——这听起来对说话应该是很有帮助。

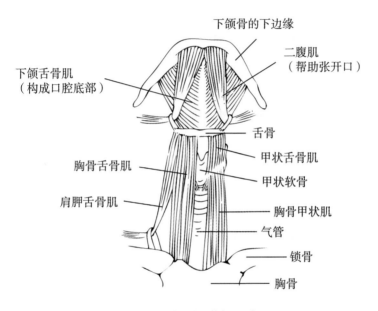

下颌骨的下边缘

二腹肌
（帮助张开口）

下颌舌骨肌
（构成口腔底部）

舌骨

甲状舌骨肌

胸骨舌骨肌

甲状软骨

肩胛舌骨肌

胸骨甲状肌

气管

锁骨

胸骨

图4-2 许多肌肉附着在舌骨上

但神经也是软组织，它们也不会变成化石。然而，舌下神经是"颅神经"之一——这些神经来自于大脑本身，它们中的大多数必须从头骨中钻出来，以支持外部结构。（总共有12对颅神经，包括一些我们已经见过的视觉神经、嗅觉神经和前庭耳蜗神经。）舌下神经通过它自己的通道——舌下神经管——离开头骨，舌下神经管位于颅底，靠近枕骨大孔，脑干从这里出来变成脊髓。

20 世纪 90 年代末，美国杜伦市杜克大学的一伙解剖学家开始测量人类、黑猩猩、大猩猩头骨和一些人类化石的舌下神经管的大小。科学家们似乎找到了某些关键的东西。平均而言，人类舌下神经管的大小大约是黑猩猩的两倍，比大猩猩的大三分之一。在 200 万到 400 万年前生活在非洲的早期人类——南方古猿——的舌下神经管很小，类似于黑猩猩和大猩猩的。研究小组又研究了后来的原始人，包括一个海德堡人（尼安德特人和现代人的共同祖先）和一个尼安德特人的头骨，他们的舌下神经管的孔更大，和人类的一样大。如果更大的舌下神经管意味着有一根更粗的神经，支持舌头和类似人类语言的能力，那么人类的这个重要特征似乎在至少 40 万年前就已经存在了，先是在我们最近的祖先身上，然后在我们的堂兄弟尼安德特人身上。

这是一个了不起的发现。不幸的是，就在这些结果发表一年后，另一个美国研究小组对他们的发现写了一份报告，对这一漂亮的有关语言进化的舌下神经假设提出了质疑。他们测量了 104 个现代人和 75 个其他灵长类动物头骨的舌下神经管。在这个更大的样本中，他们发现人类舌下管的大小范围更大，与其他类人猿和古人类的舌下神经管的大小存在重叠。事实上，拥有最大的舌下管的灵长类动物是猴子和链尾猴（狐猴和懒猴），但是没有人认为它们会说话！在一项解剖研究中发现，舌下神经管的大小并不能很好地反映神经的实际大小。

这么说来，舌下神经管的大小就很难说明问题了。那么舌骨呢？这是否有助于解释语言的起源问题？在以色列的凯巴拉洞穴发现尼安德特人舌骨的考古者确实这么认为。在关于舌骨的报告中，他们认为尼安德特人的舌骨与现代人的非常相似，所以尼安德特人一定有完全发达的语言能力。另外两块属于古代尼安德特人的舌骨来自著名的西班牙阿塔普埃尔卡山脉的西玛德罗斯赫索斯（Sima de los Huesos）遗址，也和我们的非常相似。还有一块舌骨化石属于早期的古人类物种——南方古猿阿法种（Australopithecus afarensis），而这一块舌骨更像是黑猩猩的。所以，也许南方古猿不能说话，而尼安德特人却可以。

用这么小的一块骨头去证明这么重大的事情，这个步子似乎迈得太大了。喉的确是从舌骨上悬着的，但是我们仍然无法从舌骨上得到任何关于软组织的信息，包括喉的软骨。我知道这么说有点刻薄，但是我的确觉得仅仅基于舌骨就尝试重建所有的软组织，包括喉头本身，这么做就像是基于一个衣架来尝试恢复一件衣服的原貌一样。

事实上，我们可能永远无法通过观察解剖结构来确定我们的祖先是何时发展出说话能力的。正如我们已经看到的，人类喉部本身是相当平凡的，是一个标准的哺乳动物的套件。但与其他哺乳动物相比，你的喉部有一个奇怪的地方，那就是它在你脖子上的位置：非常低。这意味着从声带到嘴唇之间有一条很长的声道，长到可以发出各种不同的声音。舌头、软腭、嘴唇和牙齿把从喉头喷出的气流修成辅音和元音，就像我在自己声道的核磁共振成像动画中看到的那样。

美国认知科学家菲利普·利伯曼（Philip Lieberman）花了数十年时间研究人类声道的解剖结构、功能和进化。他认为成人喉头位置较低这一点很重要，因为这对舌头的位置有特别的影响。低喉和低舌骨意味着舌头的后面处于一个特殊的位置，可以影响咽（舌头后面）以及口腔（舌头上面和前面）的大小。人类口腔和咽之间的直角弯曲也有效地将声道分成两段长度相等的管道，利伯曼认为这对于能够发出不同的元音很重要——"ahh"、"eee"、"ooo"等。能够发出声音清晰的元音听起来像是一件奢侈的事情，但是当另一个人发出这些不同的声音时，我们的大脑有一半的机会去解码他们真正的意思。尼安德特人不可能有和我们一样长两根管子的声道，因为他们有很长的下巴，这使得他们的口腔很长。如果他们有一个同样长的咽管在声带的上方，这就会把他们的喉头直接推入胸腔，这在解剖学上是不可能的。这是否会使他们的元音彼此难以分辨，进而他们的语言也难以理解？利伯曼持这种观点，但其他科学家却不这么认为：10 岁孩子的声道也有相似的比例，总的来说，他们说话也是相当容易理解的。

那么尼安德特人说话听起来会是什么样子呢？声学科学家安娜·巴尼（Anna Barney）和解剖学家桑德拉·马特里（Sandra Martelli），以及他们在南安普顿大学（University of Southampton）和伦敦大学学院（UCL）的同事们，最近开始着手研究这个问题（同时试图回答一些更严肃的问题，比如尼安德特人是否会发出不同的元音）。研究小组通过对现代人和尼安德特人化石的 CT 扫描，对声道进行了虚拟重建，然后使用语音生成计算机模型，观察尼安德特人与现代人的声音差异。

在计算机模型中，根据猜测，尼安德特人舌骨的位置就在下颌下方，就像在你的脖子上的位置一样，但是从舌骨到嘴前部的距离比现代人要长，因为尼安德特人的下颌更长（图 4-3）。舌骨和颈椎之间的距离——咽上部的位置——在尼安德特人身上也更长。这意味着尼安德特人的舌头不能像我们人类的舌头那样向后推到咽里，这对元音发音有影响，声学模型也证明了这一点。他们发出的"eee"和"ooo"元音跟现代人类的类似，但是虚拟的尼安德特人的声道无法产生一个完全类似现代人发出的"ahh"的声音——当舌头在后面聚成一团，改变它后面的上咽部的形状时所发出的元音，就像我在核磁共振成像中看到的一样。

图 4-3　现代人类舌骨（左）和来自凯巴拉洞穴的尼安德特人舌骨

喉部神话

　　人类喉头位置变低，以及其在语言中的作用，很好地说明了试图重建一个有机体及其身体组成部分的进化史是一件多么令人着迷、同时又令人沮丧的事。我们很容易假设我们身体的大部分都很适合它的功能。也许我们仍然乐于认为自己是进化的顶峰，是自然阶梯的最高梯级，而不是在曾经被大幅度修剪的生命之树上面一个幸存下来的小树枝。

但是，如果你仔细想想就会意识到，你身体里的每一个解剖结构不可能都是完美地适应它的功能，而且大多数解剖结构都服务于不止一种功能。对于某些结构来说，一种功能可能是特别重要的，并且通过自然选择，可能会将该形式推向某个方向，但是完成其他功能的需要可能会对这一发展施加压力。所以不可避免地，这里面会有一些权衡。这意味着一个特定结构的最终形式很可能代表一种折衷的设计，不管你观察的是什么功能。

我们也很容易把解剖结构的每一个细节都看作是一种适应，一种自然选择的结果，以使其当前的形式适应当前的功能。我们假设人类的喉头下降到颈部是为了使发音更好、更清晰。成人喉头的位置位于颈部下方，意味着声道由两根长度相等的管子组成——这似乎是产生清晰的元音所必需的。

关于人类喉头进化的传统故事也指出，较低的喉部也是一种潜在的致命危险：它使窒息的可能性大大增加。从进化的角度来看，说话的好处肯定超过了窒息的风险。在其他哺乳动物中，喉头要高一些，会厌的尖端要比软腭高。这意味着咽导气管与食道是分开的。在人类中，喉部在颈部的位置要低得多，会厌的尖端远低于软腭。当一团食物被吞下时，它必须经过喉头，阻塞气道，并有可能滑进喉头。

我一直对这个说法持怀疑态度。首先，我的狗经常会被嘴里过多的食物噎住（但谢天谢地，它总是能把食物残渣咳到地板上，成功地清除阻塞它呼吸道的东西）。其次，动物的会厌在不吞咽食物时可能会到达软腭，但当它吞咽食物时，会厌会向下动，与软腭失去联系，食物团必须经过喉部才能到达咽部，进入食道——这跟你我吞咽食物的过程一样。尽管我们的喉头位置较低，但我们的吞咽方式与大多数哺乳动物大体相同。

进化人类学家莱斯利·艾洛（Leslie Aiello）也对有关窒息的传统说法的真实性表示怀疑。她查看了英国过去100年的死亡记录，发现了以下两点：首先，窒息是一种罕见的死亡原因；其次，与喉部仍然较高的儿童相比，喉部下降的成人窒息的风险似乎没有任何增加。

因此，那种认为喉部向下移动的选择压力足以压倒窒息而死的风险的观点是站不住脚的。还有一件事：如果人类喉部位置下降根本不是对语言能力做出的适应呢？如果因为一个完全不同的原因，喉头恰好处于一个较低的位置，结果从长远来看，这对说话非常有用，会不会有这种情况？

你的头是位于颈椎上的。黑猩猩的颈椎与后面的头骨相连。如果你看一下人类头骨和黑猩猩头骨的底部，很明显枕骨大孔的位置——脑干在转变成脊髓之前离开头骨的大孔——是不同的。在黑猩猩中，枕骨大孔比在人类中更接近头骨的后部。在这两个物种中，枕骨大孔的两侧都有两个椭圆形的表面，称为枕骨髁——这是头骨与脊柱第一节相连的地方。

人类是两足动物，我们习惯用两条腿走路。我们的解剖结构也反映了我们两足的特性，不仅是我们的腿和骨盆必须改变来适应我们的两足性，我们的脊椎也改变了，发育成一个双S形。由于我们的身体的姿势，头部与脊柱的连接发生了改变：我们的头部直立位于脊柱的顶部，保持平衡。因此，枕骨大孔和枕骨髁在人类头骨中要更加靠前。我们大脑的增长也起到了一定的作用，因为枕骨大孔后面的头骨后部凸出来了。

　　但是再看看这两个头骨的底部。注意枕骨大孔与人类颅骨硬腭后部的距离有多近（图4-4）。这个距离在黑猩猩的头骨中要远得多，这意味着在颈部，在下巴后面，有足够的空间来存放其他的结构。当我们的祖先开始有规律地用两条腿走路时，喉头必须往下移动，否则它会被压在舌头和脊椎之间，这样就不可能进行呼吸和吞咽了。换句话说，人类喉头的低位置可能是双腿行走的连锁反应，而不是对语言的适应。由于两足行走是最早出现在人类祖先身上的"人类"特征，这可能意味着喉头在人类进化过程中很早就往下移动了——远在我们的祖先开始说话之前。

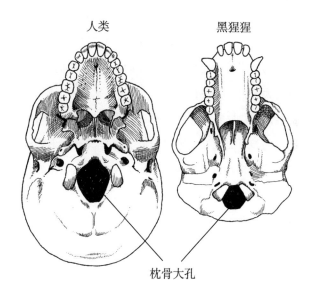

人类　　　　　　　　黑猩猩

枕骨大孔

图4-4　人类头骨中枕骨大孔在颅骨中相对靠前

然而，进化人类学家丹·利伯曼（Dan Lieberman）认为，两足行走可能并不是迫使喉部下降的原因。他认为，我们的南方古猿祖先的突出的下颚可能意味着，他们身体里仍然有足够的空间来容纳一个位置较高的喉。只有出现了我们人类的"人属"（Homo），面部的典型特征是更加平了（这种情况可能是由于饮食的改变，甚至可能是由于学会了把食物加工熟而使其变得更软，从而导致牙齿变小造成的），才出现了喉头被挤出来，下降到颈部的情况。

　　如果把喉部下降的时间推到人类进化过程更早的时期，并为喉部的下降找到另外的原因，那么我们对于我们的祖先是在什么时候发育出了至关重要的人类语言能力就只能是猜测。即使早期人类的嘴巴和脖子上有了必要的解剖结构上的工具，也可能要在这些结构存在了几十万年后他们才学会用它来说话，使语言得以产生的重要的解剖结构变化发生在我们的头骨内部，在我们祖先不断发育的大脑中。

　　通过尝试重建尼安德特人的声道，我们发现他们的声音可能与我们的不同，可能元音不那么清晰。似乎没有理由怀疑尼安德特人会说话（许多考古学家认为他们的技术和文化强烈表明他们确实拥有语言能力）。与尼安德特人相比，自然选择确实可能改善了现代人的语言能力。但我们也可能因为其他原因而在一开始就获得了优势：我们更平坦的脸和更短的下巴可能意外地创造了一个声道，里面有两条等长的管子，因此，发出的元音更清晰。

　　喉的相对位置在出生后的发育和生长过程中不断变化。到8岁的时候，"两根管子"已经达到了理想的一比一的比例，而且在今后的许多年里，人身上所有的东西仍会保持成长，但是这个比例仍然保持不变。这一点至少在女孩身上是这样的，即使她们正在经历青春期。当然，对男孩来说就不同了。他们在变声期声带会变长，但他们的喉头在颈部下降得更厉害，打破了完美的一对一比例。

所以，如果有一个成年人的声道接近完美——再次强调，所谓的完美是针对能够发出不同的元音这一重要能力而言的——那应该是在女性身上发现的。最近对现代人类声道的研究表明，女性声道比男性声道产生的不同元音的范围更大。成年男性喉头的持续下降，当然不会带来任何与提高说话清晰度相关的进化优势。虽然他们可能会在清晰度上失去一点优势，但是，男性从他们的位置较低的喉头获得了另外一种东西：低沉的声音。男性喉部变低可能是通过性选择产生的：如果我们遥远的祖先中的女性发现声音低沉的男性更具吸引力，也许是因为声音低沉意味着身体更强壮，那么在传递基因方面，喉部位置低的男性会有优势。

声音低沉的男性

从我们关于喉部下降的讨论来看，这似乎是人类独有的特征。但其实不是的。公马鹿和黇鹿的发声器官也很低，在发情期，当雄鹿通过咆哮让对方知道自己体型有多大时，它们的声音会变得更低。雄马鹿可以长时间地发出低吼，基本上每分钟两次，持续一整天。打斗的代价非常高昂，所以咆哮能够让雄性在决定冒险行动之前评估彼此的体型和战斗能力。

秋天，马鹿群聚集在一起，公鹿来迎接它们。成熟的雄鹿把多头母鹿聚在身边，它们非常渴望保护母鹿，让母鹿靠近自己，与竞争对手保持鹿角的距离。事实上，雄鹿做起这件事来非常投入，为了这个目的，它们几乎停止进食，并且因此减少 20% 的体重。

当一头前来挑战的雄鹿接近一头带着雌鹿的雄鹿时，特别是当这两头雄鹿看起来体型相当时，通常会有一场激烈的竞争。这些竞争中只有少数是以暴力收场的。对最后发生的打斗场景进行的研究表明，比较两只雄鹿咆哮的速度是预测哪一只会赢的好方法：胜利者咆哮的频率更高。

雄性马鹿或黇鹿的喉部位置与人类相似，但显然这与语言无关。相反，这一切都是和咆哮相关的——声音越低沉越好。当雄鹿咆哮的时候，它的喉部会变得更低；从胸骨到喉甲状软骨（图4-5），再到舌骨的带状肌肉，在发情期会受到激素的刺激而扩张。当雄鹿吼叫时，这些肌肉会把脖子上的喉头拉得更低（比人类的喉头还低），拉长咽里的气柱，使声带上方的声音变得低沉。在它的"双管"声道中，咽现在是它的口腔的两倍长。在马鹿中，喉部被向下拉到胸骨的顶端，换句话说，是被拉到了尽可能远的地方。

低频声音比高频声音传播得更远，所以由如此低的喉部发出的低沉的吼声可能为雄鹿提供了一种进化优势，因为它可以传得更远。但是这一假设有一个问题，就咆哮者而言，大多数咆哮似乎是冲着其他雄性的耳朵发出的，因为它们离得太近，让发出咆哞的马鹿感觉不舒服。另一种说法是，特别低沉的声音强烈暗示着发声者体型硕大。通过拉长它的声道，鹿（当然是在自身不知觉的情况下）夸大了它的体型。

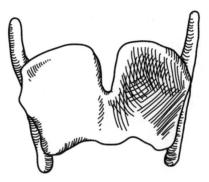

图 4－5　喉部的甲状软骨

似乎其他个别哺乳动物的喉部也能下降或伸缩，是由非常有弹性的膜和韧带悬挂着。而且这些动物也会咆哮（也许这一点并不奇怪）：狮子、老虎，以及大象。我们似乎有点离题了，但所有这些都与人类进化有关，因为这意味着，除了能够说话之外，还有更多的理由让我们拥有一个位置较低的喉部。事实证明，对于人类来说，虽然头盖骨是长在直立的脊椎上，而且脸比较短，但是人类的喉部比正常情况下可以处的位置还要低得多。即使我们能够准确地判断人类喉部到底是什么时候下沉到现在的深度的，我们仍然无法绝对肯定这是为了语言而产生的适应性变化。就像在其他哺乳动物身上那样，这种变化可能是为了夸大体型。因为，据我们所知，鹿、狮子、老虎和大象都不会说话。

也许这些哺乳动物也向我们说明了为什么人类的男性进化出

了特别低沉的声音。这可能只是因为女性更喜欢声音低沉的男性（可能现在依然如此），有点像"巴里·怀特效应"。[1] 阿伯丁大学（University of Aberdeen）最近的一项研究发现，女性不仅更喜欢低沉的声音，而且当男性用低沉的声音跟她们说话时，她们的记忆力也会更好！但也有一种可能，男人像马鹿一样，为了阻止性竞争对手，通过发声来夸大自己的体型。男性似乎在潜意识里很会控制自己的音高。他们可能有一个固定的"静止音高"，但他们可以改变这个音高，而且他们确实会这么做。

在匹兹堡大学进行的一项研究中，111 名男学生参加了一个约会游戏，他们的声音被录下来。首先，每个学生被要求朗读一篇文章，以便研究人员了解他的"正常"声音。然后他被告知，他将与另一个房间里一个看不见的（也会录音）"对手"竞争，与另一个房间里的一个女生约会。这名学生志愿者与对手的对话也被录下来。最后，志愿者必须填写一份调查问卷，其中有一个问题问他认为自己是否强势。

这项研究真正让我们感兴趣的发现是，那些认为自己在身体上比另一个房间里的对手更具优势的参与者降低了他们的声调。当一个学生认为自己不那么有优势时，他们会提高声调。因此，这表明，男性不仅会根据自己的声音来评价另一个人的身体优势，他们也会相应地调整自己声音的音调。

如果我们想想咆哮的马鹿，这可能更有意义。如果一个男性认为自己具有控制力，他会通过降低声调、恐吓竞争对手和避免

---

[1] Barry White，男，美国人，出生于 1944 年，音乐家。他富有磁性、低沉、性感的歌喉，在 20 世纪 60 年代开始就令全球歌迷沉醉其中。——译者注

冲突来强调这种控制力。他要传达的信息是：他会得到那个女孩，没有必要为了这个和他抗争。然而，如果他认为自己的控制力没那么强，那么更高的音调就会安抚更强的竞争对手：别跟我较劲了，你赢了，伙计。

求偶竞争不仅仅涉及到女性对男性的偏好，它还带来了两性内部之间的求偶竞争。在这种情况下，低沉的声音可能会帮助一个男人将其他不那么强势的男人排除在求偶竞争之外，另外这也可能会使他对异性更有吸引力。这是一种双赢的局面，当然，除非你是一个反潮流的体格健壮、嗓音甜美流畅的男性，或者是一个喜欢贾斯汀·汀布莱克（Justin Timberlake）或约翰·列侬（John Lennon），而不喜欢吉姆·莫里森（Jim Morrison）或埃迪·韦德（Eddie Vedder）的女性。

来自鳃的声音

把近期的人类进化放在一边，回到更遥远的过去，我们可以找到喉部最初的来源。只有那些祖先从水里爬到陆地上的脊椎动物才会拥有它，鱼没有喉部。但是，喉部是怎么形成的呢？某个解剖结构通常不会凭空出现，必须有一个之前的形态，在其基础上进行修改、复制或添加一些额外的东西。那么喉部是怎么来的呢？

成年脊椎动物的解剖结构中有一些线索，但只有当我们开始研究胚胎时，答案才会真正变得清晰。这把我们带回到脊椎动物的起源，以及来自融合神经管顶端的游牧细胞的新种群。神经嵴细胞分布在很多不同的地方，比如皮肤、心脏和肾上腺。一些神经嵴细胞进入咽侧的组织，在那里变成骨骼和支撑结构。它们会形成所谓的"内脏头盖骨"，形成面部骨骼和颈部的其他硬组织。这里，你需要知道，骨骼不仅仅是由骨头组成的，它也包括软骨——即使成年人也是这样。软骨位于我们身体的活动关节上；它连接着肋骨和胸骨形成了喉的骨架——我们已经在下面这些软骨中见过它们：甲状腺软骨、环状软骨、杓状软骨、会厌软骨，以及其他一些太小而未能提及的。

在大多数鱼类中，这种内脏头盖骨包括骨骼和软骨，它们构成并支撑着颌骨和鳃。

插图4-6显示了成年鲨鱼的内脏头盖骨，包括形成下颌前部的梅克尔软骨。在它下面，下颌软骨连接着颌骨和头骨的耳囊（就像在我们身上一样，它包含半规管），在它下面，有一系列的软骨帮助支撑鳃。鲨鱼和鳐是软骨鱼——它们的整个骨骼都是由软骨构成的，且这些软骨永远不会变成骨头。

在硬骨鱼（除了鲨鱼、鳐鱼、盲鳗或七鳃鳗以外，你能想到的几乎所有其他鱼类）身上几乎都有这种结构的咽骨。尽管所有这些结构在鱼胚胎中一开始都是软骨，但它们最终都骨化了，或变成了骨头。除了成为骨头以外，下颚的梅克尔软骨也被包裹在一层新的骨头中，这层骨头是直接从间质（未分化的胚胎组织）发育而来的，没有软骨阶段，就像你头骨中的扁骨一样。鱼的颚和舌骨，连同支撑鳃的软骨或硬骨，沿着胚胎鱼颈的两侧发育成一系列鳃条。

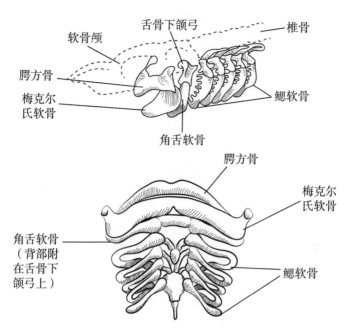

图 4-6 从左侧 （上） 和下方 （下） 观察鲨鱼的双颌和鳃弓

　　这里有一件不同寻常的事：在一个 5 周大的人类胚胎中，有一系列看起来和鳃条一模一样的东西，只不过这些鳃条从来不会发育成鳃。好可惜呀，我真的希望人能在水下呼吸。那么我们胚胎时期的鳃条发生了什么变化呢？我们很可能会假定它们只是从远古祖先那里继承下来的遗迹，但事实证明它们远不止这些。虽然它们在呼吸空气的动物中似乎是完全多余的，但它们并没有完全消失。

我们上次说到你的胚胎发育阶段的第4周，你正在为自己做一个神经管。当神经槽向上形成神经管时，那个三层三明治（三胚层胚盘）的边缘开始向下弯曲。最终，这些边会相碰到一起，现在你不是一个平面的三明治了，而是卷起来的圆柱体：一个管套另一个管再套另一个管。在第四周开始的时候，你是一个扁平的三明治，现在你看起来更像一个动物了，有头和尾。类似三明治的三层胚盘上的外胚层现在覆盖了你的整个身体，而不仅仅是你的背部。你的肠壁来自于内胚层，这一层隐藏在你的体内，而不是暴露在你的面前。在外胚层和内胚层之间等于是夹在三明治里的果酱：中胚层。现在，胚胎真的开始了制作过程：配方开始起作用了，但我们正在做的东西比玛丽·贝瑞（Mary Berry）或保罗·好莱坞（Paul Hollywood）想象的要复杂得多。[1]

　　虽然你可能觉得不像，但这三个嵌套的圆柱体代表了你身体的基本结构。外层的圆柱——外胚层，将形成你皮肤的外层：你的表皮。内层是你的肠子，从嘴巴到肛门。在你的肠的外膜和最外层皮肤之间，中胚层变成了其所有的东西，包括器官、骨骼和肌肉。

　　胚胎没有休息，当你开始第5周的时候，各种其他有趣的事情开始发生在这个小小的胚胎身上（图4-7）。在颈部，这些鳃状或咽部的条状物出现了：每边有5个。鳃条从外面就可看见，

---

　　[1]　这两个人是烹饪/烘焙大师，曾担任英国真人秀电视节目《英国家庭烘焙大赛》（*The Great British Bake Off*）的评委，在英国家喻户晓。——译者注

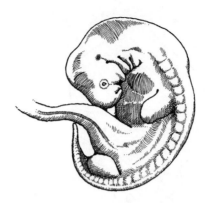

图 4-7　一个 5 周大的人类胚胎

而它们的内表面排列在正在发育的胚胎的咽的侧面——肠管的上端。鳃条的外面覆盖着与整个胚胎的外面相同的一层：外胚层。内表面是肠管的内层：内胚层。中间是疏松的胚胎组织，称为间质，有些来自中胚层，有些来自转移来的神经嵴细胞。这个间质将发育成软骨条和肌肉，每个鳃条也包含一条动脉和一条神经。图 4-8 为穿过人类胚胎的咽和鳃弓的横截面图。

在鱼身上，所有这几个部分都会发育成鳃的基本部分：软骨支撑鳃；动脉将把缺氧的血液从心脏输送到鳃的毛细血管，在这里血液变成含氧的，然后进入一条就在鱼的脊椎下面的大动脉：背主动脉。鱼胚胎的鳃条内的一些间质会变成肌肉，用来打开和关闭鳃部。每根鳃条上的神经都会支持这些肌肉，也会产生感觉。

你和我都不需要鳃。当我们的鱼类祖先爬上陆地时，它们需要一种从环境中获取氧气的新方法，于是它们用肺代替了鳃。在漫长的进化时间里，鳃条和它们所包含的一切都成为重新利用和

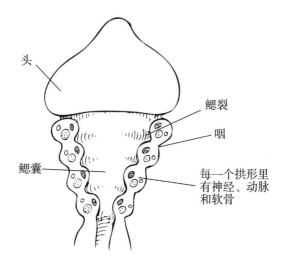

图 4-8 穿过人类胚胎的咽和鳃弓的横截面

循环利用的对象，成了进化之磨坊加工的谷物。进化非常善于重新循环利用一些结构；进化生物学家斯蒂芬·杰伊·古尔德（Stephen Jay Gould）曾经把这比作把废旧汽车轮胎回收做成拖鞋：某种开始时为了某个非常特殊的目的设计的东西，最后可能会变成完全不同的东西。在这种情况下，一些曾经是腮的东西被重新利用来制造一个发声的盒子。

追踪人类胚胎中最下面的两根鳃条上的软骨的命运，可以发现它们变成了喉部的软骨。那些本用作打开和关闭鱼类祖先鳃部的肌肉已经变成了喉部的小肌肉，包括那些移动声带的肌肉。支配这些肌肉的神经有着特别古怪的解剖结构（图 4-9）。

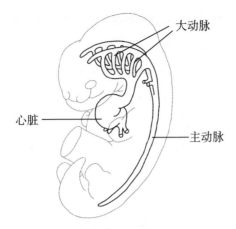

图 4-9　鳃弓大动脉将血液从心脏输送到两个背主动脉，后者融合形成一个向下的主动脉

喉返神经的 U 型弯

第十脑神经（也叫迷走神经）从颅底出来，向下延伸穿过颈部，并且出现一个分支延伸到喉部。但是这个分支并不是直接连接到喉头，远远不是的；相反，它在颈部继续向下延伸，一直延伸到胸部，然后做了一个 U 型转弯，再上升到喉部。它被称为喉返神经。

这条神经的旅程是成人解剖结构中令人费解的怪事之一，而长颈鹿的情况更不同寻常，它沿着长长的颈部一路向下，然后又回到长颈鹿的脖子上方。按说，在颈部长一根整齐的、带状的分支会更有效，可是这根神经为什么会如此严重地迷失方向，先是绕到胸部，再循原路折回到喉部呢？事实上，喉返神经在胚胎时期一开始就是这样的。但鳃条中还有其他结构使情况复杂化：鳃条中的动脉将胚胎心脏与主动脉连接起来。

心脏是在胚胎的颈部开始发育的。当神经第一次生长出来，到达喉部肌肉时，它们经过从心脏到主动脉的最低的动脉下面。很久以后，胚胎的心脏向下进入胸腔，将那些动脉和喉部神经一起向下拖动。动脉可能会完全重新调整分布，但是神经现在被困在你的胸部，左边的那条在你的主动脉弓下穿过（图4-10），右边的那条在你的右锁骨下动脉（它成为你右臂的主要动脉）下穿过。

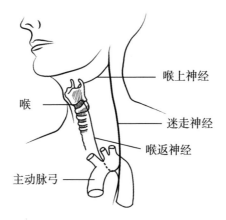

图4-10 左侧喉返神经分支于迷走神经，在主动脉弓下穿过，并沿颈部向上返回延伸至喉部

这是解剖结构上的奇怪之处，表面看起来似乎没有必要那么复杂。但是，如果你懂一点胚胎学，一切就都说得通了。如果从进化的角度来看，这就更说得通了。某种动物从来都不是从零开

我们为什么长这样

始设计的，它只是在以前的基础上稍加修改而已。当涉及到局部的神经和血管时，这可能会导致一些非常复杂的成体解剖结构，因为你看到的是一组已经被扭曲了数百万年的电线和管道。如果你买了一幢老房子，里面的电线杂乱不堪，你可以选择全部重新布线。但是进化捞不着那么奢侈，身体无法推倒重来，重新布线。当然，这使得解剖结构更加复杂，但这也意味着我们的身体里隐藏着这些难以置信的线索，这些线索指向我们自己非常古老的、进化史上的过去。

颌骨关节及听小骨

其他几个鳃弓也有非凡的进化和胚胎的故事。第一个拱包含一个非常古老的故事，因为在大多数鱼身上，它已经是双层结构了。观察鱼类颌的胚胎发育，我们可以想象一个进化的场景，滤食的祖先鱼有一个单一的第一鳃条，它必须在中间"打破"，成为一对颌。这样，第一个鳃条最终形成了上下两颌的一部分，中间有一个铰链：颌关节。构成下颌骨的第一鳃弓下部的软骨棒是以发现者的名字命名的：梅克尔软骨。

第一鳃弓在一群特定的爬行动物进化成哺乳动物的故事中也很重要。这些爬行动物经历了一些令人难以置信的变化，鳞片变成了毛皮，发育出能产生奶汁的腺体，最终，大多数现存哺乳动物的祖先放弃了产卵而生下幼仔。在早期哺乳动物的下颌和耳朵中，还发生了其他一些也许更微妙但同样重要的变化。

爬行动物只有一个听骨连接耳膜和内耳耳蜗，相当于你耳朵里的镫骨。但是你和其他哺乳动物一样，每只耳朵上还有另外两个听骨，除了更古老的镫骨以外，还有一个砧骨和一个锤骨。新的三听小骨系统位于中耳，将耳鼓和耳蜗连接起来，给哺乳动物带来了一个重要的优势，那就是它们能比爬行动物听到更高频率的声音——如果你在夜间四处游荡，寻找昆虫来吃，同时试图避免被主宰地球的生命形式吃掉，这是一个有用的能力。当恐龙还在统治地球时，哺乳动物就开始进化产生了。

从进化的角度，我们可以通过观察它们的胚胎发育来追踪这两个新的小骨是从哪里来的。它们都来自第一鳃弓，事实上，它们是爬行动物颚关节的一部分。哺乳动物能够使用这个旧的颚关节来制作两个新的听骨，因为它们"发明"了一个全新的颚关节来取代旧的爬行动物的颚关节。

然而，这仍然给我们留下了一个进化难题。这看起来是一个不可能完成的把戏，一个惊人的花招："请睁大双眼，看吧！旧的颌关节跑到了耳朵里，新的颌关节在原位取而代之！"这种转变真的会如此迅速吗？这就像是把桌布从茶具下突然抽出来却让茶具保持不动一样。从生物学的角度来看，一个旧的颚骨关节被偷走挪作他用，成为一对额外的听骨，而一个新的颚骨关节同时出现，这似乎太不可能了。

这一直是个谜，直到发现了一种生活在 2.05 亿年前的早期哺乳动物——摩尔根兽（Morganucodon）。很多这种像鼩鼱一样的小动物的化石来自威尔士的格拉摩根（它的名字的意思是"格拉摩根牙齿"，听起来让人觉着被它咬了会很痛苦）。摩尔根兽的下颚很特别：它下颚两边各有两个地方是连在一起的。这种哺乳动物的牙齿不同于它的爬行动物祖先：摩尔根兽的牙齿在剪切动作中会相互滑动。这种咬法会给下颌施加一种扭力，加上第二个下颌关节可能有助于抵抗这种力。但是，一旦一个新的下颌关节进化出来，原来的那个关节就被解放出来，成为听觉器官的一部分。摩尔根兽是爬行动物和哺乳动物之间的解剖结构桥梁，爬行动物有古老的颚关节，但每只耳朵只有一个听骨，哺乳动物有一个新的颚关节和两个新的听骨。谜团解开了，在这个转变的过程中，没有任何一个物种曾经是缺了下巴的。

事实上，这种为了耳朵而偷走下巴的零件的把戏并不新鲜。甚至在哺乳动物进化之前，爬行动物就已经收到过这种赃物。下颌软骨支撑着鲨鱼的下颚和头骨，同样的结构存在于硬骨鱼中，即舌骨下颌弓。在陆地动物中，上颌骨与头骨紧密相连，这意味着不需要额外的支撑。下颌的舌骨下颌弓现在变成了多余的，但它仍然附着在头骨的耳囊上，成为镫骨。

你耳朵里的镫骨上有一小块肌肉。事实上，它是你身体上最小的肌肉，叫作镫骨肌。当它收缩时，它会拉动镫骨，减弱振动。这是一种非常重要的安全装置：一旦你开始听到非常大的噪音，镫骨肌就会收缩，阻止大的振动通过耳蜗，因为巨大的振动传入耳蜗会损害脆弱的毛细胞。你的镫骨相当于支撑着鱼的下颌的舌骨下颌弓，而你的小镫骨肌与在鱼和爬行动物中打开下颌的肌肉是同源的。

其他起源于胚胎时期第二鳃弓的肌肉，就像镫骨肌一样，最后长在了我们的脸上。在我们的鱼祖先身上，控制鳃盖的肌肉给了我们表情丰富的面部，包括微笑的能力。

说到灿烂的笑容，最重要的肌肉是颧大肌。这块肌肉附着在颧骨上，然后插入嘴角。它是由面部神经的分支支配的，这些神经也支配所有其他的"面部表情肌肉"，这些肌肉都是从第二个鳃弓发育而来的。你对着镜子微笑一下，会看到在脸的两边，颧大肌向上向外拉着嘴角。如果你恰巧是有颧大肌裂隙的人之一，颧大肌的下半部分与皮肤相连，当你微笑时，脸颊上就会出现一个酒窝。

你可以笑得更厉害一些：其他肌肉的作用是抬起整个上唇，拉下下唇，露出牙齿。微笑时试着嘴咧得更大一些，你会选择调动另一块肌肉——笑肌（risorius，来自拉丁语"露齿而笑"一词），它也能帮助你把嘴角往后拉得更远。但现在尝试只使用笑肌：让你的脸放松，然后向后拉嘴角。它会让人露出不愉快的笑容或是像个鬼脸：看起来更像是威胁、害怕，而不是快乐的表情。

我们的近亲灵长类动物的面部也有非常相似的表情肌肉，就像我们的一样，这些肌肉来自于它们胚胎中的第二鳃弓。所有灵长类动物都有一种被称为"露齿"的表情，尽管过去许多人类学家认为这与人类的微笑在本质上是相似的，但也有人认为这更像是一种可怕的鬼脸。最近的研究揭示了一幅复杂的图景。"露齿"的表达在不同物种中似乎有不同的含义，这也许并不令人意外。在一些猕猴身上，这是一种顺从的表现，但在狒狒和黑猩猩身上，这是一种安抚和帮助社会团结的表现——换句话说，这似乎确实相当于人类的微笑。黑猩猩"露齿"的表情与微笑很相似：嘴角上扬，嘴唇分开（尽管程度比人类"复杂的微笑"时嘴唇分得更开）。在皮肤下面，黑猩猩的面部肌肉几乎和我们一样，包括颧大肌和笑肌。黑猩猩也有张着嘴的"鬼脸"表情，相当于我们的大笑。

黑猩猩似乎会微笑和大笑这一事实很重要，因为它们是我们现存的近亲。这意味着我们共同的祖先也有可能微笑和大笑，而这些表达方式的起源可以追溯到 700 多万年前，那时我们的祖先还是生活在森林里的猿类。我们甚至可以理解微笑是如何提高我们祖先的生存能力的。当我们受到负面情绪的控制时，我们往往会把注意力集中到我们周围的世界（这在处理短期威胁时可能是有用的）；积极的情绪帮助我们更灵活地思考和行动，这对长期生存很有帮助。心理学家发现，人们在开心和微笑时思维更开阔，更有创造力。但是为什么把我们的快乐写在脸上会有用呢？作为一个物种，人类成功的基础之一，就是自由交流思想的能力，以及产生复杂文化的能力。如果微笑和大笑也能起到"社交黏合剂"的作用，那么它们将有助于思想的交流。但是，我们并不是唯一会笑的动物。

几乎是一个鳃缝

虽然所有这些鳃条都被再利用了，但是你可能会认为，在你的头部和颈部表面，这些胚胎结构并没有留下明显的痕迹。事实上，这些鳃条本身（除了在人类胚胎中短暂出现然后消失的第五根）都变成了你的下巴和脖子的组成部分，它们之间的沟槽变得平滑，消失了。但是这并不全对。其中一个凹槽还在，不过必须承认，它看起来更像一个深孔，而不是凹槽：你的耳洞。

你的耳洞，或者用解剖结构术语来说，你的外耳道，是第一鳃裂的残余部分——第一和第二鳃条之间的沟。在鱼类中，每一个鳃裂向内生长，跟对应的鳃囊连接，从发育中的咽部向外生长，直到两个鳃裂相遇，产生一个鳃缝。进入鱼嘴的水通过鳃缝流出，为鳃毛细血管中的血液提供氧气，鳃毛细血管由鳃弓动脉供应。

纯粹靠呼吸空气的动物身上不需要任何鳃缝，但需要耳朵——将空气中的声波转化为耳蜗内流体的振动。在胚胎时期，你的第一个鳃裂和第一个鳃囊，在你发育的头的两边，朝向对方变深，差一点就连通了——在鱼胚胎里它们确实是连通的。虽然这两个隧道靠得很近，但是有一层膜把它们分开，这层膜就是你的鼓膜。

在里面，鳃囊变成了中耳的充满空气的腔，它通过一个狭窄的管道——咽鼓管——与你的咽保持连接。咽鼓管很重要，它可以使你的中耳压力与你头部周围和耳道内的空气压力相等。如果你不善于调整压力平衡，那么如果暴露在低压下（登山或乘飞机就会经历这种低压），会导致鼓膜向外突出。这样很危险，因为中耳的压力相对较高。咽鼓管非常狭窄，实际上是闭合的，直到中耳中相对较高的压力迫使一股空气通过它，此时你的耳朵里会"噗"的一声。如果你的耳朵无法自己发出"噗"的一声，你可以利用这样一个特点：即使是成年人，耳朵和下巴也是紧密相连的。张开下巴，就像打哈欠一样，就可以帮助咽鼓管打开。因为咽鼓管朝咽部打开，做吞咽动作——这涉及到喉肌的收缩——也会有所帮助。

另一个鳃裂，在第一个形成耳道的鳃裂下方，应该完全消失。但是胚胎学充满了出错的可能性：结构可能无法形成，或者它们可能太大，或者是在胚胎中显现但是后来会消失的特征可能持续存在。第二个鳃弓通常向下延伸，堵住第二个、第三个和第四个鳃裂，但如果没有，你就会有一根狭窄的管，叫作鳃瘘，它会通向颈部一侧的包囊。在这种情况下，它几乎就像是经过重塑的鳃裂忘记了不要发育成鳃裂。

冯·贝尔与遗传学

关于为什么海克尔是错的而冯·贝尔是对的，鳃条是最好的例子之一。人类胚胎看起来一点也不像成年的鱼，但它确实很像鱼胚胎，至少颈部如此。有些人不太愿意接受这个理论，以防你会相信纯血统的重演理论。现行的一本大学胚胎学教科书中，其"头和颈部"这一章的开始，解释了为什么在人类胚胎中会使用"咽弓"，而不是"鳃弓"这个词。但这样做，它直接落入了重演理论的陷阱——犯了海克尔的错误，把"高等动物"的胚胎结构等同于"低等动物"的成体解剖结构：

在头部和颈部发育过程中最显著的特征是咽弓的存在（这些结构的旧称是鳃弓，因为它们在某种程度上类似于鱼的鳃）。

但我们应该关注的不是成体鱼的鳃，而是鱼胚胎中鳃的前身——鳃弓。比较人类胚胎和<u>鲨鱼胚胎</u>，很明显，人类胚胎中的鳃弓不仅仅是"有点像"鲨鱼胚胎的鳃弓（图 4 - 11），而是惊人地、令人信服地相似。这种相似性很重要，因为这些结构实际上是同源的——它们看起来是一样的，因为它们在某种非常真实的方式上是一回事：它们是从一个共同的祖先那里继承来的。这种相似性也远远超出了外观的相似。正如我们在前面所说的，我们有可能追踪人类胚胎中每个鳃弓发育产生的组织——软骨、肌肉、神经和血管，并了解它们是如何起源的。再深入研究一下，就有可能识别出那些被激活的基因，从而形成鳃弓的分节结构。

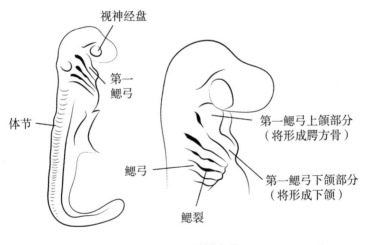

图 4 - 11　猫鲨的鳃弓

鳃弓内的软骨来自于神经管的后脑旁的神经嵴细胞。这些神经嵴细胞向下流入鳃弓，一旦到达那里，它们就对位于鳃弓内侧的内胚层产生的化学信号做出反应。这些信号促使它们发育成骨组织。但它们最终形成什么样的骨骼组织取决于它们自身模式基因的表达——这些基因在它们离开后脑之前就被激活了。这些基因有很久远的进化史。它们被称为同源异型基因，控制着基因片段的形态。它们不仅是鳃弓的，而且是胚胎的所有部分——从脖子到尾巴——的模式生成器。但是如果我们想要了解自己的同源异型基因，就必须回到大约 8 亿年前，在任何鱼类还未进化产生之前，回到我们与无脊椎动物共有的祖先，比如像果蝇这样的无脊椎动物身上。

5. 脊柱和体节

生命模式和S形脊椎的进化

05

"大多数物种都是自我进化、自我创造而来的，这是大自然的旨意。"这一切都浑然天成，与宇宙神秘的循环一致，大自然相信，只有亿万年的尝试和错误，才能让一个物种产生道德禀性，或在某些情况下，长出脊椎。"

——特里·普拉切特

果蝇，以及脊椎的起源

每年夏天，我厨房里的水果盘似乎都会成为一群小苍蝇的家。我猜它们的卵是随着一把香蕉到这儿的，然后这些果蝇就会定居下来并开始繁殖。不过我从来都不太担心：这些果蝇的数量还没有大到让我称之为"侵扰"的程度（对啦，如果果蝇比较少，该怎么表达呢？"一撮小讨厌"？"一小群"？），总而言之，我倒是挺喜欢这些小昆虫的。

在高一的生物课上，这些果蝇可是师生们的宠物。我们在实践课上学习遗传学，做实验的时候把不同的果蝇品种进行杂交。长翅膀的果蝇、短翅膀的果蝇；白眼睛的果蝇、红眼睛的果蝇；棕色身体的果蝇、黄色身体的果蝇。它们是研究基因和可观察特征（或称"表型"）之间联系的理想生物。

果蝇对遗传学的贡献极大。这一切都要从 20 世纪早期哥伦比亚大学的一间实验室说起。1909 年，进化生物学家托马斯·亨特·摩根（Thomas Hunt Morgan）想弄清楚蠕虫是如何再生的，以及青蛙是如何发育的，但总无进展，沮丧之余转而研究遗传，用不起眼的果蝇作为"模特"进行研究。摩根培养出了基因突变的果蝇，而且他还发现有些突变是可遗传的，在后代中产生了孟德尔遗传模式——包括典型的显性和隐性表型3∶1的比例。在实际上编码了基因的分子的结构被揭示出来的几十年前，摩根的工作就证明了染色体与遗传有关，基因必须以线性的方式在染色体上排列。这一重大突破为他赢得了1933年的诺贝尔奖，而果蝇在基因实验室未来的地位也稳固了。

20世纪70年代，遗传学家开始能够使用色层分析法对基因进行测序，当然开始时这一工作很费力。然后，对DNA块进行荧光标记的技术发展起来了，整个DNA测序过程变得自动化。我曾在DNA测序实验室拍摄过几次纪录片，电视制作人发现，这个过程非常乏味，没有什么视觉上的亮点，这让他们特别地沮丧：实验室里满是放在长凳上的白盒子，而测序的魔法工作是在盒子里进行的，看不见，也不需要人动手帮忙。

果蝇基因测序的结果，揭示了一个令人震惊的基因秘密。一群特殊的突变果蝇一直都令遗传学家感兴趣。这些果蝇的身体的不同部分发生了交换：有时腹部的体节被交换为胸部体节，或者长出了两对翅膀，或者有一条腿从头部本来该长触角的地方伸出来。19世纪末，英国胚胎学家威廉·贝特森（William Bateson）提出了一个术语来描述身体的一个部位向另一个部位的转变：同形异位现象。遗传学家开始关注产生了这些奇怪的、变异的果蝇的DNA是怎样的。通过研究，他们发现了"同源异型基因"，它似乎控制了正常果蝇胚胎的身体体节模式。在实验中，研究人员从果蝇基因组中删除所有这些同源异型基因，得到的结果是一个奇怪的幼虫，它长有一排相同的体节。这些基因在果蝇 DNA 中的位置也是蛮有意思的。大多数基因似乎在基因组中相当随机地散布，因此即使是紧密协同工作的基因也可能在完全不同的染色体上，同源基因从头部到腹部排列在一条染色体上，顺序与果蝇身体体节的顺序相同。

同源异型基因还包含了另一个惊喜：对这些基因进行测序发现，每一个基因都含有一个相同的短链 DNA，大约 180 对碱基对长。这个序列被称为"同源盒"（同源异型框），因此包含它的基因是"同源盒基因"，即同源异型基因（Hox 基因）。同源异型基因是"主控制"基因，它通过控制许多其他基因的活性来起作用。同源异型基因的序列对其所起的控制功能至关重要——它能够编码一小段可以与 DNA 结合的蛋白质。

但同源异型基因真正令人惊讶的地方在于，它们不仅仅掌握着果蝇胚胎产生这种模式的方式，还存在于每一种昆虫、甚至每一种节肢动物的基因组中，而且也存在于蠕虫体内。事实上，它们是包括脊椎动物在内的所有分节动物的基因组成部分。这意味着同源异型基因非常古老：你和果蝇最后的共同祖先可以追溯到大约 8 亿年前。果蝇在进化上可能是人类非常非常遥远时代的亲戚，当你还是胚胎时，你身体的基本模式也是由同源异型基因决定的。

果蝇和其他昆虫只有一组同源异型基因，其中 8 个排成一排。我们的老朋友文昌鱼只有一个由 14 个同源异型基因组成的单一基因簇，但是基因组块通过复制，已经在不同的脊椎动物群体中产生了多个簇。哺乳动物有四组同源异型基因，每一组位于不同的染色体上。

1986 年人们揭示出了同源异型基因非常古老这一本质，当时有一组研究人员破译出了第一个大型脊椎动物同源异型基因簇，发现基因的顺序反映了动物体内的体节序列，就像在果蝇身上所起的作用一样。其中一名研究人员进一步证实了脊椎动物和无脊椎动物中同源异型基因的相似性——这支撑了同源异型基因都是从一个非常古老的共同祖先那里遗传来的这一论点。20 世纪 90年代，他发现相似的基因会影响到四肢的形式。那位研究人员是瑞士发育生物学家丹尼斯·杜布埃（Denis Duboule），2013 年 1月，我去日内瓦拜访了他，他的办公室坐落在高山之间。

我们在他的办公室见面，他的办公室位于一座不起眼的塔楼的一角：日内瓦大学三号科学楼。在办公室里，透过全景窗户可以看到日内瓦市中心，还可以看到有一个巨大的悬崖，顶部覆盖着皑皑白雪。周围的低层建筑（由于限高，这里的建筑相对都较矮）被兀然矗立的装饰了玻璃幕墙的电视塔给无情地遮挡住了。

在一张大桌子上，散落着一些科学物品：一个负鼠的骨架（要不是在眼眶骨处少了一圈骨头，以及骨盆骨处有额外的突起，它很可能被误认为是一只猴子）；保存在玻璃碗里的蛇的骨架；装有小老鼠胚胎的小瓶子——它们的骨骼被茜素染成了红色，软骨用翡翠蓝染成蓝色，以将它们突显出来；一具支起来的青蛙骨架，还有各种泡在大罐子里的东西，包括一条鱼和某种蜥蜴。

墙上有一件特别的雕塑，我立刻认出了它是用什么做的。我想世界上几乎所有的生物学家都曾收到过一卷哈伦·叶海亚（Harun Yahya）臭名昭著的《创世地图集》，其实根本没人让他寄。我也收到过一本，当时我还在布里斯托尔大学工作。这是一部大部头著作，配有丰富的插图，传达了神创论者的信息，宣称进化论是一个谎言：特别是，如果今天仍有长得像化石的动物存在，这意味着达尔文一定是错了。他的理论刻意扭曲了自然选择进化论。可是你不得不赞叹这本书的外观质量——它的印刷和装帧非常精美，与此同时你会对投入了这么高的成本制作和发行这样的书感到惋惜。我把自己收到的那本当成了特大号的镇纸，在我桌上放了好几个星期，后来我又把它用作脚凳，但最后还是把它扔进了废纸回收箱。

丹尼斯收到的那几本比我利用得更充分。只见他办公室的墙上挂着那几本书的残骸，书被整齐地锯成三角形和梯形，用螺丝紧固住（丹尼斯告诉我说，这是一种法国人特有的讽刺书籍的方式），然后用铁丝吊起来。他这个废物利用的办法可比我的更富有艺术想象力，是一种更有创意的回收方式。循环利用，不正体现了进化论的概念吗？在这种情况下，"进化"体现在把过时的想法转变成艺术。

几十年来，丹尼斯一直致力于研究同源异型基因这种模式生成器——或者用他的话说，这种身体的建筑师。他描述了同源异型基因是如何按顺序起作用的。同源异型基因并不是每个体节或一组体节对应一个同源异型基因，而是以一种累积的方式被激活，每一个连续的片段上都有多于一种基因被激活。果蝇身体的体节就是这么形成的，同理，人的发育中的胚胎中体节也是这么形成的（图5-1）。在成人身上，这种体节表现最明显的地方是脊柱。同源异型基因造成了颈椎、胸椎、腰椎和骶椎之间的差异，以及这些节段中椎骨与椎骨之间的差异。

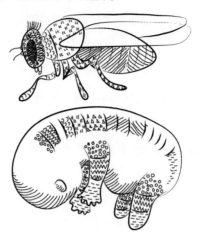

图 5-1　相似的同源异型基因控制着果蝇和发育
中的人类胚胎的体节模式

丹尼斯办公室的角落里有一口玻璃缸，丹尼斯打开盖子，从里面取出一条雌蟒（不过这条蟒是个无名之蟒）。[1] 它很漂亮：线条优美，身长约 70 厘米。它的椎骨比我的多，但当我了解到我们的同源异型基因一样多，这让我吃惊不小：39 个。

我说："它竟然跟我拥有同样多的基因，太不可思议了。但它的椎骨却比我多。这是怎么回事？"

他解释道："蛇的身体末端，就是泄殖腔［肠道末端］的位置，由于接收到'停止生长'的信号延迟了，所以它的体节就不

_____

[1] 此处应是顺便一说，英国有个家喻户晓的喜剧团体 Monty Python，音译"蒙提派森"，亦有资料称之为"巨蟒剧团"。知名的影片包括 Monty Python's The Meaning of Life、Monty Python's Life of Brian、Monty Python and the Holy Grail、Erik the Viking 等。影片疯狂搞笑，充满了英国式的自嘲和幽默。——译者注

停地长，长了一段又一段——大约 250 节，最后，同源异型基因的'停止生长'的信号终于到了，而剩下的那部分就只能形成尾巴了。"

在基本的身体形态方面，人和蛇还有一个很明显的区别。像大多数其他四足动物（两栖动物、爬行动物、鸟类、哺乳动物）一样，我有四肢。丹尼斯说："控制体节模式的基因也会编码肢体的模式。让手指末端停止生长的信号和让身体末端停止生长的信号是一样的。"

我们接着谈到了这个发育计划有多么的复杂；同一个基因可能会影响到胚胎中非常不同的区域，因此无法任意地微调某个特定的部分。在形态上存在的这些限制，可以让整个结构连接在一起并能正常生长。但是除了这些结构和物质上的限制，在基因层面上也有限制，因为每个基因不只是在同一个地方、同一个时间做同一件事的。

"在破解人类基因组密码的工作中，我们意识到人类实际上并没有那么多基因，甚至还没有果蝇的多，这件事令所有人感到震惊。"丹尼斯说，"另外一件事则让儿科医生感到震惊，那就是身体的不同部位可能由相同的基因控制。所以，如果一个人的手指或脚趾有遗传问题，那他也必须检查一下生殖器，因为那里很可能也会出问题。"

虽然这听起来有点不可思议，但是我猜测，有些临床医生可能早就猜到了，单个基因有可能会影响身体多个部位的发育。毕竟，几个世纪前人们就知道，一些遗传综合征涉及身体看似不同部位的一连串问题。但是现在遗传学为我们提供了方法，追踪可能导致这类缺陷的特定基因。

我们接着去看半透明小瓶里的老鼠胚胎，它们已经被染成红色和蓝色，凸显了老鼠的骨架。这就是丹尼斯和他的同事们采用的方法，用这种方法能够精确定位控制特定发育方面的基因。丹尼斯说："这些实验做起来非常的辛苦，要想得到需要的基因改变要花上两年时间，而且还要让老鼠的胚胎发育，然后你才能看到基因改变后的结果。没有多少学生愿意花那么长时间去等实验结果。"

不过这些漫长的研究工作终于得到了回报；发育成的胚胎身体上的缺陷展示出对应的正常基因在发育胚胎中会有什么作用。考虑到同源异型基因是一个非常保守的系统，我们认为人类的发育很可能与老鼠的相似。而像丹尼斯这样的生物学家，不仅对创造脊椎动物身体模式的机制有了很好的了解，也对可能出差错的机制有了进一步的了解。

托马斯·亨特·摩根（Thomas Hunt Morgan）的科学生涯始于对发育和再生的研究，他的研究重点是胚胎和再生肢体的模式是如何形成的，之后他又将研究重点转向了遗传。他肯定对自己选择的研究对象很满意——他选择果蝇作为生物模型，这种生物对遗传学领域产生了极其巨大的影响。不仅如此，果蝇后来还帮助他解开了一个令他困惑已久的谜题，阐明了基因和胚胎学之间的联系。

椎骨的胚胎发育

现在让我们回到胚胎时期的你，这时母亲已经怀孕四周了，而你还不到半厘米长。你具有脊索动物的特征：脊索、中空的神经管和尾巴。就像所有的脊椎动物胚胎一样，你也有鳃弓。在你的小脑袋两侧，又厚又圆的基板正在向内凹陷，最后会形成你两只眼睛的晶状体。沿着胚胎的一整个背部有两排凸点，就像两串珠子。

这些突起是由突起细胞中产生的内部信号引起的。但随后其他组织开始与突起对话，当然用的语言是化学信号或形态发生因子。当这些形态因子从周围组织扩散到突起处时，突起内的细胞开始分化。在前脊椎动物中，如海口虫和文昌鱼，脊索是沿着身体向下的一根重要的加强杆。但在像你我这样的脊椎动物中，它被一连串骨头取代，骨头之间有灵活的关节，形成脊椎。在某种程度上，脊索在它自身的消解中起着一定的作用，因为它是产生信号的组织之一，这些信号促使突起中的细胞（我们应该称之为原节）形成了包括椎骨在内的部分骨骼。从神经管渗出的其他信号，促使上层及外部体节形成真皮层（位于表皮之下的下层皮肤）和肌肉的前身。

来源于某一特定突起或原节的部位都是由一根脊神经支配的。无论这些组织最终形成了什么部位，它们都"记得"其神经支配的体节源头。肌肉可能最终会远离原来的节段，但原来的支配神经并没有因此中断。例如，来自第五和第六子颈体节的肌肉细胞最终迁移到发育中的上肢芽，形成了肱二头肌。所以你两只手臂上的肱二头肌都是由一根神经支配的，你可以一直向上追溯到颈部，到第五和第六根颈脊神经，是从脊椎延伸出来的。

在每个体节中，内部细胞，也就是骨骼组成部分，移动到胚胎的中间，碰到来自于体节另一侧的细胞，这些细胞位于神经管上方和脊索周围。这些细胞最终凝聚成脊椎的软骨模型。事实上，每根椎骨都是由一个体节的下半部分与下一个体节的上半部分融合而成的。这点很重要，因为这意味着正好位于体节中间的脊神经，会从某一体节和下一个体节之间出现。这也意味着每个体节外侧发育出的肌肉块将在椎骨与椎骨之间起连结作用——这样这些肌肉就能使脊柱活动了。

如果你是一位准妈妈，你可以做一些运动，这样能让孩子形成一个良好的脊柱。那些来自聚集在神经管上方的体节，最终会形成椎骨的神经弓，围绕在脊髓神经周围起保护作用。如果细胞不能在中间相遇，神经弓就无法正常形成，脊髓神经就会缺乏保护。这种情况被称为脊柱裂（spina bifida，字面意思是"分开的脊柱"）。最轻微症状为，脊椎骨在背部裂开，但脊髓和脊椎骨上的皮肤完好无损，脊髓神经也没有问题。但在严重的情况下，来自脊髓的神经组织暴露在婴儿背部中间的皮肤上。这使得脊髓容易感染，同时也使得神经系统容易受到严重伤害。即使可以通过手术使脊柱闭合，婴儿的双腿仍可能面临瘫痪的风险。

母亲体内叶酸（folic acid）含量低是造成脊柱裂的因素之一。叶酸是一种必不可少的维生素，在促进DNA合成以及胚胎神经管形成过程中发挥着重要作用。然而我们身体不能制造叶酸，只能从饮食中获取。绿叶蔬菜（名字正是来源于此："folia"在拉丁语中是"叶子"的意思）、豌豆、豆类、蛋黄和葵花籽中的叶酸含量都很丰富。在那些鼓励妇女服用叶酸补充剂的国家，神经管缺陷的发生率有了显著的下降。一些谷物和面包也富含叶酸。研究推测，自1998年美国引入叶酸强化谷物以来，脊柱裂等神经管缺陷的发生率已减半。事实上，此类先天缺陷中，70%的是可以预防的，母亲在怀孕早期服用叶酸补充剂就能达到这个目的。因此，所有的孕妇及备孕的女性，要保证足量的叶酸。增加叶酸最好的方法就是服用叶酸补充剂，同时保持健康、均衡的饮食。

尽管大多数椎骨的形状都是通常的形态，但它们之间还是有区别的。在胚胎发育的极早期，脊椎中不同椎骨的身份就已经确定了，这是沿着胚胎轴在细胞中被激活的同源异型基因决定的，这时体节甚至都没有形成。同源异型基因在每个节段的活动模式告诉由生骨节发育而来的骨头，要形成什么样的椎骨：颈、胸椎与肋骨相连，腰、骶骨与骨盆相连，尾椎与尾骨相连。

脊柱及脊髓神经的解剖结构

有些椎骨特征是大多数人共有的，有些是某些特定区域的特征（如颈椎或腰椎），还有一些则完全是特异的。脊椎的一般特征反映了它的两个主要功能：一是支撑身体，承受重量；二是保护脊髓。脊椎的承重部分是它的主干，在主干背面有一个环绕脊髓的拱。各种各样的骨尖（称为突起）从拱形延伸出来，成为肌肉拉伸椎骨的杠杆。在脊柱的后面，拱形像扁平的盔甲板一样重叠，保护着脊髓。要把东西塞进弓间的空隙很困难，但这正是麻醉师在进行硬膜外麻醉时需要做的。

如果让病人侧卧，蜷缩成胎儿的姿势，或坐在床上向前蜷曲，骨弓之间的缝隙就会张开得稍大一些。虽然还不够宽，但一根针头的空间倒是有的。脊髓的内层和大脑周围的内层是一样的：都有三层脊髓神经，最开始是软脑脊膜，紧贴在脊髓上；然后是细密的蛛网状蛛网膜；最后是坚硬厚实的硬脊膜（图 5-2）。硬脊膜和骨神经弓之间充满了脂肪和静脉。而麻醉针剂则要打在硬膜外腔这里。（硬膜外麻醉的英文词 Epidural 的意思是"硬脊膜周围"。）注入麻醉液后，会对从脊髓中出来的脊髓神经起作用。脊髓就像大脑一样，浸泡在脑脊液中，脑脊液充满了蛛网膜下方的空间。在脊髓麻醉中，针头往里推，穿过硬脑膜和蛛网膜，来到蛛网膜下面，这时脊髓就被麻醉了。在腰椎穿刺术中，为了抽取脑脊液样本，必须将针插入蛛网膜下方，但这通常是在脊髓末端以下进行的。虽然婴儿一出生就有脊髓，而且和坐骨神经一样长，但椎骨生长速度更快，直到脊髓停止生长，椎骨形成锥形的末端，在腰脊柱上方，与第一和第二节腰椎骨之间的椎间盘平齐。在脊髓下方，有一长长的呈袋状的硬脑脊膜和蛛网膜，里面有脑脊液和腰骶神经的神经根。幸运的是，把一根针插入腰椎采集脑脊液样本时，这些神经根往往会被推开，免受损伤。

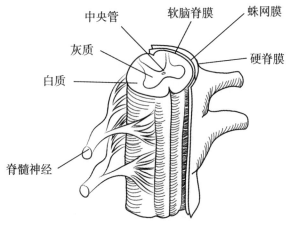

图 5-2　脊髓周围的脊膜层

　　我们可以把大部分椎骨看作是"同一主题的变奏"，每一节都有主体、神经弓并经历同一发育历程，但节与节之间，却又有所不同。在实验室里，只要我看到一具考古挖掘出的骸骨，我要做的第一件事就是把它们从盒子里拿出来，然后把它们按顺序整齐地放在一张长桌上。我通常从身体中轴的骨骼开始：头骨和脊椎。头骨很容易识别——除非它破成了碎片；而且即便是破碎了，也比排列 33 个椎骨组成的椎骨柱容易。在排列椎骨的时候，首先我是参照这个原则：当你沿着脊椎往下看时，椎骨的体积会逐渐变大，因为每根椎骨承受的重量都比上面那块大。但是颈、胸、腰、骶，以及尾椎等又有很大区别。

　　常见的颈椎比较小，神经弓却很大，还有一个分叉的突起，而且每一个横突上都有一个孔。脊椎动脉穿过这个孔，一直延伸到颈部，最后进入头骨，与颈内动脉连接，为大脑提供含氧血液。

不过有两块颈椎骨跟别的都不一样，而且它们是脊椎最上面的两个椎骨。特别之处在于几个关节，它们影响着你头部的肢体活动。最上面的脊椎骨被称为"寰椎"（英文名是 atlas，音译"阿特拉斯"，是古希腊传说中撑起天空的巨人），因为这根脊椎骨支撑着头骨。寰椎上有两个大而弯曲的平面，它们与枕骨下部一起形成了关节，位于脑干离开头骨的枕骨大孔两侧。这样头骨就能在脊柱上前后摇摆：你就可以自如地点头了。寰椎确实是一个非常奇怪的脊椎；它的独特之处在于没有主干。本该是寰椎主体所在的地方，从第二节颈椎骨上冒出一个骨钉，它也有一个特定的名字：轴。寰椎的前面有一个拱，这样它（连同它上面的头骨）可以左右旋转了：此时你已经可以摇头了。

然后，沿着颈椎向下，每个椎体和下一个椎体之间都可活动。你可以向前弯曲你的脖子，把你的下巴向下拉到你的胸骨，向后向上仰，能够看到天空（或天花板），也可以向两边弯曲。这些动作可以同时进行，让你的头在脊椎上转动。

胸椎的特征是有肋骨附着。在椎体的侧面和横突的末端有小的关节突。腰椎又重又厚，与神经弓相比其主体较大，而且所谓腰椎的"椎"实际上是方形的骨板。胸椎周围有胸腔，活动受限，但腰椎的活动更加自由。在你的脊椎末端，骶骨和尾骨几乎没有任何活动。

我们说过，人的解剖结构反映了你的进化遗传和与其他动物的亲缘关系，脊椎也不例外。当我们把自己和动物界的远亲作比较时，会发现很多相似之处。作为脊椎动物，我们和鱼都有脊椎，这是最基本的一点。脊椎的作用在所有的脊椎动物身上都是一样的：为身体提供强有力的、灵活的支撑，并保护宝贵的脊髓。将自己与其他脊椎类陆地动物（专业术语是"四足动物"）相比，你会发现你的脊椎有不同的节段：颈、胸、腰、骶、尾等（图 5 - 3）。但是像丹尼斯·杜布埃的蟒蛇那样，椎骨的数量也会有很大差异。如果我们对自己的近亲，即哺乳动物更进一步地观察，就会发现整个群体中脊椎的数量是相对较少的。差异最大的部分在于尾部。有些动物（像我们人类）的尾椎骨就屈指可数。

达氏鼠海豚（Dall's porpoise，学名为 Phocoenoides dalli）可能就是因为它拥有哺乳动物中最多的尾椎而游得很快，赢得游泳健将的名声——它的尾椎多达 49 块。脊椎中差异最小的部分是颈部：所有哺乳动物，包括鼠海豚和长颈鹿，都只有 7 个颈椎。

尽管在边界区域可能会发生一小部分变异——颈椎上长出一根肋骨，腰椎附在骶骨上——但通常情况下，我们人类有 7 个颈椎、12 个胸椎（同时伴随着 12 条肋骨）、5 个腰椎、5 个骶椎骨和 3 到 5 小尾椎，后两个可能融合在一起，形成了尾骨。人的脊椎中最后几块椎骨在英语中名为 coccyx，来自希腊语的"杜鹃鸟"一词，因为它的形状有点像杜鹃鸟的喙。人们有时把它视作进化后尾巴的残余，是我们祖先曾拥有过但对我们来说可有可无的尾巴的痕迹。但是相信我，你绝对需要一个尾骨。虽然作为尾巴它不太合格，但它为韧带和肌肉提供了一个非常重要的支点，比如支撑着提肛肌，也就是我们所熟知的骨盆底肌。没有尾骨的支撑，你骨盆里的器官就兜不住，会掉到地上。

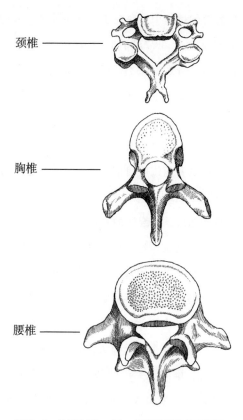

颈椎 ————

胸椎 ————

腰椎 ————

图 5-3　椎骨中颈、胸、腰椎的节段各不相同

椎间盘突出

骶骨上方的椎骨由一种特殊的关节连接在一起，这种关节可以抗压、减振，同时可以运动，这就是椎间盘。

脊柱胚胎发育的过程中，存在于椎骨与椎骨"缝隙"中的细胞形成纤维软骨，一个非常灵活的关节——椎间盘——产生了。在椎骨形成的地方，脊索消失了，但脊索细胞在椎骨之间的椎间盘黏液中还会存在一段时间。在这里，它们具有几个重要作用：由于它们是未分化的干细胞，可以通过分裂来取代椎间盘中的细胞；它们还可能调节椎间盘内其他软骨细胞的功能。但随着年龄的增长，椎间盘内的脊索细胞可能逐渐消失，这也是椎间盘会随年纪增大而退化的原因之一。

椎间盘出现问题后，会给你的身体造成不适。年轻人的椎间盘功能良好：它们能抵抗压迫，充当椎骨之间的缓冲。凝胶状的中心，就像年轻椎间盘里的牙膏一样，有助于把压力分散到椎骨的末端，再由一个坚韧的纤维环固定住。但有时凝胶中心会通过纤维环的裂缝突出去，产生我们常常所说的"椎间盘突出"。由于脊神经从脊柱相邻的两个椎骨出去，这意味着它们与椎间盘处于同一水平。而且，椎间盘突出的部位往往是受压较大的地方，也就是脊神经所在的背部。这可能会导致腰部靠下的位置疼痛，而这种疼痛会沿着被椎间盘突出压迫的神经，蔓延到身体其他部位。这种类型的问题往往会影响下背部，可能是因为它比更高的位置承担更多的重量。下腰椎之间的脊神经向下延伸至骨盆，并与骶骨神经连接，形成一条2厘米宽的巨大神经，它向下延伸至大腿后部的坐骨神经。正因如此，脊椎的椎间盘突出会导致腿后部剧痛，也就是所谓的坐骨神经痛。椎间盘的凝胶中心也会随着年龄的增长而缩小和变干燥，这意味着身体的负荷并不是均匀地分布在椎体终板上的，而这就可能会导致骨微裂。有时，这种凝胶不是通过挤压椎间盘边缘的纤维环向外突出，而是朝垂直方向，直接挤压脊椎本身。这种椎间盘囊突破椎体终板的现象称为"许莫氏结节"（Schmorl's node）。在 X 光下可以看到这些结节，呈现为黑色斑点，分布在椎体顶部或底部附近。在考古发掘出的骨头上也很容易发现这些斑点：椎间盘消失后，它在椎骨上凿出的洞却仍然清晰可见（图 5-4）。

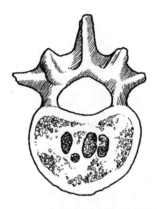

图 5-4　从考古遗址发掘出的脊椎骨上的许莫氏结节

从进化的角度考虑，人类的脊椎"足够好"，但也存在很多问题，到了中老年就更明显了：到时候你可能深受腰痛或背部疼痛的困扰，而且你肯定不是个例。腰痛是全科医生最常遇到的问题。据估计，普通人群中约有三分之二的人患有脊柱痛。

你的每一个椎间盘都可以在脊椎与脊椎间进行轻微的移动、摇摆和旋转。但脊椎之间也有更多的"传统性"关节（图 5-5），像你的髋关节、膝关节或手指关节，都是由光滑的透明软骨和润滑的滑膜液构成的。

这些小面关节可以在某些方向上运动，但更重要的是它们限制着脊椎运动的方式。在胸部，椎体基本上被肋骨支撑，小面关节允许脊椎稍微向前弯曲、向后伸展，但几乎不能旋转。而在颈部，脊椎的转动就自由多了。腰椎处的小面关节可以前后屈伸，还可以小幅度地转动。事实上，与我们最亲近的类人猿亲戚相比，我们的腰椎要灵活多了。

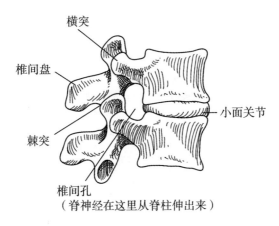

图 5-5　椎体间的关节由椎间盘和小面关节组成

在任何工程结构中，活动的部件往往是最容易出问题的，脊柱的关节也不例外。我们已经了解了椎间盘的凝胶中心是如何被挤压出来，而由此引起疼痛。而小面关节则是另一个导致背痛的原因。即使你是坐着或躺着不动的时候，你的身体仍在承重，要移动脊椎，所以你的小面关节一直处于工作状态。在你的一生中，它们要承受不断重复的劳损和轻微的伤害，所以它们很容易老化，尤其是随着年龄的增长，这些小面关节本身也在老化。身体的负重往往会向后转移到小面关节，但实际它并不能承受那么重的负荷。到最后，透明的软骨表面遭到磨损，关节边缘长出骨刺——这是骨关节炎的典型症状。

小面关节受一些感觉神经支配，这些感觉神经从脊神经通过脊椎之间的间隙离开脊髓，因此关节本身可能就是疼痛的来源。但是到底有多少背痛是由这些关节引起的呢？一群美国麻醉师做了一个实验，他们给 500 名背部疼痛的病人的小面关节注射麻醉剂，医生发现，麻醉药使大约一半患有慢性颈痛、一小半患有胸椎痛以及大约三分之一患有慢性腰椎痛的病人感受不到疼痛。医生还证实了，小面关节是造成大量颈部挥鞭样损伤后慢性疼痛的原因。

小面关节说明了疼痛的部分本质：要弄清楚疼痛从何而来可没那么容易。如果你表皮受伤了，你通常可以精确地找到疼痛的来源。还记得你上次被蚊子叮咬的经历吗？这是一种很小的创伤，但是你知道蚊子叮咬的确切位置，而且此时只要快准狠地来一巴掌就能消灭那个讨厌的昆虫。你身体外部被映射到大脑的感觉皮层，每一条接收到的信息都被有效地映射到大脑中。

但要确定内部器官的疼痛来源就没那么容易了。你的身体内部有一套不同的感觉神经元；它们通常通过潜意识向大脑提供信息，使你能够控制生理的各个方面，而不必特意去考虑它们。要不是这样的话，你的大脑恐怕全得用来处理身体内部的信息而无暇他顾了。所以说，你跑步的时候不必刻意提高心率，吃饭时也不必刻意将胆囊里的东西排入十二指肠。这样的设计是大有好处的，因为如果你一直花时间考虑这些"内务"，你根本就没有时间去交谈、解决问题或阅读了。但是当来自你体内的感觉信号达到特定强度时，它们就会开始进入意识。你会意识到不适或疼痛，但很难确切知道它来自哪里。有时疼痛蔓延到其他部位，却只能隐约感觉得到。但有时，就好像是大脑里的布线交叉了，你会以为疼痛根本不是来自真正造成疼痛的器官。这是一种被称为"牵涉痛"的现象。大脑很难辨认出来自不同的感觉神经的信号，而且这些神经是一同进入脊髓的。而这一切都要追溯到你作为胚胎时身体的最初分节。

每个体细胞（沿着发育中的胚胎背部的珠状突起）都包含成组的细胞，这些细胞注定将变成骨骼、肌肉或真皮。无论这些组织最终到达哪里，根据支配它们的脊神经，这些组织能"记住"它们在躯体中的起源。例如，第四脊神经（L4）将支配部分椎骨，以及腿上的特定肌肉和下背部及腿上的皮肤，这些皮肤都来自胚胎时期的第四腰椎。某一疼痛来自由 L4 神经支配的小面关节，但背部可能不会感到疼痛（而背部才是疼痛的根源），相反人可能会觉得疼痛来自整个背部和臀部或大腿的后面，有时甚至小腿和脚——这些部位也是由 L4 神经控制的。

在腰椎小面关节内注射局部麻醉剂也可能是诊断和治疗这些关节疼痛的有效方法。如果你的腰痛，那么最好的恢复方法就是练习瑜伽。

如果我们有黑猩猩或大猩猩那样更稳健的腰椎，可能我们就能在很大程度上缓解这一疼痛了。但灵活的腰椎正是我们构成人类的一部分：它们对我们的活动方式非常重要。

长腰椎棘突

黑猩猩和大猩猩通常有标准的 7 个颈椎、13 个胸椎、4 个腰椎和 6 个骶椎。因此，与非洲的猿类相比，我们人类似乎有一个相对较长的腰椎。但我们的腰椎的长度和灵活性远不如我们更远的灵长类亲戚，即非洲和亚洲的旧世界猴类，它们的正常腰椎数量是 7 个。

如果深入研究人类的进化史，我们会发现，我们的祖先有着长长的、灵活的腰椎，和目前生活的旧世界猴类一样。上猿（Pliopithecus）的化石显示，生活在 1500 万年前的猴子，有六七块椎骨组成的柔韧的腰椎，以及一条短骶骨和一条长尾巴。这就提出了两个问题：我们的脊椎是什么时候变得这么短的？而且为什么又不像黑猩猩或大猩猩的脊椎那样短呢？

原来，当类人猿在由猴子进化来时，它的身体结构发生了变化，尾椎几乎彻底消失了，而腰椎变短也是其中的变化之一。没有尾巴可不好办了，因为长尾巴对生活在树上的动物大有用处——能帮助它们保持平衡。当像狒狒一样的大猴子用四肢沿着横向的树枝行走时，它们会把尾巴甩向一边，以保持身体的平衡。最早的猿类也会以类似的方式，用手掌和脚底沿着树枝移动。但早期的类人猿化石，如原康修尔猿（Proconsul），早已失去了尾巴。尽管它们似乎用更灵活的四肢、稳定的肘部和比它们的前辈更善于抓握的手和脚弥补了这一点，但尾巴消失的原因仍然有些神秘。我为我的猿类血统感到自豪，但有时我确实感到有点难过，因为进化剥夺了我们的这一身体部位，而大多数灵长类近亲——从环尾狐猴到蜘蛛猴再到狒狒——仍然享有该部位。

不管有没有尾巴，对于大型动物来说，有一点很重要，那就是用四肢沿着树枝顶部行走太危险了。而把身体的重量挂在树枝上，或者站直，用双腿在树枝上走，双手做支撑，就要安全得多。这就造成了猴子和猿的根本区别：猴子倾向于用四肢在树上爬来爬去，身体保持水平；猿类倾向于爬、攀、悬挂和摇摆，身体直立。如果你是一只以这种方式活动的猿类，那么突然间，拥有一个灵活的腰椎就成了一种负担。灵活的脊椎容易受伤，反而硬挺的背部可以帮助你在树木之间架起桥梁，站在一棵树上，手伸向另一棵树的枝干。现在，我们很清楚为什么现代黑猩猩和大猩猩的腰椎较短了。这部分的脊柱短而稳定。骨盆上部的骨头每一边都高高隆起，"困住"了最后一根腰椎，使它几乎不能移动。

虽然你是猿类，但你的下脊椎和骨盆看起来完全不同。你有一个更长的腰椎，而且不再被两边的骨盆包围。腰椎的形状也有一个重要的区别。从侧面看你的腰椎，可以清楚地看到每一块都是楔形的——前面比后面高。这意味着这些椎骨自然堆积形成向后弯曲，称为腰椎前凸。其他类人猿并不具备你腰背部的这一小块的这种向内弯曲的特征。这种腰椎的楔状结构，在一些人类系谱古老的成员中早已存在。一个保存完好的非洲南方古猿脊柱化石（确切地说是 STS 14）表明，它们的腰椎是楔状的，而这一物种存在于 200 万到 300 万年前。这就证明了这些早期人类和我们一样有腰椎前凸。这些早期人类也有很长的腰椎，有 5 个甚至 6

个椎骨（图 5-6）。

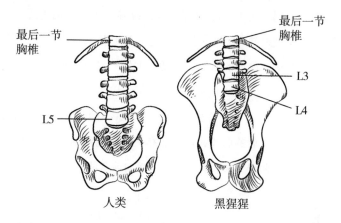

人类的腰椎有 5 块椎骨，而黑猩猩只有 4 块，黑猩猩的下腰椎则在盆腔骨的高位之间

图 5-6　人类和黑猩猩的腰椎

　　在你的下脊椎有一个额外的曲线好像没什么大不了的——你可能在想，那又怎样？但是腰椎的后弯意味着你可以让你的上半身直立起来，平衡你的胸部和骨盆，以及直立状态下的骨盆。黑猩猩和大猩猩似乎很难弯曲脊椎使身体重量越过骨盆，所以当它们站起来用两条腿走路时，它们倾向于将臀部和膝盖弯曲。它们当然可以用两条腿走路，但走得比我们人类慢多了。试着弯曲膝盖和臀部走一段时间，你会感到你的大腿肌肉在用力。如果你是一个习惯性的两足猿类（说的是你、我，所有的人类和我们的祖先），脊椎后弯能让站立和用双腿行走更有效率。因此，南猿脊柱的腰椎前凸表明，这些祖先已经习惯于用两条腿直立行走。不过还有另一观点：有人认为，如果短而硬的脊椎可以减少受伤的风

险，并有助于在树与树之间移动，那么非洲南方古猿的长而灵活的腰椎则说明，这些原始人实际上已经放弃了在树上的生活。

你不是生来就有腰椎前凸。首先，新生儿的脊柱自然地弯曲成一条单独的向前伸的曲线。当婴儿大约一岁时，腰椎的后弯开始发育。另一条向后的曲线出现在颈部，以平衡头部在躯干上方的重量。最终，人类的脊椎形成了一个漂亮的"双S"形曲线，在颈部有一个向后的曲线，在胸部有一个向前的曲线，在腰椎有另一个向后的曲线，最后骶骨在它下面向前弯曲（图5-7）。

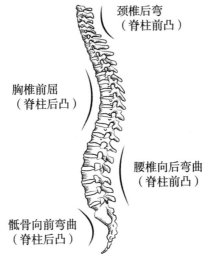

图 5-7 弯曲的人体脊椎

直系亲属

当我们看到人类族谱中近亲的脊柱时，腰椎的故事出现了一个奇怪的转折：尼安德特人。

大约在 30 万年到 3 万年前，这些健壮的尼安德特人生活在欧洲和亚洲。我们发现了大量的尼安德特人的化石——大约 275 具人体遗骸被发现，尽管没有一具骨架是完整的，但是可以根据不同地点的遗骸构建一个完整的"复合骨架"。来自伊拉克沙尼达尔、以色列凯巴拉和法国拉沙佩勒欧桑（La Chapelle-aux-Saints）遗址的尼安德特人化石都有保存完好的腰椎。在最近的一项研究中，人们测量了这些椎骨，以及从其他更古老的人类和现代人类中挑选的一些椎骨，以确定每个物种个体的脊柱前凸的程度（图 5-8）。结果很意外。现代人腰椎前凸的平均度数为 51°。非人类类人猿平均是 22°。古南方古猿非洲种的角度与人类相当相似，为 41°，而直立人角度是 45°。但尼安德特人的角度较小，平均只有 29°。

这意味着与现代人类相比，尼安德特人似乎有着非常直的腰椎。在人类进化过程中，脊柱弯曲的趋势似乎出现了逆转，我们的近亲比他们的祖先进化出了更直的背部。弯曲的腰椎不仅有助于形成有效的直立姿势，弹性曲线也有助于减震。如果没有腰椎前凸，尼安德特人可能会走得更慢，步幅更短，躯干略微前倾。这似乎是一个进化的倒退，但拥有一个笔直的脊柱也有一个好处——那就是人体稳定性较好。

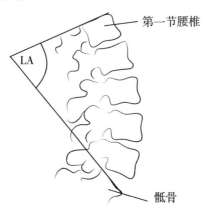

图 5-8 腰椎前凸角（LA）（根据 Been et al. 2012 重绘）

挺直、结实的腰椎可能减轻了对脊柱的压力，使尼安德特人能够进行更严苛的上半身活动，承受的重量比他们的近亲——我们的现代人类祖先——更重。不过，如果我们是尼安德特人的后裔（我们中的一些人，包括我在内，在我们的基因组中有一小部分尼安德特人的 DNA，但很明显，这些 DNA 所处的位置不巧，没改变我们的脊椎），也许我们今天就不会被腰痛所困扰。

虽然尼安德特人的骨骼在很多方面与我们的非常相似，但是与我们相比似乎也有一些重要的差异，这可能反映了他们与我们祖先的生活方式存在不同。除了腰椎骨更加笔直外，尼安德特人躯干的另一个显著特征是巨大的桶状胸腔。但你的胸部也不同寻常——它的形状与大多数哺乳动物的胸部完全不同，也不同于其他类人猿的胸部。

6. 肋骨、肺、心脏

我们祖先的肋骨，鱼的心脏和肺

06

"你知道雄鹿的血是怎样从一个心室流到另一个心室的吗？"

——《灵的进程》 作者约翰·多恩

胸腔和隔膜

当一具出土的骨架摆在我面前时，我首先就是将骨头按解剖学的顺序一一排列，就好像这个人仰卧着，手臂放在身体两侧，手掌朝上。然后根据骨头制作一份目录，再进一步仔细地观察每一块骨头，并记录下一些细节，或许它们能帮助我确定个体年龄和性别，同时找到可能患有某种疾病的迹象。

肋骨是个非常让人头疼的部位，因为它们经常断成一小段一小段的。但是耐心地完成拼凑工作之后，也有可能将它们归位。人的胸部就像一个前后都被压扁了的桶，每根肋骨的形状反映了各自的位置。通过每根肋头和肋颈的平面我们可以判断出这些肋骨是右胸腔的还是左胸腔的。最上面和最下面的肋骨也各不相同。第一根肋骨是一个 C 形的小骨头，从上到下呈扁平状，而其他所有的肋骨都是两边呈扁平状。

像你身体里的大多数其他骨骼一样，肋骨也是由软骨模型发育而来的，软骨模型本身是由胚胎的结缔组织或间质发育而来的。形成肋骨的细胞和形成胸椎的细胞有相同的来源，都是来自胚胎胸部区域的体节（沿着胚胎背部的一排突起）。胸椎有 12 个，肋骨也有 12 对（不管某些神创论者怎么说，男女的肋骨数目其实完全一样）。胸骨由间质发育而来，而间质产生于胚胎的外边缘，当时胚胎还只是个胚盘。在妊娠期的第四周，当胚胎卷曲成圆柱体状时，这些外边缘来到了前面的中线位置，聚在了一起。就像肋骨一样，胸骨先发育出软骨模型，然后才变成骨头。

胸腔上的 7 对肋骨从后面的椎骨延伸出来，正好与前面的胸骨相接。事实上，并不完全如此，因为肋骨的骨性部在胸骨前结束了，靠的是一根软骨与之相接形成了整个弧状，即肋软骨。但事实上，肋骨一开始都是软骨，后来才变成了骨头，肋软骨实际上就是肋骨前端未硬化的软骨。它们让你的胸腔更加灵活。想象一下，在一场热闹的摇滚音乐会现场，如果你正好被挤到了前排，此时你可能会因为胸腔能如此灵活而感到高兴。这也是在心肺复苏术（CPR）中可以进行胸外按压的原因，在拿着除颤器的专业人士到来之前，可将被救者的胸骨向下推约 5 厘米，挤压心脏里的血液，保持血液循环。

肋骨是由肋间肌肉相互连接在一起的，每一组肌肉由一对脊神经的分支支配。胸部这些肌肉的节段性神经支配提醒我们另一件事：你的身体本质上是节段性的——它在胚胎中就是以这种方式发育的，就像在果蝇的幼虫中一样。

在许多解剖学教科书里，对肋间肌的主要功能仍然是这样描述的：当你呼吸时，肋间肌通过移动肋骨来扩张或收缩胸腔。虽然肋间肌可以改变胸的形状和体积，但这并不是它们的主要功能。当然，谈到呼吸，你还有一块更重要的肌肉：横膈膜。这个圆顶状的肌肉在你胸腔的下缘，后面连接脊椎，前面连接胸骨底部。

如果你现在静静地坐着，你的隔膜可能上下移动约 1.5 厘米，也许每分钟会移动 12 次，保持空气的"潮起潮落"，就像潮汐一样。当隔膜放松时，它会向胸腔上方隆起，但如果你现在深吸气，它会收缩并变平，降低约 10 厘米。此时，在你的胸腔内，肺的容积增大了，这意味着肺内的压力下降了，从鼻孔、鼻腔、咽部、喉部、气管和支气管吸入空气。与此同时，肋间肌的主要作用不是移动肋骨，而是在你吸气时，抵抗肋骨之间的空间被胸腔内的负压向内吸的趋势。横膈膜变平后胸廓容积扩大，而肋间肌使胸壁变硬，可以保证胸廓容积不会因为肋间空间向内收缩而减少。

横膈膜的收缩最多可以使胸腔（以及胸腔内的肺）的容积增加 3 升，但只有在肋间肌肉正常工作的情况下才会如此。如果肋间肌麻痹的话，每一次呼吸时它们都向内收缩，那么肺容积的正常扩张就会缩减一半左右。如果颈部以下的脊髓神经损伤，就会导致这种情况。在这个位置的损伤会影响到损伤部位下方的所有脊髓神经，包括支配肋间肌的神经。但是横膈膜仍然正常运作——这是因为解剖学的另一个怪象，我们只能通过回顾胚胎发育来理解。在你脖子的两边，有一条膈神经向下延伸，穿过锁骨下方，接着穿过第一根肋骨下方，最后进入你的胸部。它沿着你的心脏向下，一直延伸到横膈膜，而横膈膜此处形成了胸腔的下边界。如果我们回到你还是一个胚胎的时候，也就是回到你诞生的第五周，我们会发现，当时你的胚胎心脏已经形成了，甚至还在跳动，但其位置却在颈部。一个大的楔形组织位于心脏下方，但此时仍然在颈部上方。该组织在胚胎内从前往后生长。这个横向隔壁是横膈膜的前体，在这个早期阶段，生长出来的颈脊髓神经的分支会始终支配它。在接下来的一个月，随着胚胎的生长，发育中的隔膜将向下移动。最后，隔膜会位于胸腔的底部，但是支配它的神经始终是来自更高位置，从颈部传下来的。因此，医学院的学生都要背会这个助记口诀："C3、4、5，支配横膈膜。"膈神经起源于颈部，从第三、第四和第五颈脊神经延伸出来。

胸部形状

不同哺乳动物的胸腔形状、大小各不相同，但是就内部的器官而言，它们必须有同样的功能。肋骨保护心脏和肺部，并为横膈膜和肋间肌肉提供连接的纽带，使呼吸能够发生。但是，胸部的形状不仅与里面的东西有关，还与外面的东西有关。重要的是，这包括肩胛骨，在其他动物身上，它连接到前肢，在我们身上，它连接到上肢（手臂）。用四条腿行走和奔跑的动物往往有两边扁平的胸腔。想想家猫或家犬：它们的胸部又窄又深。猴子也是四足动物，胸部也很窄。所有这些动物的肩胛骨都位于狭窄胸部的一侧，其运动方式包括转动，用来带动前肢前后摆动。但是，类人猿就开始变得不同了；胸腔下半部分的宽度大过了深度，而且是前后扁平的。人类也不例外，我们的胸腔也是前后扁平的——不信你可以看一看自己的胸部。兽医往往从侧面给猫狗拍X光片，而医生给人拍的标准的X光片是从前往后拍的。实际上，这些标准的X光片是从相反方向拍摄的，所以它们被称为后前位（postero-anterior），或简称PA。

胸部形状与类人猿特殊的活动方式息息相关。类人猿是从体型较小的猴子进化而来的，但绝不只是放大版的猴子，而且它们活动的方式跟大多数猴子也不一样。当你体型变大之后，四肢着地沿着树枝行走变得困难重重。而把手伸到头顶去够树枝，借助支撑物进行攀爬要容易得多，也安全得多。你可以沿着纤细的树枝爬行，一直爬到树枝的边缘。在那儿你可以享受到累累硕果——这是类人猿的另一个特征，即它们大多数都是食果动物。一些现存的类人猿，包括长臂猿和红毛猩猩，也会用手臂将自己吊起来，这样也是将躯干直立起来。

有一些猴子的胸部像类人猿的一样，呈前后扁平状，十分独特。这些猴子就是生活在中美洲和南美洲的蛛猴（学名 Ateles）。这种猴子的胸部形状是趋同进化的例子——它们移动的方式和长臂猿相似：挂在树枝上，躯干挺得笔直，在树木间荡来荡去。就像类人猿一样，它们的胸部也是为了适应这种生活方式发生了变化。当然，也有一些类人猿不再在树上活动（不是那么多地待在树上了），但是它们的胸部仍然是前后扁平的，我们人类也如此。这种胸部形状是祖先遗传下来的。以前，祖先多以爬树为主，但是这种形状也非常适合胸部挺直，在地面上行走的类人猿。但是，我们的胸部和其他类人猿的胸部也有一些不同之处。

人类的胸部形状与猩猩的相比存在明显的不同（图 6-1）。人类胸部呈桶状，而胸腔底部向后弯曲。但是猩猩的胸部呈漏斗状，下肋骨外张。猩猩的胸部顶部很窄，肩胛骨紧靠一起，向上突起；猩猩和其他非人类的类人猿看起来好像一直在耸肩。

相比之下，人类胸部的顶部相当宽，肩胛骨位置较低而且分得很开。这可能使我们的肩膀不利于攀爬。但是，这意味你可以摆动手臂，保持平衡，稳步前进。下次你外出走动时，可以尝试迈开双腿，甩动双臂，注意一下胸部、肩膀、手臂是如何移动的。你的肩膀扭转的方向与两条腿向前迈的方向相反。你的手臂来回摆动，有助于肩膀扭转。如果你试着让手臂保持水平方向，走路时会突然感到不舒服。事实上，这也会降低能量使用的效率。胸部的顶部要宽大，肩膀和手臂的位置也要恰到好处，向两边伸展，这样一来手臂才能自由摆动。胸部呈漏斗状，肩膀高高地耸起，又挨得很近，这样的话，要想摆动双臂，就得把手臂伸出来，才不至于撞到胸部下方两侧。

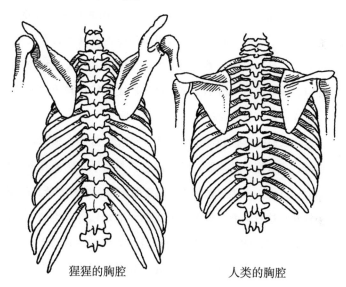

猩猩的胸腔　　　　　　　　人类的胸腔

图6-1　猩猩的胸腔呈漏斗状，而人类的胸腔呈桶状

除了可以让我们的手臂在身体两侧自由摆动外，还有一个原因可以解释人类胸部为什么会是桶状的。你的胸腔靠肌肉连接到骨盆。这种肌肉在身体两侧有三层，都呈向前弯曲状，此外，中

线两侧，还有一对扁长状的腹直肌。这些肌肉形成了腹壁，但也有助于躯干移动。身体两侧的肌肉可以用来做侧弯和扭转的动作，而直肌可以让你的躯干向前弯曲——你做仰卧起坐的时候就会用到这些肌肉。胸腔构成这些肌肉的上层连接，而盆骨构成下层连接。因此，胸腔底部的形状往往反映出盆骨的形状。在人类进化的进程中，盆骨的形状发生了翻天覆地的变化。

类人猿的盆骨较宽，恰好与漏斗状的胸部十分匹配，因为这种胸部下方是张开的。人类的盆骨又长又窄，适合用两条腿走路，胸腔底部也就相应地变得较窄。但是，胸腔内的容积至关重要，因为里面包含了心脏和肺。所以，用两条腿走路以及长着较窄的盆骨可能才是真正促使人类胸腔发生改变的因素：人类胸腔底部被迫变窄，中上部也不得不变宽，这就形成了特色鲜明的桶状的胸腔。这样一来，就能保持足够大的肺活量。

无论什么原因导致肺部形状发生了变化，像类人猿那样漏斗状的胸部，还有高耸的肩膀，反映出它们平时经常需要在树上攀爬。而另一方面，人类习惯于用两腿走路，因而肩膀较低且较宽，胸部呈桶状。这意味着，倘若我们试图弄清楚远古人类如何活动的，那么观察胸部的形状可能大有裨益，甚至可能有助于揭示我们的祖先何时开始主要在地面上行走。如果我们假设人类和猩猩的最后一个共同的祖先长着锥形胸，那么胸部从锥形变为桶状，变得和人类的一模一样，这种转变将是人类进化史上真正的里程碑。

肋骨化石

可惜的是，肋骨很薄，容易折断。保存完好的肋骨化石少之又少，因此很难追踪胸腔形状是如何随时间而改变的。

但是，有一些化石为我们提供了重要的线索。

类似人类的桶状胸腔最早出现在 150 万年前直立人的早期化石上。这具胸骨属于一位很出名的年轻人，他现在被称为纳利奥克托米男孩（Nariokotome Boy），我们将在下一章详细介绍他。

再上溯到直立人出现之前，肋骨化石就更少了。直立人并不是最早被赋予人类属名（Homo）的物种，在他之前还有两个更早的人类物种，最早出现在 240 万年前：能人（Homo habilis）和鲁道夫人（Homo rudolfensis）（不过这是一个棘手的话题，而且并不是所有人都认为这两个物种足够像人属，能冠以 Homo 的名字）。对这两个人，人们主要是通过其头骨、下颌骨及牙齿这几个部位了解的，而其他部位的骨骼证据少之又少。

现有的少数几份肋骨化石来自被人们认为是人属的祖先的物种。2008 年，南非一位古生物学家 9 岁的儿子发现了该物种。当时，他爸爸在附近挖洞，这个男孩无意中发现了一块石头，石头上面有一块骨头似的东西突了出来。本着负责任的心态，他把这块石头拿给了爸爸。他爸爸发现这块突出的骨头是锁骨。令他无比惊讶的是，把那块石头翻过来之后，他看到的是一部分下颌，还带着一颗牙齿。这个叫马修·伯杰（Matthew Berger）的小男孩发现了一个全新物种的首例化石，此后他的父亲李·伯杰（Lee Berger）将其命名为南方古猿源泉种（Australopithecus sediba）。这些骨头是从山洞的一个坑里发现的，人们将这里描述成古人类掉入的"死亡陷阱"。在非洲南部的索托语中，"sediba"的意思是"井"或"泉"。自第一次偶然发现这些骨头，马拉帕这个地方已经发现了数百块大约200万年前的南方古猿的骨头。

南方古猿人有一些非常奇怪的特征，其中一些特征更像古猿，另一些则更像人类。马拉帕化石包括大量肋骨碎片，其中大部分来自胸腔中上部。这个古人类的胸腔顶部看起来很像猿，因为它是锥形的。毫无疑问，南方古猿人是古人类，用两条腿走路，但如果它的胸腔是漏斗形的，它就不可能像我们走路时那样可以摆动手臂。这表明，那些古人类恐怕无法高效率长距离地行走或奔跑。

通过观察纳利奥克托米男孩和南方古猿源泉种，我们很容易得出这样的假设：原始人类一开始拥有漏斗形的胸腔，后来才演化出像我们人类一样的桶状的胸腔。但是另一块化石使人们对这种简单的进化轨迹产生了怀疑。2005年，卡达努姆（Kadanuumuu）化石是在埃塞俄比亚北部的阿法尔地区发现的。在这片广阔无垠的地区，人们曾发现了著名的南方古猿阿法种化石"露西"（图6-2）。卡达努姆可能和露西属于同一物种，但他要大得多；事实上，他的名字在当地的阿法尔语中的意思就是"体格庞大的人"。露西大概一米高（这大概相当于三岁孩子的平均身高），卡达努姆则有1.5~1.7米高。

卡达努姆有五根相当完整的肋骨。这些肋骨足以证明他的胸

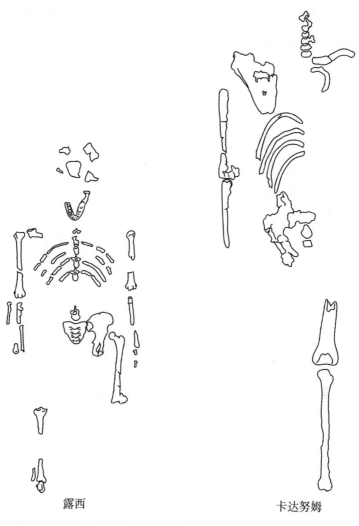

露西　　　　　　　　　　　卡达努姆

图 6 - 2　　两块著名的南方古猿阿法种化石

腔上部很宽——所以他的胸腔更像是桶状而不是漏斗状。卡达努姆的肋骨和其他解剖学方面的线索都表明，他已经完全放弃了树上的生活，而习惯于在地面行走。

这似乎有些奇怪。如果卡达努姆和南方古猿人都是人类的直系祖先的话，这意味着原始人类的胸腔可能一开始像猿，然后演化出了更像人类（卡达努姆）的胸腔，然后又变得更像猿（南方古猿源泉种），最后，到了直立人时期，又变成了像人类的胸腔。这样的发展进程，似乎是说南方古猿源泉种倒退了一步，肩膀又耸了起来，这大概是回到了长时间挂在树上的生活状态，不再用两条腿在地面上行走。

但是这种思考进化的方式是无益的，其中原因有很多。我们不应该总是期望进化的轨迹和趋势是简单的。古人类的进化，就像任何一群非常相似的动物的进化一样，并不是一种线性的"进步过程"。拥有六百万年至七百万年进化历史的古人类并不是生长在一棵参天生命之树上的一个小枝桠，也不是简单且线性的一连串物种，它本身就是一棵开枝散叶的小树，每个枝桠上的每一个物种都会适应当下的环境。而我们才刚开始了解这些物种是如何适应环境的。古人类的各种各样的胸腔形状可能只是体现了他们的活动方式的多样性。不同的古人类在树上呆的时间也不同，在地上走的时间也不同。

有时，要了解各个物种属于人类谱系中的哪一支，这非常难。我们可以设想各个物种之间的关系，但实际上我们无法百分百确定——有些物种可能在最古老的原始人类和我们之间存有真正的联系，而有些物种可能会最终走上不同的分支，越来越远。所以另一种可能性就是，我们过于努力地把各个物种硬塞进某一特定谱系中：南方古猿源泉种可能根本不是人类的祖先，事实上，它只是人类谱系中的一个分支。

最终，我们需要理解的是，为什么我们的胸部形状和其他猿类的有所不同。我们试图发现，人类的桶状胸腔何时取代了漏斗状胸腔。但是——这是一种十分有趣的可能——我们的猜测可能从一开始就错了。我们认为，最早的原始人类拥有漏斗状的胸腔，但是证据实在过少，而且都是零零散散的，因此我们无法确定这一假设。要是最早的原始人类从一开始就有像人类一样的桶状胸腔呢？

漏斗状的胸腔是不属于人类谱系的猿类的典型特征，但是有一个例外。尽管红毛猩猩、黑猩猩和大猩猩的胸腔呈漏斗状，突出的肋骨位置较低，但是体型小且与我们亲缘关系较远的长臂猿和合趾猿都有桶状的胸腔，很像我们胸腔的缩小版。人类关键部位的肌肉缺乏对悬吊行为的适应（如双臂悬吊），而其他猿类从解剖结构上则有这样的适应性。要么人类从某个习惯于双臂悬挂的猿类祖先那里开始，就丧失了这种肌肉的适应性，要么这种适应性从未在我们祖先中出现过。30 多年前，基于对肌肉的观察，一些古人类学家认为，人类很可能是从胸腔形状与长臂猿相似且体型小的猿类进化而来的。

这一主张颠覆了人们对胸腔形状进化的看法。我们曾经认为，人类和猿类最后一个共同的祖先应该长着漏斗状的胸腔，而且现存的猿类（非类人猿）一直保持着这种形状，但是人类的胸腔的形状则发生了改变，变得更像压扁了的桶。但是，也有可能是人和猿的最后一个共同祖先本身就长着桶状的胸腔，而猿类为了满足自己对垂直攀爬的喜爱，则进化出了漏斗状的胸腔。另一方面，这种观点认为人类可能是保守的一方，从远古时起就一直保持着桶状的胸腔。我们似乎总是认为自己是特殊的物种，认为自从与其他猿类的共同祖先分化以来，我们是变化最大的。胸腔形状可能证明了在进化过程中，人类的变化比其他猿类要小。

尼安德特人的胸腔

虽然胸部形状反映了人类的姿势和活动方式（作为躯干直立的猿，不再挂在树上，而是倾向于一边走路一边摆动手臂），但是从中我们也了解了人类生活方式中更一般性的一些东西。或者说，至少胸腔的大小向我们揭示了某些东西。当我们把自己和我们最亲密的、已经灭绝的亲戚进行比较时，这种"东西"就出现了：尼安德特人。

迄今为止，最完整的尼安德特人胸腔来自喀巴拉"K2"标本——这本书讲述鳃的章节时就讲到过这个标本，提及了尼安德特人的舌骨。令人难以置信的是，K2胸腔包含了每根肋骨的碎片。因此，与早期原始人类的那些零零散散的肋骨造成的纷争相比，这个化石让人们对尼安德特人胸腔形状几乎没有太大的怀疑。

尼安德特人的骨头比人类的块头要大得多，也强健得多，对此我总不免感到惊奇。与尼安德特人相比，即使是最结实的盎格鲁-撒克逊人的骨骼看起来也弱不禁风。尼安德特人体内的每一块骨头（除了锁骨，奇怪的是，它长得又长又薄）就像是超大型的现代人类骨头。把整个骨骼拼起来之后，也十分强健。胸腔看起来很大。与现代人类相比，K2标本的肋骨无论是以绝对尺寸还是相对尺寸来说，都要更大一些。像这样长的肋骨意味着尼安德特人的胸腔容积要比现代人类的大。但是，即使保存完好的尼安德特人的肋骨埋在地下时也会产生形变，所以我们很难确定，胸腔容积扩大是由于胸腔前后扩张还是左右扩张而产生的。要回答这一问题，就必须找到未变形的尼安德特人肋骨。

不过，即使肋骨轻微变形，我们仍然可以清晰地看到，尼安德特人的胸腔不仅更大，而且形状也和我们的不尽相同。他们最上面和最下面的肋骨和现代人类胸腔内的大小相似，但中间部位的肋骨要大得多。倘若现代人类的胸腔可以描述成经典的桶形，那么尼安德特人的胸腔就是"超大桶形"——中间部位要宽得多。容积大的胸腔似乎意味着可以容纳得下大的肺（即使这一点我们还不确定，因为横膈膜的位置以及它向上隆起的幅度对肺的体积有很大的影响）。至少对于现代人类而言，容积大的胸腔的确意味着可容纳得下较大的肺。如今，生活在安第斯山脉的土著居民往往长着较大的胸腔，而里面也确实长着较大的肺。

人们经常认为，尼安德特人能够"适应寒冷气候"，而他们胸腔和肺部的大小正是这种适应性的表现。即使没有一堆堆原始人类的肋骨，我们似乎有足够的理由相信多数欧洲和非洲的古人类的胸腔都很大。我们已经知悉，胸腔的形状与盆骨形状相互匹配。最近，我们发现了一个直立人的盆骨（发现于埃塞俄比亚一个叫戈纳的地方，稍后我们还会再谈到这里），它非常宽。这表明宽而结实的躯体是古人类身体结构的特点。这意味着，尼安德特人并非是发育出了全新且非同寻常的躯体（体内胸腔很大）以适应寒冷的天气，而只是保持了原有的身体架构。但是现代人类却撕毁了这样的蓝图，进化得比我们近代祖先更加苗条。与当今的人类相比，尼安德特人和早期物种拥有巨大的胸腔，这也许是一种必然，因为这可以给巨大的身体和异常活跃的生活方式提供所需的氧气。我们每天需要大约 2000~2500 卡路里的能量，而尼安德特人每天需要大概 3500~5000 卡路里的能量。高卡路里的摄入意味着体内也会产生高热量，这可能表明尼安德特人天生就适应寒冷的环境。不过，这跟说他们为了适应寒冷气候体型发生了变化，是完全不同的。

心脏

与我们的祖先和其他现存的猿类相比，我们的胸腔形状与其可能存在重要的差别，但是，对于任何猿类，甚至是对于任何哺乳动物来说，胸腔内部的功能是非常相似的。看一看任何哺乳动物的胸腔内部，你就可以发现一对肺、一个心脏，而且心脏都分为左心房、左心室、右心房、右心室四个腔。心脏右侧将缺氧的血液泵入肺部，与氧气结合，然后再回到心脏右侧，最后心脏将含氧的血液输送到身体的其他部位。该循环很像数字"8"的形状，在心脏的左右两侧循环。但是心脏两侧同时收缩，右心室将血液压入肺部的同时，左心室将血液压入主动脉，然后流向全身。

这种双重循环是呼吸空气的陆生动物的特征，包括我们人类。鱼的心脏和我们的不同，它没有左右两侧，也就没有双重循环。但是你的胚胎发育再一次揭示了，你和古代鱼类祖先以及其构造简单的心脏之间存在着千丝万缕的联系。

心脏胚胎发育

令人难以置信的是，你的心脏在胚胎的很早时期就开始发育了。甚至当你还是一个像扁平的果酱三明治的三胚层胚盘时，也就是在你卷成一个里外嵌套的圆柱体之前，体内的细胞已经聚集在一起，形成了原始心脏。这些细胞在胚盘边缘处形成了双马蹄形的管状物。在发育的第四周，你的身体开始蜷曲，马蹄状的四个分支在你成形的身体前方合拢，两根管状物闭合在一起，形成了一个原始心管。鳃弓在胎儿颈部出现了，这时鳃弓内部形成了很多主动脉弓，连接着心脏和背部的两条血管：背主动脉。

怀孕仅四周后，你的原始心管开始跳动，推动新形成的血细胞流经新形成的血管。心脏和血液循环组成了一个庞大的运输系统。尽管单细胞和细胞群可以仅通过扩散的方式和环境交换气体、营养物、废物，但是你再长大一点儿，就需要运输系统来运输这些东西。氧气和营养物被输送到远离交换气体和吸收营养的细胞中，而废物则被运输到可以将它清除出体内的场所。心脏和血液循环就组成了这样一个庞大的运输系统。

胎儿的心脏开始跳动时，血液循环是单循环，与鱼的血液循环类似。在发育的时候，胎儿心脏看起来也很像鱼的心脏。看到这样的例子，就能理解海克尔为什么会提出所谓的重演论，认为"高级动物"会在胚胎阶段经历看起来就像"低级"动物成年后的样子。

鱼的心脏是一根肌肉管，血液从"尾巴"端流入，然后从"头部"端流出。在该处，血液流入控制鳃的主动脉中，溶入氧气，然后进入两条背主动脉。这两条主动脉在鱼肚子处形成一条血管。五周大的人类胚胎的心脏和主动脉弓看起来与成年鱼的惊人相似。但是血液吸收氧的地方不尽相同：既不是在鳃处（因为虽然你有鳃弓，但是它们绝不会变成真正的鳃），也不是在肺部（因为肺才刚开始发育，而且充满了羊水，而不是充满空气）。你还是胚胎或是胎儿（严格来说，胎儿指的是从怀孕 8 周到出生这个时间内）的时候，从母亲那儿通过胎盘获得你所需的所有营养和氧气。一条单独的静脉将含氧血液从胎盘运送到胚胎，之后血液迅速到达胚胎心脏，并通过鳃弓的动脉泵出，进入背主动脉并流至全身。两条脐动脉将缺氧的血液从胚胎输送回胎盘。

当你还是胎儿的时候，单向血液循环很适合你，但你一旦出生，开始呼吸空气，它就不起作用了。单向血液循环适合从水中获取氧气且身体四周都是水的成年鱼。鱼的心脏能以足够的压力泵出血液，从鳃部吸收氧气，然后血液流向身体的其他部位。身为一种呼吸空气的生物，我们的生活环境的气压要比鱼周围的水压低得多。当我们扩张胸腔将空气吸入肺部时，肺内的气压甚至比我们周围的大气压力还要低。如果你体内的血液采用单循环的模式，心脏以足够的压力将血液输送进肺部，然后流向全身，那么肺部的血压就会过高：这种压力会把血液挤压出薄壁毛细血管，然后进入肺部的含有空气的空间。

因此，这就是采用双循环的原因：心脏的一侧以相对较低的压力将血液泵入肺部，在该处血液吸收氧气，然后回到心脏的另一侧。在这里，血液以高得多的压力泵出，足以让血液到达你的头部、指尖和脚趾，乃至到达你身体所有周缘组织的毛细血管。如果处于肺静脉高压的病理状态下，心脏左侧就不能有效地泵出血液，那么肺内的血压就会过高。这样一来，血液就会被挤出来进入肺泡，无法正常通过肺部，双循环系统就无法正常工作了。肺静脉高压若是未得到治疗，就会导致肺逐渐充满液体。原本应该进行气体交换的肺泡被液体填满，病人就会被自己体内的液体溺死。

你还是胚胎的时候，漂浮在羊水里，靠脐静脉从你的母亲那里获得氧气，不需要呼吸空气，也不需要低压肺循环。此时的单循环和鱼的循环一模一样。你的心脏一开始甚至看起来就像鱼的心脏。然而，当你出生时，心脏需要有左右心房和左右心室，但心脏仍然要在单循环中运作。直到你降生来到这个世界上，第一次呼吸空气，这种循环就失效了。心脏胚胎发育十分复杂，而这一过程多亏了瓣膜的发明——在胚胎时期，它能够让血液从心脏的一侧流向另一侧，但出生时就会闭合，把左右的心室和心房以及肺部与系统循环隔离开来。

所以，在发育满四周时，你那跳动的管状心脏靠主动脉弓与背主动脉相连。那时的心脏有多个腔，包括一个原始心房和一个原始心室。你的心管开始扭成 S 形，此时它看起来非常像鱼的心脏。但这种扭转仍在继续，渐渐将原始心房推到心室之后。然后随着室间隔在心脏中发育出来，左右两边开始分隔开来，就像拉动推拉门一样。心室和流出道一样完全分为两部分。流出道将形成升主动脉和肺动脉干。胚胎心房的分隔更为复杂。用于分隔的隔膜从心房的顶部向下生长，但就在到达心房底部之前，它开始在顶部形成小孔，即在右心房和左心房之间留下一个椭圆形的开口（foramen）。第二个隔膜长在第一个隔膜的左边。它在离心房底部不远处停止了生长，在底部留下一个孔。这种巧妙的安排意味着血液可以从胚胎心脏的一边流向另一边。含氧血液从脐静脉流过下腔静脉，最终流入心脏，接着进入右心房，并通过卵圆孔直接流入左心房。

人类胚胎心脏发育，见图 6-3。

胎儿循环对胎儿起作用，当胎儿第一次呼吸空气时，就已经为胎儿的转变做好了准备。在那一刻，肺部第一次扩张，吸入空气。肺部扩张，使肺内压力变低，这也会让血液流进来。心房大量含氧血液通过肺静脉涌入左心房。左心房压力上升，使第二个隔膜与第一个隔膜相抵，随之关闭了心房之间的瓣膜——它们现在在功能上是分开的。在接下来的几个月里，这两个隔膜会融合在一起，但最初那个开口的痕迹会留在成人的心脏里。如果你观察自己右心房的内部，观察将它与左心房分开的那堵墙，你仍然会在那堵墙上看到一个椭圆形凹陷，那就是卵圆孔留下来的痕迹。

胚胎发育异常复杂，但令人震惊的是，在某些方面，这一发育过程大多数情况下不会出错。而心脏瓣膜的存在意味着，它还是有机会出错的。如果两片隔膜没有重叠的话，瓣膜就永远不能

人类胚胎的
原始心管扭
成了更紧凑
的形状

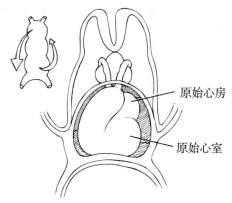

原始心房

原始心室

第一个隔膜
从普通心房
的顶部向下
生长

在第一个隔膜上有一
个小孔，血液可以从
右心房流到左心房

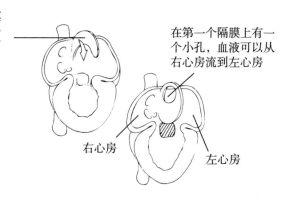

右心房

左心房

第二个隔膜
长在第一个
隔膜的右边

卵圆孔位于第二
隔膜，允许血液
通过

这两个间隔中间有
相互交错的小孔，
形成瓣膜，让血液
在胎儿体内流动，
但胎儿一出生，瓣
膜就会关闭

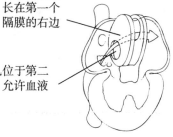

图 6-3 胚胎心脏发育

正常闭合，心脏上会永远留下一个小孔。如果是留了一个小孔倒没什么要紧，而且许多小孔会自动闭合，但留有一个大孔则意味着，血液会从左心房流入右心房，从而增加心脏右侧的压力。而设计双重循环正是为了避免产生这类问题。肺内血压偏高不是什么好消息，这最终会导致心脏和血管在适应高血压的过程中发生永久性的变化。幸运的是，现在可以靠一种叫作超声波心动图的超声波扫描来识别这些小孔，并通过手术来修复它们，有些甚至可以通过微创手术修复。

胎儿血液循环如图 6-4 所示。

肺部发育

心脏在胚胎发育后仅仅四周就开始跳动，并且当胎儿还在子宫里的时候，就发挥了重要的作用，但是肺的发育要晚得多。这合乎情理：怀孕大约 40 周后，即婴儿出生并第一次自己主动呼吸获取氧气时，肺才真正有用。

当你还是一个小胚胎的胚盘，只有几毫米长，然后卷起来变成个层层嵌套的圆筒，此时，你的内脏就开始发育了。构成内胚层的最内层的狭窄圆柱体就是你的原始肠管。在你发育的第五周，你的肺就从这个肠管开始生成了。起初，只有一个从肠管的上端向前生长的小肿块，也就是肺芽（图 6-5）。肺芽长出枝干，然后右肺的肺芽分叉成三支，左肺分叉成两支，这样一来，你成人后的肺——右边三叶，左边两叶——就已经形成了。血管网绕着

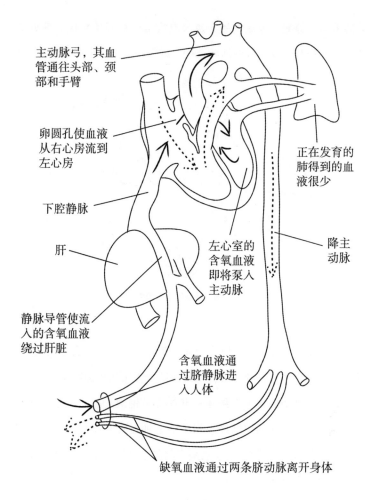

主动脉弓，其血
管通往头部、颈
部和手臂

卵圆孔使血液
从右心房流到
左心房

下腔静脉

肝

静脉导管使流
入的含氧血液
绕过肝脏

正在发育的
肺得到的血
液很少

左心室的
含氧血液
即将泵入
主动脉

降主
动脉

含氧血液通
过脐静脉进
入人体

缺氧血液通过两条脐动脉离开身体

图 6-4　胎儿血液循环

正在生长的肺芽由第六动脉弓生长出来，这就是肺循环的前身。
在接下来的几个星期里，肺芽继续生长和分裂，分裂 20 多次后，
这棵"呼吸大树"的外围就会长出成千上万的小树枝。在这些细

枝的末端，肺泡（发生气体交换的泡状结构）开始形成。每根细枝的末端都有一组这样的泡状结构，就像一个个小小的黑莓。

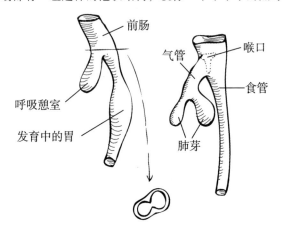

图 6-5　肺芽从胚胎的前肠中萌发

　　肺的发育十分缓慢，以至于如果婴儿早产，肺就会造成问题；如果婴儿出生太早，肺泡可能太不成熟，无法让气体在肺内交换。排列在这些微小的囊中的细胞一开始非常饱满，然后变平，逐渐变得越来越薄。囊周围结缔组织中的毛细血管开始增生。在妊娠的第 24 周，肺泡周围有足够的扁平状肺泡细胞和毛细血管，此时早产的婴儿有更多争取生存的机会。

　　对于未成熟的肺来说，另一个需要考虑的重要因素是，它缺乏肺表面活性物质。这是一种由一些肺泡细胞分泌的油性物质，它有助于降低肺泡内的表面张力，防止肺泡塌陷。如果没有肺表面活性物质，肺就有萎陷的危险，因为肺的运作方式是由扩张而产生一个与体外空气压力相对的负压。负压吸取空气，但同时也会产生将薄壁肺泡吸得塌陷进去的危险。在怀孕的最后三个月，肺中的表面活性物质会增加，为分娩做准备。在正常妊娠的最后几周（从母亲的最后一次月经周期算起，是第 40 周，或者从怀孕的实际日期算起，是第 38 周），成熟的肺泡在肺内发育，并在出生后继续发育大约 18 个月。

肺是从消化道长出来的，这一点似乎很奇怪，但先想想你自己的解剖结构。喉——呼吸道的第一部分，与咽相连。咽是一根肌肉管，从鼻腔和口腔后部一直通往食道（图 6-6）。换句话说，你的呼吸道仍然与消化道相连。

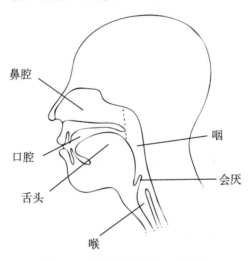

鼻腔
口腔
舌头
喉
咽
会厌

图 6-6 喉是连接在咽上的一根管子

所有生活在陆地上的生物，也就是你所提到的任何四足动物（包括两栖动物、爬行动物、鸟类或哺乳动物），都需要从空气中获取氧气。一些两栖动物，包括最大的蝾螈种群，靠皮肤吸收氧气。但我们大多数陆地动物已经拥有了另一种将氧气输入我们的血液的方法，那就是肺。从生活在水下并用鳃从水中吸取氧气，到用肺呼吸空气，这似乎是一个巨大的飞跃。但更仔细地观察鱼类的解剖结构之后，就会发现这一飞跃其实似乎不是那么巨大。这是因为在胚胎的原始肠管中形成的气囊（外翻），并不是只有呼吸空气的四足动物才有。

像虾虎鱼和鲟鱼这样的大多数硬骨鱼，都有一个鱼鳔。这是个气囊，它在鱼胚胎中形成，是肠管处的外翻。不仅如此，鱼鳔壁还含有小血管网。这些血管网让气体从血液中扩散到鱼鳔，然后再回到血液中。许多鱼类的肠管和鱼鳔之间的原始连接消失不见，但在诸如鲤鱼、鳟鱼、鲱鱼和鳗鱼等一些物种中，该输送管仍然保持通畅。这就意味着，从鱼鳔中释放出来的多余气体可以逸入咽部，然后从鱼嘴里冒出来，而这些鱼也可以在水面吞食的时候将空气吸入鱼鳔中。换句话说，这种鱼鳔可以像肺一样，进行一点点气体交换。了解了这一点之后，我们蓦然发现，从水下呼吸的鱼类转变为呼吸空气的四足动物，似乎不再那么困难了。

在一些现存的物种中，水下呼吸的鱼类和呼吸空气的四足动物之间的联系变得愈加清晰可见。在其中一种鱼的体内，其气囊非常擅长气体交换，所以称它们为肺是完全合理的。这些肺甚至有和我们一样的小气囊。这种鱼——你可能已经猜到了——叫作肺鱼。[还有其他有肺的鱼。我们的远亲，也就是我们所知的多鳍鱼（bichirs），虽然有肺，但它们的肺里面很光滑，不像我们或肺鱼的肺那样充满了微小的气囊。]

在所有的硬骨鱼类中，肺鱼最接近四足动物，这也许并不奇怪。如今还存活下来的肺鱼有三种，分别见于非洲、巴西和澳大利亚。所有的肺鱼都有鳃和肺，澳大利亚的肺鱼可以靠鳃来给血液供氧，但是如果你硬把非洲和巴西的肺鱼放在水下一段时间，它们就会窒息而死。它们只能呼吸空气，这是它们从祖先那里继承来的，也是它们与两栖类近亲共同的特点。肺鱼和两栖动物一样，其肺与咽相连，由第六主动脉弓供血。这些听起来都很熟悉，因为这种基本结构和我们的一模一样。肺鱼的心脏的心房和心室分成两半，这一点与其他鱼类不同，但与两栖动物一样。从肺部流入的含氧血液与从身体其他部分返回心脏的无氧血液基本上是分开的。心脏的血液流出通道中有个螺旋状的瓣膜，它有助于保持血液的分流，将缺氧血液输送进入低位主动脉弓。而低位主动脉弓将缺氧血液输入肺和鳃，而富含氧气的血液进入高位主动脉弓，接着流向全身。

　　肺鱼可能跟我们表明了——而且是作为活生生的例子——陆地动物的肺是如何形成的。它们的肺也是进化中循环往复和重新利用的一个极好的例子，因为现有的结构（和基因）被赋予了新的功能。有时，现有的结构和基因在承担新的角色之前会被复制。在我们的 DNA 中，基因复制产生的多余基因会承担新的角色，但类似的过程可能会发生在相当重要的解剖结构上，比如早期哺乳动物的下颌关节复制。这使得原始关节周围的骨头可以转移到耳朵里，变成听骨。使某些结构承担新角色的另一种方式是，如果它们偶然担任了新的角色，那么旧的角色就会慢慢变得多余。当我们的四足动物祖先把自己拖到陆地上的时候，和内脏连接的气囊是呼吸空气的必要条件。进化喜欢循环往复，充分利用不可预见的机会。

7. 肠和卵黄囊

与产卵的祖先和吃水果的类人猿的
关系

07

"我们承认自己像猿类，但却很少意识到自己就是猿类。"

——理查德·道金斯

肠管的生长和卷曲

在鱼鳔或肺等有趣的分支开始萌芽之前，胚胎的肠道——无论你说的是鱼、鸡还是人——都是一根简单的内胚层：那套盘绕的圆柱体的最内层。管子一开始头上是封死的，因为嘴和肛门都没有开口。在中间，管子与位于胚胎体外的卵黄囊相连。

人类胚胎中卵黄囊的存在是另一个进化的回声：提醒你自己是来自产卵的祖先。在卵内发育的胚胎中，卵黄囊很大，是重要的营养来源。与早期小鸡胚胎的大小相比，鸡蛋的蛋黄很大，因为它需要维持发育中的小鸡的生命，直到它孵化并开始自己寻找食物。在胎盘哺乳动物（包括我们）中，胚胎在母亲体内停留的时间更长，胎盘将为胚胎提供营养和氧气，并清除其废物。在这里，卵黄囊实际上已经过时了，但它仍会发育出来。早期人类胚胎的卵黄囊与鸟类胚胎的卵黄相比是非常小的，它最终会退化，婴儿出生后，就再也看不见它了。

卵黄囊从胚泡内的原始腔发育而来，胚泡是在妊娠第一周发育并植入子宫壁的空心细胞球。当胚胎处于类似三明治的三层胚盘阶段时，卵黄囊靠近胚盘的下层内胚层。事实上，内胚层细胞也散布在卵黄囊内，布满一层。然后，胚盘自身卷成三层嵌套的圆筒，内胚层形成最内层的圆筒：肠管。与卵黄囊的连接仍然存在，最终形成一条狭窄的管道，称为卵黄柄。图 7 - 1 为胚胎的截面图。

肠管被描述为有三部分：前肠，朝向头端；中肠，是卵黄柄连接的地方；还有后肠，在胚胎的尾部。前肠最终会形成口腔、咽（包括形成喉的芽）、气管和肺、食道和胃。

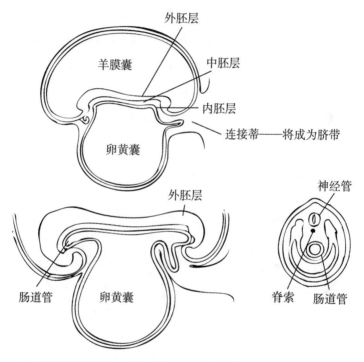

上方的图显示的是在折叠早期通过胚胎长轴的切片，左下图显示的是后期相似的切片，右下图显示的是同一阶段胚胎的横截面

图 7 - 1　胚胎的截面图

中肠极大地延长，形成小肠以及大肠的一半，而后肠形成大

肠的其余部分，直到直肠和肛管，它的一部分也被挤压出来形成膀胱。

在胚胎发育的第5周，前肠管发生肿胀，你的胃开始出现，然后它开始长得像香蕉一样，一边比另一边长得快，把它推成一个弯曲的形状。进一步的生长使胃变成一个宽敞的袋子，与它的成体形态更相似，在消化食物的同时，它会储存食物，每次只释放一点进入肠道中进一步消化。消化的附属器官从前肠开始萌发：肝脏、胆囊和胰腺开始从肠管长出来。这些器官始终保持着它们与肠管的原始联系：这些联系变成了它们的分泌物（来自肝脏的胆汁和来自胰腺的消化酶）进入小肠的导管。

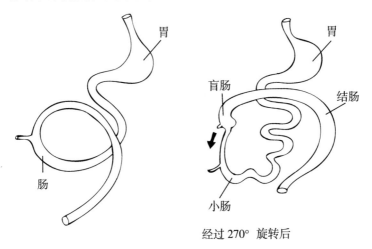

经过 270° 旋转后

图 7-2　中肠延长并旋转

在肝脏和胰腺出现后，中肠延长（图 7-2）。中肠延长的速度很快，以至于胚胎自身无法跟上它生长的速度，肠道会长出胚胎的腹腔，并向外推入了脐带。换句话说，这是肠疝。所以如果有人问你是否得过疝气，你通常会说没有，其实对每个人来说，答案都是肯定的。每个人都有过这种疝气，他们的胚胎肠从腹壁的前面被推出，这是从发育的第5周开始的。幸运的是，在绝大多数情况下，随着胚胎的继续生长，过了第8周后，胚胎成为了一个胎儿，外部的肠卷会回到腹腔。当肠祥向外推出，然后将自己塞回体内时，它会发生旋转，因此，肠祥的下支最终会位于上支的前面。这就形成了你成年后腹内的布局：横结肠，在腹腔中水平分布的大肠的一部分，位于小肠的第一部分即十二指肠的前面。图7-3为发育第6周时的肠管。

与胚胎学中的任何事件序列一样，肠道发育过程中可能会出现问题。在12周的发育过程中，所有的肠子都应回到腹腔，但是偶尔（每1万个婴儿中有4个），疝出的肠子没有消退，导致胎儿持续疝出，称为脐膨出（omphalocele，是希腊语的"肚脐"和"腹腔"两个词组合而成）。这种类型的缺陷通常在20周的超声波扫描中能够发现。当婴儿出生时，疝看起来像一个半透明的袋子突出在脐带里，可以看见里面的肠卷。患有脐膨出的婴儿需要进行矫正手术，将突出的肠子放回腹部，并封闭开口。

有时肠子能顺利地回到腹腔，但不能正常旋转270°使横结肠位于十二指肠前面。这种旋转不良的病例可能是无关紧要的，也不会出现症状，但也有一些可能会导致一些问题，比如肠道扭曲，导致管道关闭，血液供应中断。

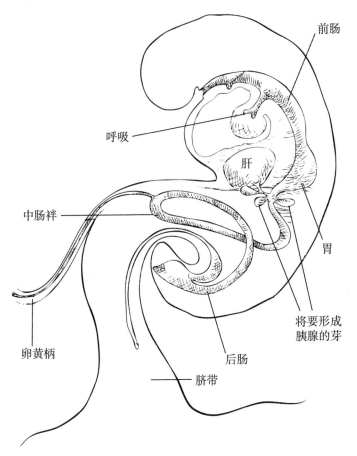

前肠

呼吸

肝

胃

中肠袢

卵黄柄

将要形成
胰腺的芽

后肠

脐带

在发育第 6 周时的肠管，这里的肿胀形成胃，肝脏和胰腺的芽，
以及中肠袢

图 7 - 3 发育中的肠管

神奇旅程

我知道我的肠子有点旋转不良。2007 年，我小心翼翼地同意接受胶囊内窥镜检查，更通俗地说，这是一种"药丸摄像头"。我去了伯明翰的塞利奥克医院（Selly Oak Hospital），那里的胃肠病学医生罗伊·科克尔（Roy Cockel）准备用装在一个黄色胶囊里的微型摄像机帮助我观察自己的肠道。

当罗伊和他的同事们第一次开始使用胶囊内镜时，他们能够看到以前完全无法进入的肠道区域。管状内窥镜通过口腔，经食道进入胃，只能看到小肠的第一部分，即十二指肠（这类内窥镜的名字有很多字母，写做 oesophagogastroduodenoscopy，即上消化道内视镜。幸运的是，这个词通常缩写为 OGD）。内窥镜也可以从肠管的另一端引入，通过肛管，进入直肠和结肠，一直到小肠的末端——这被称为结肠镜检查。但是，小肠太长了，有好几米。尽管这种摄像头很柔软，但是在十二指肠和回肠末端之间的那段小肠仍然不在它的范围。使用 CT 或 MRI 扫描，医生可以看到小肠祥，将造影剂放入其中，这样就可以看到肠内的腔或空间，但他们仍然无法详细观察肠道内壁。直到胶囊内镜发明之后，才解决这一问题。

当罗伊·科克尔开始在塞利奥克医院使用胶囊内镜时，《伯明翰邮报》报道了这一进展，并将其比作 1966 年的科幻电影《神奇旅程》中潜艇船员的经历（一组医生被放入潜艇中，缩小后注入病人的血液中，到达大脑，消除一个血栓）。胶囊内窥镜检查也许没有那么迷人，另外更多受到外面医生的控制（使用它，不用像科幻电影中那样担心潜艇会恢复正常大小），但它提供了一个新的机会，可以看到整个小肠的内壁。事实证明，这对肠出血患者非常有用，因为这种办法可以确定出血的源头。

当我要做胶囊内镜检查，并为此见到了罗伊·科克尔医生后，他在我的腹部贴上小电极，然后绑上数据记录器，记录胶囊内镜拍摄的图像。然后他给我看了那个胶囊摄像头。它比我预期的要大一些，但也不比一个大的抗生素或维生素胶囊大多少。他用手指和拇指捏着胶囊内镜，我看到它一闪一闪的（当然了，在黑暗的肠道里，必须用闪光灯才能拍摄），每秒闪两次。它会持续地闪烁，以每秒两张的速度拍摄照片，穿过我的整个肠子，一共会拍5万张图片。我们可以在笔记本电脑上实时观看它捕捉到的图像。先是我张着嘴的照片，然后它就被我随着一口水吞了下去，而且很容易就下去了。几分钟后，胶囊内镜已经从我的胃里进入了我的十二指肠——小肠的第一部分。这之前，除了喝水，我几乎24小时没吃过东西，也没喝过任何东西。我很高兴地看到，画面非常清晰。我的肠壁看起来是玫瑰色的，还有点蓬松——黏膜上微小的手指状突起使肠壁看起来像天鹅绒一样柔软。

在我的肠壁上，唯一的异常是一个只能被描述为像是红色丘疹的东西，看起来并不令人担心。对我来说更有趣的是胶囊内镜穿过我肠子的路径。它的旅程记录了我的迂回曲折的肠道，当我看到它前进的轨迹时，我注意到了一些不寻常的东西。我的十二指肠与大多数人的不同。你的可能会弯曲成一个漂亮的 C 形，然后在胃的后面转过来，形成小肠的第二部分——空肠。我的不是这样的。胶囊内镜显示我的十二指肠继续向下延伸，我的空肠裇从我腹部右侧的下方开始，而大家的（可能）位于腹部的中部和上部。

胶囊内镜在我的小肠里走了 3 个小时，由肠道肌肉壁的规律性收缩推动，正常情况下，这些收缩会推动食物通过肠道。当胶囊内镜进入大肠后，画面变得模糊起来——我禁食的时间不够长，还没有清空这段肠子。

不出所料，在 24 小时之内，胶囊就从我的身体里重新冒了出来。我觉着这架小相机的神奇旅程太不可思议了，把它取了出来（当然是戴着塑料手套啦），清理干净，进行了消毒。我把它放在卧室的窗台上摆了一段时间，作为我肠道摄影之旅的纪念品，但我丈夫实在是受不了了，我才把它拿开。（不过，我把它藏在了一个盒子里。我挺舍不得它的，不可能把它随便地扔掉。）

论人类肠道的"非特殊性"

从最基本的层面上讲，人类的肠道与大多数杂食的哺乳动物（就是从肉到植物什么都吃的那些哺乳动物）的肠道没有太大的不同。我记得我第一次解剖狗的腹部是在布里斯托尔大学（Bristol University）的解剖系，现在我有时还会去那里给兽医学生和医务人员上上课。令我震惊的是，这些肠道与我更熟悉的人类肠道非常相似。与人类的相比，狗的肠道较短，但在其他方面确实非常相似。哺乳动物世界里的严格素食者往往拥有最长、最复杂的肠道。它们需要空间——巨大的发酵大桶——在那里，它们可以把咀嚼过的树叶和细菌混合在一起，从这些粗糙的食物中最大限度提取出养分。有些食草动物的前肠里有发酵桶，就像牛的胃一样。其他动物则等到肠道旅程的后期才开始食物的发酵。马有巨大的盲肠，像是一个巨大的雪茄形状的袋子，附着在下腹大肠的底部，一直延伸到胸骨下。我们人类既没有多室的胃，也没有巨大的盲肠；事实上，在你的腹部被称为"盲肠"的东西只是结肠的开始，并不真正等同于其他动物的盲肠。在我们身上，与之相当或相似的结构是阑尾，它只是一个狭窄的管道，里面含有免疫细胞，但它太小了，对于发酵植物物质，无法做任何有用的工作。我们的肠子是个通用型的肠子，是从类人猿祖先那里遗传来的，他们的饮食中含有比树叶更有营养的东西：水果。

尽管人类的肠子可能与任何以水果为食的类人猿相似，但长期以来人们一直认为两者之间存在着一个重要的区别，这可能在人类进化过程中起到了极其重要的作用。这种区别不在于肠子的任何特定的专门化，而在于它们的相对大小。看起来人类的肠子相对于他们的体型来说是很小的。在 20 世纪 90 年代，人们把这一发现与人类大脑非常大这一事实关联起来，于是就产生了"高耗能组织假说"（Expensive Tissue Hypothesis）。

毫无疑问，人类大脑的大小是相当特殊的，我们的大脑在某种程度上使我们成为一个成功的物种。我们所有的特殊能力，包括我们具有高度的相互模仿、合作和创造文化等能力，都必须以某种方式依赖于我们脑袋里的这个巨大的器官。但是这个器官的要求很高。大脑极度需要能量，消耗了我们每日所需能量的 20%，而它的重量只占我们身体的 2%。看来，我们的祖先一定找到了一种方式来为我们头骨内的这种"高耗能组织"埋单——要么通过增加每天的能量摄入，要么通过在其他地方节约来弥补。

如果我们的祖先（实际上也包括今天的你和我）仅仅通过获取更多的能量来为我们的大脑的耗能埋单，我们的身体将不得不应对能量的高周转率，与其他动物相比，人类的新陈代谢率将明显提高。一个普通成人，重约 65 千克，其大脑的重量为 1.3 千克，这比同等大小的哺乳动物要重 1 千克。你身体的平均代谢率是每千克 1W，而脑组织的代谢率要高得多，每千克 11W。所以多一千克的大脑至少要多消耗 10W 的能量。这应该在你的新陈代谢率中有所体现，但是实际上绝对没有任何迹象表明，我们的新陈代谢率比与我们体型相当的哺乳动物的新陈代谢率要高。

20 世纪 90 年代中期，体质人类学者莱斯利·艾洛和克里斯托弗·迪恩（Christopher Dean）都注意到了这个难题，并认为找到了答案。他们认为，人类大脑对能量的需求增长可能通过减少其他一些"高耗能组织"而抵消了。他们研究了人体的构造，根据各种器官的相对大小，他们相信自己找到了答案。虽然人的心脏、肝脏和肾脏等器官的大小与你对 65 千克重的灵长类动物的期待值相当，但是肠子似乎要小得多。艾洛和迪恩认为，大脑大小和肠道大小之间存在着一种"协同进化"，即随着大脑变大，肠道缩小，而代谢率保持不变。他们进一步指出，人类肠子的缩小与饮食的改变有关，因为早期人类就开始吃肉了。食草动物和食肉动物肠子的主要区别之一，就是食肉动物的肠子相对较短。如果吃的是容易消化的高质量食物，你就不需要这么长的肠道。后来，人类通过把一些消化工作转移到体外——在食用之前先把食物煮熟，从而又一次节约了身体能量。肠道变短所节省的能量可以很好地用于大脑的生长。

艾洛和迪恩并不是最早注意到饮食和大脑大小之间联系的研究人员，但之前的作者们关注的是更大的大脑有利于觅食，而不是大脑和肠子的能量需求。以树叶等劣质食物为食的动物需要很长的肠子；相比之下，杂食动物的肠道很短，而食肉动物的肠道则更短。由于通常捕捉活蹦乱跳的猎物比采集树叶要难，所以食肉动物的大脑往往比食草动物的更大。这意味着，肠子小的动物对应更大的大脑，反之亦然。但是艾洛和迪恩认为还有一层原因：高热量的饮食以及因此而变小的肠子是大脑变大的必要条件。

当时对这个假设有很多批评。一些评论者担心地指出，这一假说并没有解释为什么人类的大脑会扩张，而只是解释了在消耗所有额外能量的同时，人类只是有可能做到这一点。这么说没错，但是艾洛和迪恩也从来没有声称自己发现了古人类学理论的圣杯——我们大脑变大的原因。肠子缩小也许只是一种必要条件，没有它，大脑的扩张就无法启动。

后来，研究人员发现，许多灵长类动物似乎都存在大脑和小肠相关的规律，这时候，这一假说的分量就增加了。至少有几种鱼似乎也存在这样的关系。问题是，相关性并不意味着因果关系。为了有更大的大脑，你是否必须有更小的肠子？直到目前，这一点还不能肯定。很可能，更大的大脑与更难获得的高质量的食物有关，这些饮食可以被相对较短的肠道充分消化，但这并不意味着你需要一个较短的肠道来为大脑节省能量。事实上，蝙蝠就反其道而行之。在不同种类的蝙蝠中，大脑大的肠子也大，大脑小的肠子也小。再一次，这似乎与大脑在寻找食物中的作用有关。肠道长的蝙蝠通常是吃水果的，但它们的大脑也大，因为为了帮助它们找到喜欢的水果，与视觉和嗅觉有关的区域必然跟着扩大了。大脑和肠子之间的关系远非一种简单的相关性，一些研究人员认为，不同动物的大脑大小和肠子大小的差异太大了，它们之间几乎没有什么关系。

从高耗能组织假说发表之日起，人们就对该假说存在其他的担忧。研究表明，为了支持大脑扩张而节约能量，可以通过其他方式来实现，比如降低整体体重，减少活动量，或者多睡一会儿。也许更符合进化论的说法是，人类祖先在肠道缩小之前，就已经有了更大的大脑：扩大的大脑可能使一些技能（如狩猎和烹饪）得以发展，进而让我们的祖先掌握了更高质量的饮食，而肠道可能因此缩小。事实上，有一些来自动物的证据表明，在动物的一生中，如果它的饮食发生变化，肠道的大小也会发生变化。

甚至有人怀疑人类的肠道是否真的很小。人类器官的相对大小是在一个非常小的样本基础上计算出来的，而实际上，在活人身上存在着广泛的解剖结构的不同。还有一个问题是如何将人类与其他灵长类动物进行比较，从而得出人类肠子的大小的期望值。大多数灵长类动物可以被粗略地归类为以水果或以树叶为食。类人猿倾向于以水果为食，因此它们的肠子比以树叶为主食的猿类要小，至少依据肠子表面积的测量是这样的。因此，如果你把所有的灵长类动物放在一起，试图预测灵长目动物 X 的肠子应该有多大，而灵长目动物 X 恰好是一个以水果为食的动物（或者，是一个杂食动物），你最终会得到一个过高的估值。当你根据体型大小绘制肠道面积分布图时，人类正好落在了吃水果/杂食动物轴上——你原本会以为处于这个位置的是某种猿类。

如此一来，我们该如何看待这个问题呢？当然，对于我们的肠子是否真的比任何像我们这样大小的吃水果或杂食性猿类的肠子要短，似乎存在一些疑问。但是如果艾洛和迪恩的假说是错误的，那么我们如何在不提高代谢率的情况下为我们的大脑提供额外的能量呢？

2011 年发表的一项最新研究观察了大量的新数据，包括 191 个样本，代表 100 种哺乳动物。首先，这项研究没有找到任何对高耗能组织假说普遍的支持：大脑的大小和其他任何"高耗能"器官之间没有联系。但研究人员发现，另一种耗能不那么高的身体组织发生了一些有趣的变化：大脑大小似乎与身体脂肪呈负相关。换句话说，肥胖动物的大脑往往较小，反之亦然。他们提出，之所以存在这种关联，是因为动物或者是依靠聪明才智，或者是依靠足够的能量储备来避免饥饿。他们还认为，大脑和脂肪之间的平衡可能是能量平衡的结果。虽然脂肪组织本身对能量的需求很低，但对动物来说它最终可能是一种很昂贵的代价，因为需要在身上携带额外的重量。最后，研究人员认为他们可能找到了人类同时具有较大的大脑，以及均衡的代谢率这一谜题的答案。与其他类人猿相比，人类似乎拥有更大的大脑和相对更胖的身体，这与哺乳动物的一般趋势相违，而且看起来额外的（低成本的）脂肪可能掩盖了对于更大更耗能的大脑进行投入的效果。如果你只看去除了脂肪的身体质量，那么与其他类人猿相比，人类的基础代谢率是很高的。把脂肪加进来考虑，整个身体的平均代谢率会下降。因此，尽管我们拥有巨大的大脑，但人类的新陈代谢率并没有超出预期，这个问题似乎已经是被脂肪解决了，或者至少被脂肪掩盖了。我们仍然需要考虑为大脑提供额外的能量，但是现在无需让其他一些需要能量的组织做出补偿。额外的能量可能来自于身体机能的节省，也许是在运动或生殖方面。

正如我们已经提到的，我们的祖先也可能从他们的饮食中获得了能量的明显提升，这可能是由于对食品进行加工从而减少了消化的成本——包括捣碎、研磨，以及烹饪食物。他们很可能也转而吃更多高质量的食物，当然可能是肉类，但我们不应该忽视淀粉类食物的重要性，比如块茎类食物在我们祖先的饮食中也很重要。转向高质量的食物，饮食更灵活多样，以及分享食物，意味着原始人拥有了较为稳定的高能量饮食来源。这不仅对大脑大小的不成比例的增长，而且对身体大小的增长，可能都是至关重要的。

但当我们审视自己的肠子时，也许会发现我们根本就没有那么特别。我不认为人类的肠子与我们最近的类人猿有什么明显的不同。它们是普通的食果动物的肠子，但这意味着它们也适合杂食动物。换句话说，我们的消化道的专门化程度很低，但这给了我们一个很大的优势，因为这意味着我们在饮食上可以非常灵活。我们可以通过吃大量不同的食物来生存，今天我们中的一些人几乎完全是肉食性的，而另一些人则是严格的素食者。回顾我们遥远的过去，我们的祖先凭借他们不够专门化的肠子而拥有了一定的饮食灵活性，意味着他们能够通过调整饮食来适应周围环境并且生存下来。从根本上说，人类是不挑食的（这一点我必须提醒我三岁的女儿）。

有证据表明，我们的消化系统发生了变化，不是在解剖结构上，而是在我们用来消化食物的酶方面。与黑猩猩相比，我们有多个编码淀粉酶的基因副本，淀粉酶可以分解淀粉，使我们更容易消化块茎等淀粉类食物。在过去的一万年里，在欧洲、印度、非洲和中东的许多不同的人类种群中，基因的变化意味着一个通常在儿童时期被"关闭"的基因被"打开"了。这个基因编码乳糖酶，它使我们能够消化乳蛋白乳糖，这对任何哺乳动物来说都是必需的，因为哺乳动物在婴儿时期就依赖母亲的乳汁生存。在大多数哺乳动物和许多人类群体中，在婴儿断奶后，产生乳糖酶的能力就消失了，因为根本没有必要再产生这种酶了。但在那些自史前时代就开始放牧和饮用牛奶的人群中，通常会发现成年后仍能持续产生乳糖酶。这种变化一定是新石器时代动物驯化以来发生的，而且在不同的时间、不同的地方发生过。当这些基因变化在人群中传播时，就意味着自然选择对乳糖酶的持续产生有很大的影响。这可能发生在干旱或饥荒的情况下，遇到这样的时候，能够喝并消化鲜奶可能决定人的生死。顺便说一句，最近我们消化生理上的这些变化意味着，所谓的"旧石器食谱"——据说更健康，因为它重现了我们作为狩猎采集者进化阶段的饮食——的整个概念是错误的。首先，饮食会因地而异，甚至早在旧石器时代，自从我们抛弃了这种生活方式，许多人的基因就发生了改变。我们不是变成了化石的狩猎采集者。

除了淀粉酶和乳糖酶基因等修修补补之外，我们的消化道基本上仍是类人猿的标准肠道。在过去，我们似乎过于热衷于把自己的某些部分描述为是人类独有的。虽然没有人否认整个人类群体是独一无二的（但是，反过来，对于任何物种我们都能这么说，所以不要太沾沾自喜），但组成人体的各个部分却不那么有特色。我们曾经认为有些东西是人类独有的，但结果往往是，这些东西在其他动物身上，尤其是在我们的近亲身上，也都存在。人类的肠道可能就是这样一个例子，也许我们只是需要接受这样的事实，即我们有着平淡无奇的猿类的肠道。

8. 生殖腺，生殖器和妊娠

——生殖解剖学和人类婴儿的柔弱无助

08

"如果你……即使用你的小手指触摸它，快乐的种子会向四面八方扩散，比风还要快，即使它们不愿意这样。"

——雷尔多·科伦坡，1559年（自称是阴蒂的发现者）

肿块、隆起物和导管

当我们沿着消化道一直走到尽头，穿过那些盘状的小肠和位于腹部边缘的一大圈结肠，就会到达骨盆的正下方，这里是直肠的末端，消化道最后在肛管处到达尽头。膀胱也位于骨盆前部，在耻骨联合的后方——耻骨联合是位于两块耻骨之间的一个间接关节。当然下面还有其他器官：生殖器官。

人类生殖系统允许我们实现体内受精，换句话说，就是让精子在体内与卵子相遇。这听起来可能没那么特别，但实际上只有一小部分脊椎动物能这么做。大多数鱼类和两栖动物都是在体外受精。雌鱼直接把卵产在水里，然后雄鱼向卵喷射精子——受精就完成了！对我们的祖先来说，从水栖到陆栖的转变在许多方面都是巨大的挑战：它们需要进化出肺来呼吸空气而不是水，它们需要用四肢进行移动而不是用鳍，它们需要一个在空中感知振动的新办法——因此进化出了耳朵。但它们也需要解决受精这个棘手的问题。如果雌性陆生动物把卵产在地上，然后雄性动物再把精子洒在上面，整个事情就会变得一团糟，不等任何有趣的事情发生，精子就会干燥死亡。

解决这个问题的一个办法是回到水中繁殖，就像今天的大多数两栖动物一样，我们推测最早的陆生动物就是这么做的。蛙类和蟾蜍离开了水也能活得很好，可以住在树上、石头下或墙缝里，但当繁殖的冲动占据了它们的心，它们就不得不回到水里，把它们的卵子和精子排放到水中。这些生物是体外受精，就像大多数鱼类一样。但是一些两栖类动物已经进化出一种体内受精的方法，听起来挺厉害，但其实办法并不怎么高明。在大多数蝾螈和火蜥蜴中，雌性会将卵子保存在体内，精子会进入雌性体内的卵子中，但这些两栖动物的雄性和雌性不需要直接接触就能让卵受精。雄性会"产下"一堆黏稠的精子，这些精子被大量的黏液保护着，而且它会确保在靠近雌性的时候才这么做。如果幸运的话，雌性蝾螈会徐徐地伏在凝胶状的精子包囊上。雌蝾螈用生殖腔孔触及精包的前端，徐徐将精子包囊中的精子纳入泄殖腔。整个过程做起来没什么乐趣，但蝾螈肯定还是享受其中——至少，它们世世代代一直在这样做（毕竟，这是一个物种能够存续的关键）。

从其现存后代身上，我们可以观察到，早期的爬行动物似乎已经进化出了一种新的繁殖方式：雌性依然将自己的卵子留在体内，但是这一次，雄性直接将精子注入雌性体内，而不仅仅是在水底留下一个黏糊糊的精子团，让雌性去取用。从这一点上说，这就为雄性陆生动物进化出一整套有趣的用于投放精子的装置而做好了准备。不过必须要指明，大多数爬行动物的这种装置都非常的基本。在爬行动物中，胚胎肠管的下端被称为"泄殖腔"（cloaca）。这是个学名：它与膀胱和大肠的末端相连，所以尿液和粪便都在这儿收集起来，然后被排出体外。在拉丁语中，"cloaca"有"下水道"的意思。在雄性爬行动物中，输精管也通向泄殖腔。雌性爬行动物的大肠、膀胱和两个输卵管都通向泄殖腔。对大多数爬行动物而言，精子从雄性传递到雌性身上，基本上是通过互相挤压臀部来实现的。为了进展顺利一些，雄性可以将泄殖腔内的两个袋状物（称为"半阴茎"）翻转过来，将精子推向正确的方向。

鸟类和哺乳动物都是爬行动物种群的后代，它们也进行体内受精，雌雄之间需要亲密接触。大多数雄性鸟类都没有阴茎，所以像许多爬行动物一样，它们需要将自己的屁股压在配偶的屁股上，使精子从自己的泄殖腔传递到雌性的泄殖腔。但是一些鸟类（事实上，还有一些爬行动物，包括鳄鱼和海龟）确实有勃起的阴茎，可以进入雌性的泄殖腔，将精子放入进去。鸭子的阴茎是一种螺旋形的、杂乱的通道，当其阴茎从体内弹出时，精液会沿着这个通道流入雌鸭体内。但这些爬行动物和鸟类的阴茎与大多数哺乳动物的阴茎差别很大。在有阴茎的雄性爬行动物和鸟类中，阴茎从泄殖腔的底部突起。当阴茎内的海绵体充血后，该器官就会从泄殖腔中弹出，准备发挥作用。在哺乳动物身上，阴茎在身体的外部，泄殖腔的腹侧被分隔成囊状，叫作尿生殖窦（主要分化为膀胱和尿道的上半部分），其背则分隔成直肠和肛管。在雄性哺乳动物中，阴茎由胚胎期位于尿生殖口前部和两侧的各种肿块和隆起物形成。虽然最终的结果看起来很不一样，但在雌性胚胎中也有相同的肿块和隆起物。

泄殖腔膜是肠管末端与身体外部邻接的区域。在随后的一周中，由于泄殖腔内被尿直肠隔分隔开，腔外的泄殖腔膜也被分成两部分——尿生殖膜（urogenital membrane）和肛膜（anal membrane)。同一周内，尿生殖膜形成孔道，使其上的袋状窦流入羊膜腔。但直到第 9 周之前，雄性和雌性胚胎的发育情况都是一样的。这是一套雌雄共用的部件，可以形成任何性别的生殖器官。

之后，外生殖器的发育就取决于是否有 Y 染色体，Y 染色体会促使性腺发育成睾丸，睾丸反过来又会产生睾丸激素。若没有雄性激素的刺激，这些通用的部分就发育成雌（女）性模式：生殖结节发育成阴蒂，两侧的尿道褶形成小阴唇，生殖隆突发育成大阴唇，同时阴蒂前方隆起的部分愈合，形成阴阜。

图 8-1 为一组男女通用原始器官发育成的男性和女性外生殖器。

在男性胎儿中，在睾丸激素的作用下，生殖结节生长形成阴茎体和阴茎顶端。在外部，生殖隆突扩大成阴囊，在内部，尿道褶从后端逐渐向阴茎头合并并融合，将尿道包裹在阴茎根部内。与胚胎学发展的任何方面一样，生殖器的形成也可能出错，最常见的问题是尿道褶未能成功愈合，导致尿道下裂。每 1000 个男婴中就有几例这种情况。尿道可能在阴茎下方有开口，而不是在其顶端，或者在会阴与阴囊水平处有开口。现如今尿道下裂修复手术很容易做，可以通过手术重建尿道，将其包裹在阴茎内。

尽管女性的外生殖器官与男性截然不同，但在胎儿发育的最初几周，它们之间有极其相似之处。在其内部，阴蒂不仅仅是耻骨联合下的突起。它与两个勃起组织相连，这两个勃起组织位于耻骨降支和坐骨支的骨膜上，坐骨耻骨支支撑着两侧的会阴（图 8-3），这是阴蒂脚（crura，字面意思是阴蒂的腿）。在阴道口的两侧，同样延伸到阴蒂，也有一对勃起的组织，称为前庭球（前

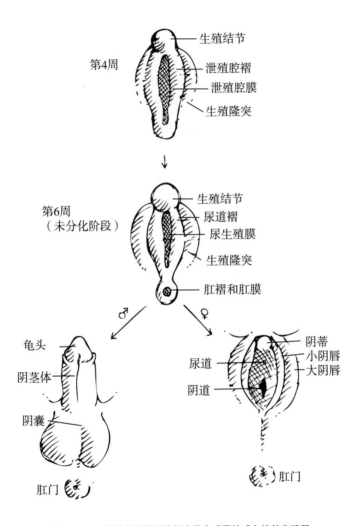

第4周

生殖结节
泄殖腔褶
泄殖腔膜
生殖隆突

第6周
（未分化阶段）

生殖结节
尿道褶
尿生殖膜
生殖隆突
肛褶和肛膜

♂

龟头
阴茎体

阴囊

肛门

♀

阴蒂
尿道
小阴唇
大阴唇
阴道

肛门

图 8-1　一组男女通用原始器官发育成男性或女性外生殖器

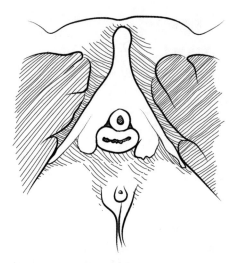

图 8-2　核磁共振扫描女性骨盆时所呈现的阴蒂（根据奥康奈尔等的图片重绘，2005 年）

庭是小阴唇之间的缝隙）。阴蒂、阴蒂脚和阴蒂球都是由海绵体构成——其中的孔洞中充满了血液，在性唤起期间会膨胀。阴蒂的范围比你想象的要广得多（事实上，比许多解剖学书籍中所展示的要广得多）。阴蒂头和阴蒂体有 2~4 厘米长，而这还是未勃起状态的大小——在性刺激期间，阴蒂会变得更长。前庭球每侧约 3 厘米长，阴蒂脚沿坐骨耻骨支每侧延伸约 9~11 厘米长。

　　阴蒂的海绵体、前庭球和阴茎脚的海绵体，与阴茎的海绵体完全相同。在阴茎里，前庭球是融合在一起的（这是在胚胎里尿道褶融合在一起时发生的），而阴茎脚的长度要长得多。

　　在内部，内生殖器官一开始也是男女通用的组件。想一想，它们最终分化的结果多么的不同，这一点简直太令人惊讶了。直

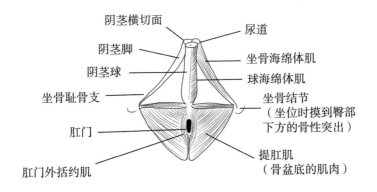

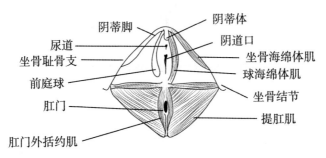

男性和女性的外生殖器表面上看似大有不同，实则在皮肤之下是相似的。这些插图显示了男性（上图）和女性（下图）会阴：两腿之间的区域，耻骨联合在前部，尾骨在后部

图 8-3 男性和女性的会阴

到第 6 周时，女性和男性胚胎发育中的生殖腺，以及发育成生殖管道的几组管道仍然是很难分辨的。

　　生殖腺首先出现在胚胎腹部的后壁上，每一个都与一个称为中肾（或称沃尔夫氏体）的隆起共存。还有两组导管：沃尔夫氏管和苗勒氏管，如此命名是为了纪念两位德国胚胎学先驱。

卡斯帕·弗里德里希·沃尔夫（Caspar Friedrich Wolff）在柏林学习医学和胚胎学。1759 年，他出版了《发生论》，是胚胎学上具有里程碑意义的一篇论文。在论文中，他根据自己对植物和小鸡发育的观察，修订了亚里士多德的后成说观点。他写道："根据后成说理论，我们推断出身体的各个部位并不是预先存在的，而是逐渐形成的。"这是一个有争议的主张，因为当时流行的理论是预成论，这一理论认为胚胎是由那些微小的、已经预成型的部分发育而来。尽管沃尔夫没能说服当时的权威，让他们接受后成说的观点，但他仍然坚持胚胎学研究，首次描述了胚胎发育的许多方面，包括肠管的形成。

在 1759 年发表的文章中，沃尔夫详细地描述了小鸡胚胎肾脏的发育过程（图 8-4）。他描述了小鸡腹部后部的结构，包括中肾和与之相连的沃尔夫氏管。"Nephros"在希腊语中的意思是"肾脏"，而中肾（mesonephros）看起来像一个发育中的肾脏，内部有小管。事实上，它在小鸡胚胎中确实起着肾脏的作用——在人类胚胎中也一样——过滤血液并产生尿液，尿液沿着中肾管向下流动。但当中肾仍在发育中时，一个新的肾脏正在形成：后肾，就在发育中的胚胎的骨盆区域。最终，它将接管肾脏的作用并成为最终的肾脏，并且将从骨盆位置上升到腹部的后壁。这就是你的肾脏所在的地方——事实上，它的位置很高。每个肾脏的顶端都位于你的第 12 根肋骨下面。

那么，中肾变成了什么呢？在女性中，它变得很小。它不断退化，最终变成卵巢附近的两个小组织的孤岛。在成年男性中，它不再与肾脏有关，但中肾内的小管被循环利用来制造其他东西：

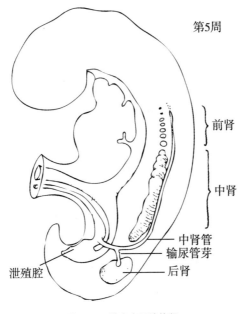

第5周

前肾

中肾

中肾管
输尿管芽
后肾

泄殖腔

图 8 - 4   发育中胚胎的肾

它们变成了睾丸的精管，中肾管变成了输精管，把精子从睾丸运送到男性尿道。

图 8 - 5 为一套男女通用的内生殖器部件和男性人类胚胎发育模式图。

在小鸡和人类以及两者之间的许多关系中，中肾在胚胎中先是充当肾脏的角色，之后被雄性生殖系统劫持。而与我们差别更大的物种——鱼类和两栖类——中肾继续起着成年动物肾脏的作用。在这里，我们又一次看到了进化会利用解放出来的器官，让其承担新的角色。古代爬行动物新后肾的"发明"意味着中肾可以不用再起肾脏的作用，而是另作他用。事实上，携带精子对于

我们为什么长这样

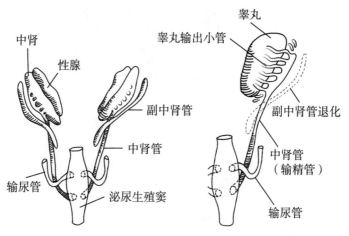

一套男女通用的内生殖器部件（左）和男性人类胚胎发育模式（右），其中中肾管（沃尔夫氏管）最终变成输精管

图8-5　内生殖器部件及男性人类胚胎发育模式

中肾小管和中肾管来说并不是新的角色。即使在鱼类中，大部分的中肾小管作为肾脏的一部分发挥作用，也还有一部分用于将精子从睾丸输送到中肾管——通过肾脏。观察一下鱼的睾丸和肾脏在腹部后壁的位置（就像它们在人类胚胎中的位置一样），就会发现这是有道理的。我们再次看到了人类胚胎进化早期阶段的回声，这一点不容忽视。在这个案例中，在功能和结构上都存在回声，人的中肾在子宫内仍起到肾脏的作用。

在女性人类胚胎中，沃尔夫氏管消失了，生殖器官由第二组导管形成：苗勒氏管（Mullerian ducts）。图8-6为女性胚胎及由苗勒氏管发育成的输卵管、子宫和上阴道。

约翰内斯·彼得·穆勒生于1801年，在耶稣会神学院接受教

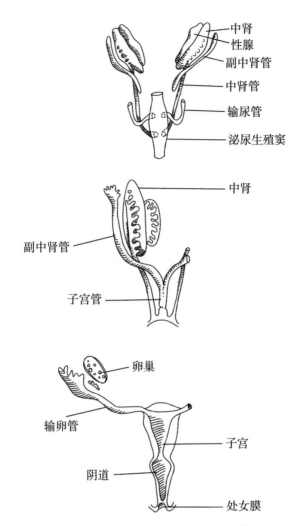

中肾
性腺
副中肾管
中肾管
输尿管
泌尿生殖窦

中肾

副中肾管

子宫管

卵巢

输卵管

子宫

阴道

处女膜

一个女性人类胚胎也是由一组男女通用的器官发育成的（上图），但这一次是由副中肾管（苗勒氏管）继续发展成输卵管、子宫和上阴道（下图）

图8-6　女性胚胎及由苗勒氏管发展成的输卵管、子宫及上阴道

育，原本的职业注定要成为牧师，但他痴迷于生物学，转而学习医学，最终成为柏林凯撒威廉学院（Kaiser Wilhelm Academy）解剖学、生理学和病理学教授。这所大学正是 20 世纪沃尔夫曾就读的那所。[1] 穆勒的研究非常广泛，涉及解剖学、生理学、病理学和胚胎学。和沃尔夫一样，他也研究了小鸡胚胎，虽然苗勒氏管以前被发现过，但当时对它们的作用还未研究清楚。穆勒发现这些导管在雄性和雌性胚胎中有着不同的命运：在雄性雏鸡中，沃尔夫氏管最终变为输精管，而苗勒氏管退化；在雌性雏鸡中，沃尔夫氏管几乎消失了，而苗勒氏管则保留下来变成了输卵管。

从发现沃尔夫氏管以及苗勒氏管，到弄清楚到底是什么掌控了它们不同的变化趋势，其间经历了很长一段空白期。直到 20 世纪遗传学发现了性染色体，对 DNA 结构不断深入了解，以及具备了解码单个基因的能力之后，这些谜团才得以解开。

Y 染色体上有一个基因被称为 SRY，意为"Y 染色体性别决定区"。它可以（和其他基因一起，因为在胚胎发育过程中发生的基因信息传递都非常复杂）促进睾丸的分化。在每个睾丸内，一些特定的细胞开始产生一种被称为抗苗勒氏管激素的物质，简称 AMH。这种激素意味着男性胚胎中苗勒氏管会消失。睾丸中的其他细胞开始产生睾丸激素，睾丸激素使沃尔夫氏管发育成男性器官，促使它们发育成输精管。睾丸激素也使发育中的外生殖器男性化。

---

[1] 由于历史原因，为纪念他的发现所命名的 Mullerian ducts，最初音译为"苗勒氏管"。现在姓名有了相对规范的译音，因此转译为汉语后，人名和术语之间看不出明显的关系了。——译者注

目前已经发现了一种决定卵巢的基因。这种基因的蛋白质产物会抑制"男性"基因，导致生殖器女性化，但具体是如何做到的，目前仍在研究中。在这一过程的后半段，卵巢产生的激素促进其他女性生殖器官的发育，使外生殖器女性化。

研究小鸡胚胎在探究生殖器官起源的一般规律方面非常有用，但鸟类雌性生殖道的后期发育却是特异的。在大多数其他脊椎动物中，从鲨鱼到人类，两个苗勒氏管都黏着在一起，通常形成两个分开的输卵管，通向泄殖腔。在鸟类和鳄鱼中，胚胎一开始有一对苗勒氏管，但只有一个分化成输卵管，而另一个退化。

母鸡的生殖道必须为精子提供一个与卵子相遇的地方，并为受精卵（甚至是未受精卵）提供额外遮盖物。当母鸡的卵（看起来很像母鸡的蛋黄）顺着输卵管滚下时，它会被蛋白（蛋清）覆盖，然后被硬壳覆盖。图 8-7 为母鸡的单卵巢和输卵管。

在有胎盘的哺乳动物中，雌性的生殖道需要承担更多的任务。受精卵不会被排出体外，而是留在女性体内，直到婴儿准备出生。生殖道必须有能容纳胚胎发育成足月胎儿的地方。苗勒氏管在最上端的部分保持分离，形成一对输卵管（或称法罗皮奥氏管，以16世纪首次描述它们的意大利解剖学家名字命名）。但在下端，它们融合在一起形成一个阴道，在阴道和输卵管之间是子宫。像袋鼠和负鼠这样的雌性有袋类动物有一对阴道（雄性有与之相对应的分叉阴茎）和两个完全分开的子宫。大多数有胎盘哺乳动物都有个"双角"或双角子宫（通常一次至少生育两个幼崽，如果不是一窝的话），但也有少数种群的苗勒氏管在这个区域完全融合，形成一个没有角的子宫。这些种群包括一些蝙蝠、猴子、猿

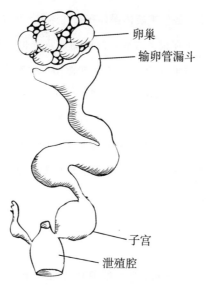

卵巢

输卵管漏斗

子宫

泄殖腔

图 8-7　母鸡的单卵巢和输卵管

和人类——这些物种通常一次只孕育一个后代。

　　有胎盘哺乳动物的子宫真是一个不可思议的器官。在人类身上，这个鳄梨大小的器官一直保持这般大小，直到一个新的胚胎进入其中，之后它就会不断生长。足月时，人的子宫会膨胀到达胸骨的底部。子宫并不是简单地拉伸到这般大小，它会生长，存储肌肉，在一定的时间把胎儿推出体外。

　　在子宫内，虽然离我们的雌性祖先将未受精的卵子直接排入水中的阶段已经很久远了，但胎儿仍在类似原始状态的羊水池中发育。羊膜囊的出现是另一个重要的阶段，它使陆地动物繁殖的时候无需再回到水里。爬行动物、鸟类和哺乳动物的胚胎仍然需要在液体中发育。在卵生动物中，这种液体包含在卵内；在有胎盘的哺乳动物中，我们把液体保存在女性体内，也就是在子宫里。供胚胎游动的羊水在很多方面对胚胎的发育都很重要。羊水也对母体内正在发育的胚胎有一定的缓冲作用。胚胎将羊水"呼吸"到它发育中的肺里，吞咽并吸收到血液中。胎儿肾脏过滤血液，制造尿液（不含婴儿或成人尿液中的毒素——这些毒素通过胎盘从胎儿体内排出），并通过尿液补充羊水。如果胚胎的肾脏不能正常工作，羊水就会耗尽，胚胎会挣扎着发育出肺来，它的四肢也会发育不良和畸形。

关注球球： 令人难以置信的睾丸（和卵巢） 的迁徙

当你还是一个胚胎时，你的生殖腺出现在你腹部的后壁上，但是稍微思考一下就会意识到这不是你现在身体中生殖腺的所在地，不管你是什么性别。肾脏从骨盆的起点向上，到达后腹壁，而性腺则相反，向下下沉，最后到达骨盆。如果你是女性，你的卵巢就会停在这儿。如果你是男性，你的睾丸还要继续移动。在包括抗苗勒氏管激素在内的各种雄性激素的影响下，从上方悬吊睾丸的韧带溶解，而在睾丸下方形成一条新的韧带，并在其下降之前形成。这种韧带被称为睾丸引带（gubernaculum，是一个拉丁语单词，意思是"领航者"，这个词衍生出了"统治者"governor这个词）。睾丸在妊娠第二个月开始迁移；到出生时，大多数男婴的睾丸已经移动到阴囊。还有一些男婴的睾丸仍要继续移动；它们通常在接下来的几个月内到达那里，但在少数情况下，睾丸无法下降。

为什么睾丸会下降呢？女性的性腺在体内，而男性的性腺则在体外。这样做看似很愚蠢。这些器官一开始安全地隐藏在腹部，所以为何要把它们拖到更容易受到伤害的阴囊里？骑自行车、跨越障碍、爬农场大门——突然之间，这些看似无害的活动对一半的人来说都充满了风险。

答案似乎是，在低于体温几度的情况下制造精子的效果最好。据推测，温度升高会导致过多的 DNA 损伤和精子缺陷。阴囊是哺乳动物独有的一种发明，它可以用来把睾丸悬挂在体外，它可能是随着保持体温（36～38 摄氏度）的能力的发展进化而来。（话虽如此，鸟类还是给我们出了个难题，因为它们的体温通常更高，并且把睾丸放在腹部，似乎也不成问题。）有一些哺乳动物的睾丸在体内，包括大象和鲸，它们有专门的血液供应来冷却它们的性腺，还有一些食虫动物，它们的体温往往很低。但对于包括人类在内的大多数哺乳动物来说，阴囊成为雄性生殖腺一个便利的冷却袋。

睾丸不能从腹部下降到阴囊的这种情况被称为隐睾症（cryptorchidism，字面意思是"隐藏的睾丸"），这会产生严重的后果。这对精子的产生很可能会有不利影响，会导致不育，同时也会增加罹患睾丸癌的风险。即使睾丸已经成功地下降到阴囊，也可能有其他因素导致性腺周围的温度升高。紧身裤、热水浴和桑拿浴，甚至长时间坐着也会使阴囊温度升高，导致生育能力下降。甚至有人认为，在婴儿时期裹上尿布将睾丸包住并保持其温暖，会导致阴囊温度长期高于正常温度几度，这可能会影响产生精子的睾丸干细胞。但从长远来看，婴儿穿尿不湿是否真的会影响生殖潜能，目前还不得而知。

在许多雄性哺乳动物中，在交配季节之前睾丸一直被藏起来，但在灵长类动物中，睾丸全年都在阴囊内四处游荡。据说相扑选手是个例外，他们会在准备比赛时将生殖腺揉入腹股沟，以此在搏斗中保持其生殖腺的安全。但我必须坦白，我从未直接从相扑选手那里听到过这种说法，很有可能这只是一个都市神话。这种说法确实以白纸黑字的形式出现过，但是是在有关特工007的小说中，而这个系列小说的作者伊恩·弗莱明（Ian Fleming）恐怕算不上特别可靠的生物科学知识来源。

在不同的灵长类动物中，睾丸的大小有很大的差异，甚至在人类和我们最近的类人猿中也是如此。一对人类睾丸的平均重量约为40克，而大猩猩的睾丸更小，约为每对30克，黑猩猩的睾丸最重，为135克。当你考虑到体型因素时，这些差异变得更加明显：一只雄性黑猩猩重约40千克，而相比之下，人类男性重约70千克，而雄性大猩猩重约170千克。所以黑猩猩是其中体型最小的物种，但拥有最大的睾丸。反过来，一只巨大的雄性银背大猩猩的性腺则非常的小。睾丸的大小与产生的精子的数量有关——在一些性滥交物种中，比如拥有多雄多雌交配策略的黑猩猩，雄性之间的竞争非常激烈。雄性黑猩猩为接近雌性而竞争，但这种竞争并没有就此止步：雌性黑猩猩可能最终在生殖道中获得来自几个配偶的精子。

因此，精子之间也存在竞争，这在很大程度上是一个数字游戏：产生最多精子的雄性黑猩猩最有可能让自己的一颗精子使卵子受精。在一夫多妻制的大猩猩中，竞争在交配之前就已经开始了。一只占统治地位的银背大猩猩会为争夺一个雌性眷群的交配权而战。它不需要产生大量的精子；相对于身体大小，大猩猩睾丸产生的精子数量是黑猩猩睾丸的二十分之一。人类睾丸的大小中等：比大猩猩的睾丸大，但相对于身体大小，大约是黑猩猩睾丸的十分之一。这表明我们人类精子的竞争力处于中等水平——不像滥交的黑猩猩那么激烈，但比有眷群的银背大猩猩更有优势。人类睾丸的大小很大程度上反映了在一夫一妻制的交配系统中，还存在一小部分滥交的成员。

阴茎、 阴蒂和高潮

哺乳动物的阴茎也形态各异。在进化出如此美妙的器官后，哺乳动物的阴茎也变得有各种各样的大小和形状，甚至有各种各样的装备。有些是分裂成两半的（与双阴道相匹配），有些长而纤细，有些短而粗壮，有些有倒钩，有的还有骨头［小型兽阴茎骨（os penis）或阴茎骨（baculum）］在里面。各种形态的差异非常惊人，即使只是在灵长类动物中也是如此。

哺乳动物的阴蒂也有很大的不同。雌性鬣狗和鼹鼠的阴蒂比较长，有点像阴茎，有些灵长类动物的阴蒂也很长，比如狐猴、蜘蛛猴、倭黑猩猩或侏儒黑猩猩的阴蒂。许多灵长类动物的雌性甚至拥有阴蒂骨——一种位于阴蒂内部的骨头，相当于许多雄性哺乳动物的阴茎骨。

许多雄性哺乳动物的阴茎都被整齐地隐藏在毛鞘中，需要时才会伸出来；相比之下，所有的雄性灵长类动物（当然也包括人类）都有一个处在危险中的阴茎。虽然大多数雄性灵长类动物都有阴茎骨，但在蜘蛛猴、绒毛猴和人类男性身上却没有（这是说，绝大多数男性是没有阴茎骨的——在医学文献中，只有45例男性报告有阴茎骨）。对于人类男性（以及那些猴子）来说，勃起和维持勃起完全取决于局部血压，而这正是万艾可（伟哥）的工作原理。当阴茎松弛时，阴茎内海绵体中的平滑肌和供血动脉壁中的平滑肌收缩。寒冷的天气会加剧平滑肌收缩，导致阴茎进一步收缩。在性刺激过程中，信号通过骨盆中的副交感神经传递，导致动脉平滑肌放松，从而使血管扩张，让更多的血液流入海绵体内部的空间，使其中的平滑肌也放松了。随着压力的增加，薄壁静脉——血液离开阴茎的途径——被挤压关闭。血液现在无处可去，但它持续涌来，所以阴茎膨胀起来。当海绵体内的压力上升到约100mm Hg（这几乎与血液在高度收缩离开心脏时的压力相同），阴茎就会勃起。然后，覆盖在阴茎脚上的坐骨海绵肌收缩，将其内部的压力推得更高，使阴茎变得僵硬。

　　由于勃起取决于动脉血压，动脉出现问题会导致勃起功能障碍。如果供应阴茎的动脉没能达到足够的扩张，就不会有足够的血液进入阴茎以达到勃起的目的。供应这些动脉的神经引发了一系列化学反应，产生了一种叫作cGMP的化合物（如果你感兴趣，我可以告诉你它的全名是"环磷酸鸟苷"），它能使平滑肌放松。在阴茎中，cGMP会被一种特殊的酶分解，而万艾可会使这种酶失去活性，从而达到提高阴茎血压的神奇效果，但是却不会提高身体其他部位的血压。或着说，几乎没有其他部位的血压会增高。类似的酶作用于视网膜，服用万艾可会影响视力，有时还会影响大脑和心脏，所以是药三分毒，服用需谨慎。

考虑到阴蒂是由胚胎中的一组同源组织发育而来，并与阴茎有相当的神经供应，所以阴蒂勃起的神经和化学机制与阴茎完全相同也就不足为奇了。但是人们花了很长时间才接受这样的观点。十年前，人们才发现这是相同的机制，包括 cGMP 和类似于阴茎勃起的酶都在阴蒂勃起中起作用。从男性和女性由同样的胚胎发育和共同的神经供应来看，这应该是显而易见的，但普遍的看法是，性在女性中更理性、更神秘，而在男性中则更机械化。这是那篇论文中的一段话（再次说明，请记住这只是十年前的言论）：

女性的性功能没有得到广泛的研究，人们通常认为女性的性功能与男性不同，女性的性功能障碍更多的是由性欲减弱引起的，而非勃起功能障碍。

阐明阴蒂勃起的机制并不意味着所有女性性功能障碍病例都可以归因于勃起功能障碍，但它表明，有些病例和男性一样，可以通过针对导致动脉扩张的化学途径的药物来治疗。不仅仅是阴蒂体会充血和膨胀，小阴唇下的海绵体也会膨胀。

当然，阴茎和阴蒂勃起都不是正常性功能的全部，性交也不仅仅是让阴茎和阴蒂充血。在男性体内，精子需要离开睾丸，然后与尿道中前列腺和精囊等副腺的分泌物混合。这个过程被称为精子释放，就像阴茎内血流的变化，将其从松弛状态转变为僵硬状态一样，它是由内脏或神经系统的自主神经部分控制的。最后一个阶段也是如此——射精——充满精子的精液沿着尿道被泵出，一直到阴茎头上的开口，然后以有节奏的波动离开身体。在女性体内，构成阴蒂的勃起组织膨胀并开始胀大，满是血管的阴道壁也会充血，液体从阴道内膜下的毛细血管渗出，润滑阴道。各种腺体，包括子宫颈的一些腺体，将它们的分泌物加入到这层润滑液中。高潮时，盆底肌肉和阴道肌肉有节奏地收缩。

因此，无论男女，高潮的时刻都与肌肉收缩幅度有关。看来高潮的产生不仅是对神经传导的冲动的反应，也是对血液中循环的一种特殊化学信息的反应。这种化学信息就是催产素，一种"爱情荷尔蒙"。

催产素是一种神奇的激素。与我们体内的许多信使化合物相比，它很小：只是由 9 个氨基酸组成的一串。这是一条非常短的信息——与其把它比喻成一则备忘录，不如说是一条推特——但确实是一条非常有力的信息。它的具体工作方式仍然很神秘，但它与所有的生殖功能都有关。它促进了对偶结合（显然是在人类身上，还有大量研究过的草原犬鼠身上）、父母与孩子之间的关系，以及母性行为。它也是一种激素，在分娩时促进子宫收缩，在哺乳期促进乳汁排出。将一种特定的情绪或精神状态与大脑中的一种化学物质联系起来既困难又有点愚蠢，但催产素的确与爱情、幸福和信任的感觉有关。

催产素还与性高潮的生理和心理体验有关。当性唤起达到高潮时，脑下垂体会分泌大量的催产素，这可能会有助于骨盆的肌肉收缩。催产素也从大脑底部的下丘脑释放出来，它是荷尔蒙的来源，它可能创造出与性高潮相关的强烈的快感和幸福感。

性唤起和性高潮仍然是人们热议的话题，特别是当它涉及到更公平、更神秘、更缺乏研究的性时。女性性高潮在政治和生物学上仍然是一个棘手的问题。

两个世纪以来，关于女性性高潮的争论——是来自阴蒂刺激还是来自阴道刺激——都未能得到解决。在 19 世纪，一些男性生物学家认为阴蒂和女性高潮毫无用处，因为它们似乎都不是受孕所必需的。弗洛伊德认为阴蒂性高潮是不成熟的；当女性开始有阴道高潮时，她们的性才成熟。20 世纪 60 年代，性科学先驱威廉·马斯特斯（William Masters）和维吉尼亚·约翰逊（Virginia Johnson）得出结论，女性高潮只有一种类型，它始于阴蒂，然后传播到阴道。但在 20 世纪 50 年代，一位德国解剖学家曾描述过阴道前壁一个神经丰富的区域——"G 点"，并暗示它可能是阴道高潮的触发点。最近的解剖学研究并没有发现关于阴道这一区域的任何特别之处，关于 G 点的文献不免都是小规模研究和轶事证据。然而，阴道刺激有可能在唤起性高潮方面起作用，因为它会导致阴蒂刺激，这是通过推拉附着在阴蒂上的组织，包括充血的阴蒂脚和阴蒂球实现的。因此，当前人们对女性性高潮的理解并不是将其区分为阴蒂高潮和阴道高潮两种，而是认为这都属于同一部分。阴道前壁（内嵌尿道）、阴蒂和阴蒂脚一起运作，形成一组勃起组织，将刺激从一个区域扩散到另一个区域。由于生殖是一件极为重要的事情，所以毫不奇怪的是，其他动物也有高潮，尽管对其他物种的性高潮研究少得多，但没有理由认为人类的经验是独有的。

性行为

就利用跟生殖有关的解剖结构而言，与其他灵长类动物相比，我们在某些方面相当保守，而在其他方面，我们则是挥霍无度。像狐猴这样的原猴类灵长目动物通常有不同的繁殖季节，但是一些猴子以及所有的猿类（包括我们）的繁殖活动是不分季节的。在猴子和类人猿中，生殖周期持续一个月左右，包括排卵和月经。在许多猴子和黑猩猩中，排卵的信号是会阴的肿胀和变红，雌性的行为也会有变化。在人类身上，几乎没有什么可以通过信号看到的变化。会阴不会膨胀，即使膨胀了也会藏在两腿之间，因为我们不会像我们最亲近的类人猿那样四肢着地走路。但人似乎也会有一些微妙的信号：研究表明，女性在排卵期的着装更具挑逗性，一项小型研究表明，脱衣舞女的收入在每月周期的中点达到顶峰（不过你可以反过来看：她们在来月经的时候赚得少）。

与大多数哺乳动物相比，人类可以以各种各样的姿势进行交配。这可以追溯到我们的猿类祖先。猿类的四肢作为在树上活动的臂器，其关节有很大的活动范围，这使得它们可以自由地尝试各种不同的姿势，尽管在非人类的猿类中，雄性仍然经常从后面骑着雌性进行交配。然而，猩猩、大猩猩，尤其是倭黑猩猩有时会面对面地以"传教士"的姿势进行交配。人们已经注意到，倭黑猩猩阴蒂和外阴位于正面位置可能是对这个姿势的适应，也许在人类女性中也是如此。

尽管一些宗教可能会反对这种观点，但在人类或其他动物身上可以看到，性并不完全与生殖有关。同性性行为是整个动物界的物种特征，尤其是在群居物种中。在倭黑猩猩中，性似乎是一种友好的问候方式。观察一下倭黑猩猩，你不需要等多久，就会看到它们做这事——它们总是在做这样的事情。倭黑猩猩似乎也用性来缓解紧张和避免冲突。很多倭黑猩猩的性行为并不涉及性交；很多都是生殖器互相摩擦（异性恋和同性恋配对中），偶尔也有口交和舌吻。

进化出允许精子在陆地动物体内使卵子受精的精密机制，已被证实非常有用，包括加强社会联系和纯粹寻求快感。但是，虽然生殖器官拥有所有这些额外的、美妙的潜力，但我们还遗漏了一个生殖功能。雄性胎盘哺乳动物的解剖结构是为了达到受精的目的，而这是有终点的。（虽然男性在支持怀孕的伴侣和抚养孩子方面扮演着重要的角色，但在身体结构上却没有相应的适应器官。）但是在女性中，我们已经提到过，生殖系统也必须为发育中的胎儿提供一个安居的地方。当然，它不会永远留在这里。胎儿也必须有出路，因为在某一时刻，胎儿要来到母体外。

艰难的处境

有人认为，人类出生的时间受到大脑体积和两腿高效行走所需人体结构的独特限制，但最近的研究表明，这个看法是我们又一次过于着急并且热衷于假设人类与任何其他动物都截然不同而造成的。

　　骨盆是男女身体中差异最明显的部位，这种差异甚至存在于基本骨骼中，尤其是在人类身上。人类女性的骨盆比男性的宽得多；女性的骨盆不仅是腿部和脊柱之间的连接点，也是臀部肌肉和盆底以及所有外生殖器的附着点，而且还有一个独特的作用：形成产道。

　　我在生下第一个孩子时已然知道这一点：新生儿的头部和母亲的骨盆之间是紧密贴合的。在生第二胎时又证实了我之前的发现。在生第一个孩子之前，我参加了产前培训班。在那里，准妈妈们听着一位助产士的讲解（或者说应该是主持人），她挥舞着一对沙拉勺和一个水槽柱塞，以此说明产钳和胎儿真空吸引器辅助分娩的概念。我敢肯定，有些人在离开的时候会想，他们的孩子可能是由一个水管工送来的，或者是有人用勺子送来的。这位助产士还试图演示胎儿头部在通过产道时 270° 的旋转。当她把娃娃的头从塑料的女性骨盆中推出来时，她说："母亲的骨盆出口宽约 10 厘米，婴儿的头部也约 10 厘米。正好完全吻合。大自然很神奇不是吗？"我的丈夫——在这一点上我为他感到非常自豪——他说："我想，如果宝宝的头只长到 8 厘米，大自然就会更奇妙了。"当然，我也这么想。这一点说得很好。助产士迅速继续往下讲解。

　　但我知道，在我进入产房之前很久我就已经知道人类生育是多么困难。正如助产士正确判断的那样，人类的产道几乎不比婴儿的头宽。在孕激素如黄体酮和作用恰如其名的松弛素的影响下，母亲身体的各种关节在怀孕期间变松。耻骨联合，两个骨盆骨之间的软骨关节，在前端会软化，在分娩时会稍微伸展。婴儿的头也可以稍微压扁一点。形成婴儿头盖骨颅顶的薄骨板被纤维膜分隔开，当婴儿进入这个世界时，这些骨头可以稍微重叠，因此，许多新生婴儿的头部形状稍有些奇怪，有时显得不平衡，但这通常会在出生后的几天内得到纠正。

除了人类分娩的困难，还有一些关于人类婴儿的事情需要加以解释，这就是人类婴儿都非常的虚弱无助。大多数灵长类动物在出生时就高度发育，能够在很大程度上照顾自己。相比之下，人类的婴儿显得一无是处，这一定是由于大脑在出生后还需要进行大量的发育。黑猩猩出生时的大脑约占成年体积的 40%，而人类新生儿的大脑仅占成年体积的 30%。人类的婴儿不能独立走动，也不能紧紧抓住母亲，他们需要被抱在身边仔细照顾，通常需要一年左右的时间才能掌握站立和用两条腿走路的艺术。人类婴儿的虚弱无助对人类社会有着重要的影响——这甚至可能是人类进化出配偶结合的原因。在大多数社会中，父母以外的人，包括祖父母，也帮忙养育子女。虽然婴儿的这种无助似乎是一种劣势，但它可能为某些事情铺平了道路，而这些事物已成为人类的重要组成部分。这种无助保证了父母（和其他照顾者）和婴儿之间的密切联系。人类婴儿的大脑在子宫外还要大幅度地成长和发育，同时被其他人类包围，沉浸在他们的社会和文化中。正如进化心理学家迈克尔·托马塞洛所说，人类婴儿出生就渴望文化，就如鱼出生时渴望水一般。事实上，一些研究人员认为，人类新生大脑的相对不成熟是进化过程中选择的结果。为了生存，我们人类在很大程度上依赖于相互学习的知识、行为和技能。我们已经进化成这样：拥有社会学习的能力显然是对我们祖先有利的东西，事实上这是我们作为一个物种成功的基础。此外，我们的大脑在相对较早的发育阶段就开始学习了。事实上，有人认为，在很小的时候就需要社会学习可能是人类婴儿如此早出生的原因。但似乎有一个更可能的原因，也就是身体上的原因，使人类的婴儿那么无助。

产科困境（OD）是一个非常简洁的假说，它旨在解释为什么人类分娩如此困难，为什么人类婴儿出生这么早，而且如此无助。这一假说中，女性的骨盆正处于一场进化的拉力战中，一方面是满足两足行走的需求，另一方面是满足生下大脑袋婴儿的需要，这两者把骨盆推拉向不同的方向。这一理论认为，骨盆的宽度受到两条腿走路的功能限制；如果它变得更宽，女性就不能有效地走路了。但人类有较大的大脑，因此婴儿的脑袋比较大，这也是我们的一个特点。因此，骨盆的宽度界限会对分娩产生连锁反应：人类婴儿必须在头长得太大而无法通过产道之前出生（图 8-8）。产科困境假说表明，女性骨盆受到这些对立需求的独特约束，其结果是设计上的妥协。骨盆的宽度意味着一个人类婴儿必须"早"出生，而它仍然要通过产道出生。这个假设的结论之一是，当涉及到两足行走时，女性的骨盆必然是不完美的——与之相反，男性的骨盆应该是一个更有效的设计。毕竟，我们都知道，男性（平均而言）比女性跑得更快，而且凭借纤细的臀部，他们可能也更能有效地利用能量。

然而，2012 年发表在《美国国家科学院院刊》（Proceedings of the National Academy of Sciences）上的一篇论文对产科困境假说的

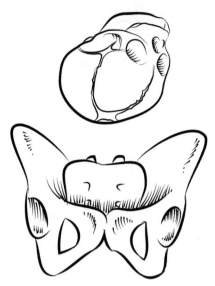

图 8-8　人类分娩的挑战：让婴儿的大头骨穿
过母亲的骨盆

漂亮解释提出了质疑，并提出了人类婴儿出生时机的另一个原因。
像这类论文发表的时候，总是令人兴奋的。当你读完它的时候，
你会知道你的世界观会有一点改变。这就是我喜欢科学的原因：
时不时地会有一些事情发生，挑战现有的范式，改变固有的观念，
也动摇你的想法。

　　我去了纽约，拜访了《美国国家科学院院刊》那篇论文的第
一作者霍莉·邓斯沃斯（Holly Dunsworth），想知道为什么她认为
人类并不像我们之前认为的那么不寻常。霍莉告诉我，她一开始
是对产科困境假说背后的假设产生了一些怀疑。她研究了其他灵
长类动物的妊娠期，发现人类的妊娠期似乎并没有缩短。人类妊

娠持续 38 周，比任何类人猿都要长（从妊娠期 32 周的黑猩猩到妊娠期 36 周的大猩猩）。不同体型的灵长类动物有不同的妊娠期长度，但根据妊娠期长度与体型的比例，人类的妊娠期仍然是最长的。它实际上比与我们体型相当的灵长类动物要长一个多月。这表明，在人类进化的过程中，妊娠期延长了。换句话说，与其他灵长类动物相比，人类婴儿实际上出生得更晚，而不是早。尽管我们的妊娠期相对较长，但新生儿的大脑仍需要不断发育，这仅仅是因为我们成人的大脑太大了。你可能会想知道为什么妊娠期不能再推迟一点，这样大脑就有机会在婴儿出生之前再发育一些。也许这就是产科困境假说发挥作用的时候，若妊娠期继续推迟，这意味着女性的运动能力将变得毫无效率可言。

但是，与男性相比，女性的运动效率要低多少呢？霍莉向我介绍了几个对这个问题感兴趣的同事：赫尔曼·庞泽尔（Herman Pontzer）和安娜·沃伦内（Anna Warrener）。我们在亨特学院（Hunter College）一个街区拐角处的实验室里见面，那里可以俯瞰纽约全景。赫尔曼和安娜拉来几个学生参加实验，让他们戴上口罩在跑步机上跑步，以便测量他们的耗氧量。那天在实验室的结果很好地说明了其他关于步行和跑步效率的研究发现：女性——即使她们的臀部相对较宽——其运动能力与男性一样有效率。

这一发现着实令人惊讶，因为我原以为更宽大骨盆周围的肌肉运动起来也许更费劲。当你走路或跑步时，臀部外侧的外展肌，也就是与地面接触的腿部上方的外展肌，必须用力拉紧，以阻止骨盆向下倾斜到另一侧。像这样保持骨盆水平非常重要，因为这意味着你可以很容易地摆动另一条腿来走完下一步。若没有外展肌作用在站立腿的臀部，摆动的腿就会在地板上拖着走。例如，小儿麻痹症患者可能会出现比较严重的外展肌无力，这就造成了一种奇怪的行走方式，当一条腿向前移动时，骨盆确实会向下倾斜。这种步态被称为特伦佰氏步态（Trendelenburg gait），由最早描述这种步态的德国外科医生特伦德伦堡命名。

但对男性和女性步行和跑步效率的研究表明，事情并非如此简单。即使这些外展肌对于骨盆宽大的女性来说要比男性有更大的工作量，但是还有其他的活动在发生，这就意味着走路和跑步对于女性来说并没有消耗更多的能量。走路时腿部位置的细微调整可能会起到补偿作用。还有一个原因让我们怀疑运动、高效步行和跑步的需求特别限制了女性骨盆的说法，因为现代女性骨盆的形状和大小有着非常大的不同。我们认为如果自然选择一直在强有力地控制着事情的发展，就不会有这么多的不同。

这一发现——女性在行走和跑步方面与男性一样高效——有效地消除了认为骨盆存在设计上的限制因素的说法：臀部窄似乎并没有什么特别的优势。此外，化石证据表明，在人类进化过程中，骨盆发生了重大变化。与年代更为久远脑容量更小的祖先相比，我们人类的早期成员——人属——的骨盆宽度有了绝对的增加。因此，我们祖先的骨盆随着大脑体积的增大而变宽。但为何女性的臀部没有变得更宽，让分娩更容易，能让婴儿在肚子里呆得更久呢？

在去纽约见霍莉和她的同事之前，我花了两周时间收集和冷冻尿液样本，我是在喝了一些带有同位素标记水之后采集的这些尿液。我在动身前往美国之前就把样品寄过去了。赫尔曼分析了检验结果，用我尿液中氧和氢的不同同位素水平来计算我的代谢效率，当我到达纽约时，他把我的数据点叠加在一张图表上展示给我看。我的新陈代谢率是普通未怀孕女性的两倍。但当时我已经怀孕 5 个月了：我也在为正在发育中的宝宝提供能量。赫尔曼告诉我，当我的新陈代谢率上升到正常水平的 2.1 倍时，我就要分娩了——我的身体将无法再给我的宝宝提供所需的能量。

这个预测是根据可靠的数据做出的。在人类（或任何其他哺乳动物）身上，决定出生时间的精确机制仍然难以捉摸；事实上，它被称为"生殖生物学中最悬而未决的问题"。尽管我们可能不知道这一机制的细节——具体涉及哪些化学信息，以及如何发挥作用——但似乎这一时刻可能由这种能量平衡决定。当胎儿的能量需求超过母亲所能供给的能力时，就会发生分娩。任何准妈妈的新陈代谢率都和我的完全一样：大约也在怀孕中期，它上升到正常的基础代谢率（BMR）的两倍，9 个月时，胎儿的能量需求把它推得更高，接近 2.1 倍基础代谢率。这一能量界线的交叉与妊娠期的结束相吻合。

因此，看起来可能是一场"能量危机"——而不是骨盆大小——限制了怀孕的时间。

这个假设存在一些潜在的问题；当然，婴儿一旦出生，就会继续生长并需要能量，而在哺乳动物中，包括我们，这些能量仍然是由母亲以乳汁的形式提供。事实上，一个成长中的婴儿比一个胎儿需要更多的能量，因为它的代谢需求不断增加。但是，即使母亲必须在婴儿出生后为他提供更多的能量，母亲的新陈代谢率的增长速度也减慢了。也许是子宫内的胎儿对能量需求的急剧增加导致了"能量危机"——母亲的身体无法足够快地做出反应。出生后，婴儿的能量需求会持续增加，但速率相对较慢，母亲可以跟得上增长的步子。

"能量危机"假说之所以吸引人，是因为它为人类分娩时间机制提供了一种解释，这并不一定只适用于人类，同样的机制也可能作用于其他胎盘哺乳动物。在哺乳动物中，妊娠期长度和新生婴儿的大小与母亲的身体大小有关。

这种新的"能量危机"假说似乎比之前的产科困境假说更好地解释了人类分娩的时间。这意味着人类胎儿出生的时候，也是胎儿的能量需求上升得过快的时候。正如化石所显示的那样，人类的骨盆逐渐变宽，以容纳脑容量较大的婴儿，但这种变化只能达到一定的程度。即使骨盆变得更宽，婴儿也不会一直再呆在里面，因为能量的消耗决定了他们何时出生。但仍然有一些事情是无法解释的，那就是人类生育的困难。

首先，我们认为人类的生育比其他物种要困难得多，这种想法是否正确？与大多数哺乳动物相比，的确是这样的。但是如果我们看看灵长类动物，那么它们中的相当一部分也面临着生育挑战。要想进行精确的比较很难，因为相对而言，很少有人观察过非人灵长类动物出生。但是，从观察到的结果来看，黑猩猩、大猩猩和猩猩因骨盆较宽，似乎分娩时更为容易。然而，猴子的情况更糟糕些。四足动物的胸部往往又窄又深，而盆骨也遵循这种形状，这意味着四足动物的盆骨很窄，容易导致难产。特别是在狨猴和松鼠猴中，母亲的骨盆只比胎儿的头稍大一点。

所以并不是所有的哺乳动物都能轻松分娩，而只有人类分娩很艰难；相反，很多动物面临分娩时似乎有一系列的困难。话虽如此，人类的分娩似乎仍处于这一范围的极端——其比任何其他灵长类动物的分娩时间更长，显然也更痛苦。猴子的情况可能要更好些，尽管胎儿头部和骨盆出口之间的贴合仍很紧密，但它们的肩膀很窄。人类新生儿的肩膀相对较宽，头部也比较大，他们必须完成三次旋转，在通过产道的过程中要旋转270°。由于这些旋转，人类婴儿通常是面部朝下出生的，而猴子婴儿通常是面部朝上出生的。猴子妈妈可以通过向上提拉婴儿的头部来帮助婴儿来到这个世界，但是当人类婴儿出生时向上拉婴儿的头部——可能会使婴儿的脖子向后弯——这是非常危险的。与其他在分娩时寻求隔离的灵长类动物不同，人类母亲倾向于寻求帮助。因此，助产术可能确实是非常古老。

除了承受疼痛之外，分娩也是有风险的。母亲的盆骨大小与胎儿头部大小不匹配可能会导致难产，婴儿无法自然分娩。难产使母亲和婴儿的生命都处于危险之中。尽管在大多数人类社会中，人类母亲在分娩期间寻求帮助，但对于许多地区的人来说，难产仍然是一个重大问题。

据估计，全世界每100个新生儿中约有3~6个会发生难产。但最近在西非的一项研究发现，难产发生率要高得多，每5个新生儿中就有1个会发生难产。难产对母亲和婴儿的生存都是一种威胁，奇怪的是女性的骨盆并没有进化得更宽。

虽然我们认为，产科困境假说不足以解释人类分娩时间和人类婴儿的无助，但是这个假说对于研究分娩的困难也许仍然有一些有用的说法。目前，女性和男性的运动能力可能是一样的，但如果女性的骨盆变得更宽，运动能力就会降低。但这似乎也并不确切。看看这些相互权衡的影响因素：一方面，骨盆变宽可能意味着走路和跑步需要消耗更多的能量；另一方面，更有效率、更窄的骨盆会使母亲和婴儿的生命处于危险之中。这似乎有点得不偿失。骨盆太窄而不能顺利生产的后果远远超过任何运动上的障碍。如果限制骨盆宽度，在很大程度上会危及生存，自然选择不太可能设定这样的限制。

那么我们如何解释今天在一些人群中出现如此高的难产率呢？即使是平均每100个新生儿中有3~6个发生难产，这听起来也很高。自然选择可能只是还没有足够的时间来进行改变：也许分娩困难是最近才出现的现象，我们的祖先以前可能从未经历过像如今这样高的难产率。从考古和当前的数据来看，这一观点似乎得到了一些支持。

尽管可靠的数据非常少，但根据目前狩猎采集社群的传说证据表明，难产非常罕见。而且难产在考古记录中也很罕见：在不同时期不同地点的女性骨骼化石中，只有少数几例骨盆内有胎儿。在当代的农业社会中，情况大不相同，特别是在儿童营养不良影响女童成长的地方，这意味着妇女往往较矮，骨盆较小。在这些社群，妇女获得产科护理的机会往往有限。

在今天的富裕社会中，难产对于将要生育的妇女来说就不那么常见了。但在这种社会中也可能会出现其他问题，因为母亲会食用高血糖指数的饮食，换句话说，这种饮食往往会导致高血糖。这反过来又会推高婴儿的出生体重，所以这里的问题可能不是骨盆太窄，而是婴儿太大。

在营养不良导致难产率高的较贫穷国家，以及产科护理机会有限的国家，自然选择可能正在发挥作用，对那些营养不良但骨盆较宽的妇女或体型较小的婴儿往往有利。在较富裕的国家，当遇到分娩变得困难时，会有产科医生出手相助，这样就越过了自然选择的问题。即使母亲骨盆的宽度和婴儿头部的大小不匹配，使得阴道分娩危险甚至无法分娩，母亲和婴儿仍然有很高的存活机会。产科医生的手术刀，而且还有助产士的帮助之手，比自然选择这把镰刀更锋利。

纵观当今人类社会，也许我们可以把难产归咎于我们的祖先。在分娩过程中得到帮助可以减轻针对婴儿头部过大或母亲骨盆过窄的自然选择压力。我们现在有生育困难，是因为我们是相互合作的：我们在生育时需要帮助，因为我们的祖先在生育时就已经得到过帮助。助产士被称为最古老的职业，而且似乎人类一朝开始需要助产士，就决定永远需要她们。

我们前面花费了大量的时间钻研骨盆，寻找鱼类和两栖类祖先的进化线索，探索陆地动物如何克服挑战孕育婴儿，了解了人类女性骨盆的大小似乎并没有限制胎儿呆在母亲体内的时间。另外你可能比以前更了解阴蒂和阴茎了。但除了容纳女性生殖器官和形成产道外，骨盆还有另一项任务——那就是充当你躯干和腿之间的连接物。

9. 论四肢的性质

——鳍、四肢和祖先

09

"人类曾经是海里的小泡泡， 然后进化成了鱼， 后来成了蜥蜴、 老鼠、 猴子， 各自之间又有数千百种的变化。 这只手曾经是鳍， 这只手曾经是爪子！ "

——特里·普拉切特

四肢萌发和生长板

想要知道你自己的四肢来自哪里，必须回到胚胎发育的早期阶段。受孕 4 周后，作为胚胎的你就已经卷起形成球状，从一个平面的、三层的圆盘变成了像堆起来的嵌套的圆柱体。在你头部两侧增厚的圆盘将形成你眼睛的晶状体和充满液体的内耳迷路。在你的颈部两侧有一系列鳃状的鳃弓或咽弓。在你身体两侧的后轴上有一系列可见的体节，那里有两对突起，它们注定要变成你的胳膊和腿。最初，这些肢芽只是一个松散的胚胎结缔组织的核心，它源于三层胚芽盘的中胚层（胚胎三明治中的"果酱"），外面覆盖着一层外胚层。到第 6 周时，肢芽变长，它们的末端变平，形成了手掌和脚掌。在第 7 周时，手掌和脚掌的细胞开始死亡。

这是一个正常的发育过程。塑造人体的过程本身包括细胞的死亡、生长和增殖。细胞的死亡很重要，因为这样会减少构建一个人体所需的遗传信息的数量。事实上，这是任何具有复杂身体的动物胚胎发育的基本过程。在许多情况下，生成过多的组织，然后再按照需求对其进行修剪，比精心设计一个复杂的模式更容易。发育中的神经系统就是一个很好的例子：一个新生婴儿的大脑包含大约900亿个神经细胞（或称神经元），然后它们会进行分支，并且所有的神经元都会经过大幅度的修剪，最终成人的大脑中只剩下大约一半的神经元。在修剪过程中，只有那些被证明有用的神经元和突触被留下；这是学习的一种物理表现，但是从另一方面看，一开始先造出超量的神经元，在它们建立起联系后，再减去不需要的，这样要比从一开始就仔细地规划好每个神经元之间的联系容易得多。我3岁的孩子都知道这个道理。她要是想用胶水和闪光粉制作一幅画，她会先用胶水画出图案。然后，她不是沿着胶水的痕迹小心地洒上闪光粉，而是将闪光粉洒满整张纸，然后再抖掉多余的。在眼睛的发育过程中，死亡的细胞使发育中的晶状体囊泡从上覆的外胚层中分离出来。程序性细胞死亡——细胞自杀——从组织的立体棒状体中切出导管，血管最先就是以这种方式在整个胚胎中形成的。心脏的腔室是由细胞的死亡和细胞生长两者结合而形成的，在人类、小鼠和鸟类正在发育的肢体末端，细胞死亡可以使手指（脚趾）分离。如果没有发生程序性细胞死亡，手指和脚趾可能会一直融合在一起。

当肢体的外观从一个肢芽变成一个可以感知的小小手臂或腿时（图9-1），它的内部同样充满了活动，非常有趣。在中胚层的核心，胚胎细胞聚集在一起并分化成软骨细胞。到第6周时，这个肢体就包含了它最终拥有的骨骼的微小软骨模型。细胞死亡再次发生，这一次形成软骨模型之间的关节。新形成的关节腔周围的细胞将成为关节处骨骼表面的软骨，以及润滑关节的滑膜。

图9-1 人类胚胎中手臂和手的发育

在第8周，每个"骨骼"模型中间的一些软骨开始变成真正的骨组织，这种骨化作用一直持续到出生，只有"骨骼"的末端还剩下软骨。出生后，这些"骨骼"末端也会出现骨化岛，它们许多年后才会与骨干结合。让你的骨骼快速生长的秘诀是在骨骼中保留一点软骨。这种软骨呈盘状，夹在四肢的骨干和长骨末端之间。这个盘状软骨被称为"生长板"，只有当骨骼在你十几岁的时候完全发育成熟，长骨末端和骨干相融，它才会消失。一旦软骨层消失，骨骼就不能再生长了。在一些骨骼中，这种融合发生得非常晚——在你的锁骨内端生长板一直保持开放性和软骨性，直到你30岁左右才完全融合。

由于生长板融合的时间略有不同，而且处于一个相当严格的程序中（尽管生物学中的一切都可能发生变化），这意味着检查生长板闭合情况可能是研究孩子身体发育是否正常的一种有用的方法。考古上，它在确定一些年轻骨骼的年龄时也非常有用。我这里有个威尔士北部安格尔西岛（Anglesey）维京人遗址的一个例子。

这个遗址位于安格尔西岛东北海岸附近的一个农场上，在那里可以看到斯洛多尼亚的美景。这里是由一名金属探测者发现的，他在那里发现了一枚维京币，这促使威尔士国家博物馆的考古学家们在马克·雷德克纳普博士的带领下对此处进行了勘察。结果表明，这个遗址是维京人在威尔士定居的最早的证据。这个地点位置极佳，是维京人联系斯堪的那维亚故乡和英格兰西北部、西苏格兰和爱尔兰定居地之间贸易路线的中转站。十多年来，每年夏天这里都会进行挖掘工作。作为驻点的骨考古学家，我曾有幸参与其中，在许多挖掘现场挥舞泥铲。经过多个考古发掘季节的工作，人们在这里发现了几处墓葬，其中包括五具埋在居民点边缘沟渠中的骸骨。用"埋葬"这个词来形容那些遗体被扔进沟里的方式可能太正式了：很明显它们是以一种不被尊重的方式扔进去的。一具成年男性骨骼的双手在他的躯干下靠得非常之近，表明在他被埋葬时，手腕很可能是被绑在一起的。不管这些人是谁，他们很可能是遭遇了什么事情暴毙的。其中有两具是未成年人的骸骨。

我也参与了这些骸骨的挖掘，但在回填了沟壑之后，我的工作还在继续。回到位于加的夫（Cardiff）的威尔士博物馆，我仔细地清理这些骨骼，并将破碎的骨头重新拼接在一起。然后，我开始仔细研究这些骸骨，尽可能多地了解这些遗骸代表了哪个民族。

在一具命名为"2号埋葬"的骸骨中，许多长骨的末端都没有和骨干融合。骨干的钝端和骨骼单独的帽状末端有着典型的波纹状和起伏状的外观，它们紧挨着一个还未融合的软骨生长板。软骨很软，在埋葬时就会消失，只留下骨化的部分。我仔细地观察了生长板融合的方式。肱骨的末端（上臂骨）没有融合——这里大约在 17 岁时完全融合；指骨的基部也未融合——这些会在 16 岁时融合；但组成髋臼的三根骨头已经融合，它们最早在大约 11 岁的时候融合。这些因素表明，这具骨骼来自一个年龄在 11 到 16 岁之间的人。这具骨骼也有一个保存完好的齿列，通过对牙齿进行仔细的检查，我进一步完善了对年龄的估计。第二臼齿已经长出来了，而第三臼齿（智齿）还没有长出；这些牙齿的牙冠是完整的，但牙根还没有形成。这意味着这个孩子可能是在 12 到 13 岁之间死去的。

尽管我自认为是一个以客观态度进行研究的科学家，但我也是人，看到这样的遗骸不可能不感到悲伤——尤其是当这些死亡看起来很可能是暴力的结果时。这个孩子生命的终结，连同其他被扔进沟里的人，还笼罩在神秘之中，但考古学家们仍在研究这个数世纪之前的冰冷案例，试图了解很久以前发生在威尔士那个角落里的事。这是受到了维京人袭击而死的当地人吗？还是被威尔士土著杀死的维京人？还是内斗的受害者？对牙釉质进行化学分析可能有助于弄清这些人来自哪里，结果表明，他们可能是维京人，但根据这些死亡这么久的遗骸，很难说明他们死亡时的确切情况。故事讲到这里我不得不结束了。作为一名骨考古学家，我的工作就是对骨骼进行测量、记录和拍摄。我把这些骨骼存放进各自的无酸硬纸盒中，然后着手进行下一个项目。

生肌节

在胚胎时期，往四肢里填充上骨骼没什么问题，但是如果你没有肌肉来使它们运动，长骨头也就没什么用了。而这恰恰也是你先要长出骨骼的一个主要原因——它们为你的肌肉运动提供了一个控制系统。当你还是一个小胚胎的时候，四肢的肌肉是从正在发育的脊柱两侧成段的组织块迁移到这里的。一开始，它们是单独的肌肉组织片段，但随后这些肌肉块开始融合和分裂，形成最终组成四肢的肌肉，这些肌肉大多数包含着来自这些原始片段或体节的两三个（或更多）组织。在成年人手臂的前半部分，肱二头肌（简称二头肌）包含了来自于第 5 和第 6 颈体节的肌肉。成年人肌肉的神经支配模式让人想起胚胎时期；支配肱二头肌的肌皮神经含有运动神经纤维，它从颈部的第 5 和第 6 颈脊神经进入肌皮神经。沿手臂向下到达手，你会发现肌肉是由第 8 颈神经（C8）和第一胸椎（T1）神经支配的。当你弯曲手指时，主要是第 8 颈神经控制的，它将神经冲动传递到肌肉；当你把手指分开时，是由第一胸椎神经支配。"生肌节"（myotome，同神经肌组）一词既表示将成为骨骼肌的部分体节，也指成体中在同一个胚胎生肌节中具有共同来源的一组肌肉，它们受一根脊神经支配。

医学生要学习四肢肌肉组织的模式，不是为了知道胚胎里的肌肉来自于哪里，而是为了知道如果某个脊髓神经受损，哪些肌肉会受到影响。要想研究这些特定的脊神经和特定的肌肉及其动作之间的联系，有一个助记的办法是学会"肌节舞蹈"。这个舞蹈并不太复杂，它涉及一系列连续的脊神经根以及它们所控制的上肢（手臂和手）和下肢（我们这些解剖专家坚持用这个词来指"腿"）的相关运动。YouTube 上有很多肌节舞蹈的示范视频。

　　人成年之后，四肢肌肉和神经联系的模式可以追溯到胚胎的节段起源，这并不仅仅是人类特有的。这种广泛存在的模式不仅哺乳动物有，而且所有四足动物都有。作为这些陆地脊椎动物的一员，你的四肢与脊柱以一种特殊的方式排列在一起：你的上肢（相当于四足动物的前肢）从颈椎过渡到胸椎的位置长出来。你的下肢（相当于四足动物的后肢）从腰椎到骶骨的过渡位置长出来——无论两栖动物、爬行动物、鸟类还是哺乳动物，都是如此。很明显，四足动物的"设计"受到了这样的限制——没有任何四足动物的四肢在胸腔中间，或者在尾巴根部长出。这可能是一种功能上的限制：四肢长在奇怪地方的动物无法很好地活动，会被自然选择淘汰；又或者，这可能是一种更基本的限制，深深嵌入你的基因组中。正如丹尼斯·迪布勒（Denis Duboule）的研究小组所发现的，Hox 主控基因控制着体轴上的细胞分裂，同时也决定了肢体的模式。或许，如果你将同源异型基因打乱，使四肢在不同的地方长出，这将会严重扰乱整个身体的规划，甚至根本无法长成一个能生存的生物体。

　　我们如今发现很多的解剖结构上的片段都不是突然出现的。进化喜欢循环利用，对某个结构加以修补，改变其目的或作用。四足动物的四肢并不是在我们的鱼类祖先向陆地过渡时才从身体里长出来的，那些祖先早就拥有了这种附属物，只不过是长成鳍的形式。

鳍和四肢

鳍和四肢之间的联系并不是什么新发现。英国生物学家和比较解剖学家理查德·欧文（Richard Owen）在他 1849 年出版的《论四肢的性质》（*On The Nature of Limbs*）一书中，对哺乳动物、鸟类的肢体以及鱼类的鳍进行了比较。

理查德·欧文是 19 世纪一位重要的生物学家，他在这一领域做出了突出的贡献，但他也是一个有争议的人物，几乎没有人喜欢他。就连达尔文这样一位温文尔雅的维多利亚时代的绅士，都曾在文字里说他恨欧文。理查德·欧文曾先后在爱丁堡和伦敦学习医学，原本注定要当医生的。但在获得从业资格后，他放弃了临床工作，开始从事解剖学研究，成为英国皇家外科学院博物馆（museum of the Royal College of Surgeons）的教授和管理员。1856 年，欧文成为大英博物馆自然历史部门的负责人，并负责监督该部门迁往南肯辛顿的新址——现在此地称为"自然历史博物馆"。

欧文的研究范围极其广泛。他研究并撰写了关于无脊椎动物的论文，包括海绵动物、马蹄蟹、鹦鹉螺，也研究过各种各样的脊椎动物。他发现一些古代爬行动物具有哺乳动物的特征，而且英语中的"恐龙"（dinosaur）一词也是欧文创造的，意为"可怕的蜥蜴"。大家可以在水晶宫公园看到欧文设想的恐龙的样子，在那里，他参与创作的几件为世界博览会设计的恐龙的复制品还矗立在湖里。

欧文在其整个的职业生涯中，都特别善于为自己树敌。他侵占其他科学家的研究成果，最终被皇家学会的动物委员会除名，这一事件是对他名誉的致命损害。后来，有个在他眼中无足轻重的毛头小子竟然写出了这个领域里一本颇有影响力的关于进化论的书，这让他相当的沮丧。1860年，他在《爱丁堡评论》上匿名发表了一篇针对达尔文的《物种起源》的评论。评论读起来很别扭。欧文在书中敏锐地指出，达尔文并不是最早讨论"物种变异"的科学家，他还指出，许多"年轻的博物学家受到诱惑，接受了……'自然选择'"。

也许是我有点维护达尔文，对于批评他的观点总是很敏感，但不得不说，我觉得欧文话语中的嘲讽已经远非若有若无了："没有哪个博物学家比达尔文先生对藤壶的构造投注了更多的精力。"接着，欧文提到了他认为达尔文的书中对自然史真正有贡献的内容：对藤壶进行解剖学观察，研究蚂蚁和蜜蜂的行为、涉禽用脚在泥地里播种的可能性，以及家鸽的特征。"这些"，欧文在他的评论中写道，"是最重要的第一手的观察……在我们看来，这些才是真正的瑰宝——少之又少，而且在书中分布稀疏……"哎哟！

在这篇评论中，欧文并不否认进化论本身，但他确实质疑了达尔文提出的机制：自然选择。相反，欧文认为物种的产生是一个预先注定的过程，由"持续运作的造物的力量"控制。这一观点与达尔文的基于自然选择的进化论截然相反。达尔文认为，进化中没有任何事情是预先计划好的，之所以发生变化，仅仅是因为生物体与环境相互作用。欧文尤不喜欢动物会发生巨大改变，从一个物种变成另一个物种的这种观点。

但 11 年前，欧文在写《论四肢的本质》时，似乎还比较愿意接受生物体会随着时间的推移而发生巨大变化这一观点。在那本书的最后他写道："大自然……以缓慢而庄严的步伐前进，在太初之光的指引下……在古老的鱼鳞外衣下，第一次显现出脊椎动物的影子，直到变成人类形式的华丽服饰。"他不愿意接受人类从猿进化而来的这一观点——事实上，他甚至把我们人类归于一个单独的哺乳动物亚纲。但他似乎能接受这样一种观点：在更遥远的过去，人类是鱼类的后裔。从欧文的话里可以清楚地看出，他相信存在着一种自然阶梯，而人类则代表了它的最高点。在他看来，不同动物的四肢呈现出相似性，说明是由一个主题变化出来的，或者是由一个原型变化而成，不知出于何种原因，这些不同的形式都属于同一个预先制定的计划。虽然欧文不是地地道道的神创论者，但是他相信进化是有所指引的，如果不是由神所指引，也是由一种他称之为"自然"的力量所指引。

虽然现在欧文的结论听起来像是异端邪说了，但他做了仔细的观察，而且辨认出陆地动物的四肢和鱼的鳍之间存在深刻的相似性。他也意识到自己并不是第一个注意到这种相似性的人。他写道：

当前人们所论述的"四肢"的限制限定了它的应用范围，是指脊椎动物系列；它们在人身上称作"胳膊"和"腿"；在野兽身上称作"前腿"和"后腿"；在蝙蝠和鸟类身上称作"翅膀"和"腿"；在鱼身上称作"胸鳍"和"腹鳍"。这种特殊的同源性长期以来就被人们所认识和接受……

接着，欧文描述了表面上差异明显的不同动物的四肢之间其实有潜在的相似性，如儒艮（海牛）的桨状"鳍"、鼹鼠的前肢、蝙蝠的翅膀、马的腿和人的四肢。他指出，这些不同肢体的外观和功能可能会有显著的不同。但他说，"我们不能对此感到惊讶；不可能有另外的安排；肢体必须与它做的事情一致"。随后他列举了人类为了在水上、空中、陆地上和地下移动而发明的各种设备，"船和气球，斯蒂芬森的火车机车，以及布鲁内尔的隧道掘进机械"，并指出这些设备在设计上没有相连共同点。他认为，如果动物肢体的用途是设计它们的唯一动力，那么它们会更加多样化，而不会存在那些深层的、潜在的相似之处。

欧文还提醒人们关注某种生物体自身四肢的相似性："每个人都能看到，大腿与上臂相呼应……小腿与前臂相呼应，脚踝与手腕相呼应，五个脚趾头与五个手指头相呼应……"在四肢内部，胳膊和腿的骨骼也惊人的相似。

在对不同物种进行比较时，他指出，人的手臂和马的前肢中有相同的因素，尽管马只有一个蹄子（手指）。这种相似之处也存在于蝙蝠的翅膀上。现在我们知道，不同动物四肢的同源性反映了它们的遗传密码——同源异型基因——的深度同源性。欧文在鱼鳍上也发现了深度的相似，甚至在手指和鱼鳍中的硬骨之间也找到了同源属性。在这个例子上，后来证明他搞错了——四足动物四肢末端的手或脚似乎是一项新发明，是一个完全不同的同源异型基因的表达模式，而不是鱼类祖先的鳍上已经存在的模式的变形。四足动物的祖先似乎不可能同时在前肢和后肢上进化出新的手指或脚趾，但似乎是一个单一的基因"开关"——通过同源异型基因——产生了手指和脚趾。

那么，这一惊人的转变是什么时候发生的呢？为了回答这个问题，我们不得不转向岩石，寻找远古动物的化石，这些动物正在向未经探索的土地迈进。

格陵兰传奇

1987年，古生物学家珍妮·克拉克（Jenny Clack）在格陵兰岛寻找化石。她有着明确的目的——寻找3.65亿年前的化石。20世纪30年代，瑞典古生物学家在格陵兰岛东部发现了一些有趣的头骨碎片，并将这个新物种命名为棘螈（从词源上讲，Acanthostega是"带棘盔甲"的意思，这是以其头骨上突出的刺命名的）。1971年，一名地质学学生从东格陵兰岛带回了一些化石，这些都是棘螈的化石。珍妮·克拉克作为丹麦和英国联合考察小组的一员去了现场，希望能发现更多这种动物的化石。他们真的找到了，而且这一次不仅发现了棘螈头骨，令人难以置信的是，还发现了几具几乎完整的、清晰的骨骼化石。

这种生物之所以如此重要，是因为它让我们对从鱼类到最早的陆地脊椎动物的重要过渡有了深刻的了解。四足动物的41个典型解剖特征中，棘螈占了三分之二，但它同时又很像鱼。

棘螈长相非常奇特。反正在我看来，它就像一只巨型蝾螈。

它大约有一米长，有一个扁平的头。头部和颈部之间的连接很奇怪，似乎是脊索延伸到了脑壳中。如今，这种结构只能在一些鱼类和其他脊椎动物的胚胎中看到；在现存的四足动物中，也包括你我在内，头骨的后部是与脊柱相连的。所谓鱼的特征，包括它咽周围的骨骼，这些骨骼清楚地表明棘螈有鳃。它和鱼类一样，这种脊椎动物的身体和神经弓在整个脊椎上都非常相似，但这与其他大多数四足动物不同。尽管棘螈有很多像鱼的特征，但它长有四肢，是完全正常的四肢，有手指和脚趾，而且手指和脚趾的数目很多。

现在所有的四足动物四肢末端的手指或脚趾数最多是 5 个。因此，如果我们推定，我们的祖先也同样最多有 5 个手指或脚趾，这种想法似乎很合理。

这种推论本身就很有趣，因为如果我们认为远古的祖先也是有 5 个手指和脚趾的，我们就会把这种特性称为"原始"特征。而手指数量减少的动物就等于是表现出了"演变"状态。此时，大家看到这条逻辑线索会怎么演化了吧。你可能认为人类是"高度进化"的，但这到底有什么含义呢？至少就手指和脚趾的数量而言，在这种情况下人类就表现得非常原始。而对于马来说，由于它每个肢体末端都只有一根足趾。[确切地说，是中间那根足趾（这意味着马在四处走动的时候，等于时时刻刻在朝我们竖中指）就属于一种演化的状态。] 就这一点而言，你我无疑都更原始一些。我希望这么说没有冒犯大家，但我也希望这段简短的题外话可以让大家认识到，在重建生命之树时，不免用到"原始的"和"演化的"这样的术语，但它们并不包含任何价值判断。演化产生的特征从本质上讲并不一定比原始的特征"更好"。

所以大家能够想象得出，当那批古生物学家发现棘螈总共有8个脚趾时，该有多么的吃惊。一个保存完好、结构清晰的前肢化石，其末端却长了8个脚趾，这个数字真让人不知如何是好。它的后脚保存得不太好，但看起来这只早期的四足动物后肢上至少也有8个脚趾。

在其他方面，它的前肢也表现出了非常特别的地方，它没有真正的腕部关节，所以不可能成为负重肢。这真是出乎人们的意料，让这个动物从水里爬到了陆地上却又不让它们行走，那它们的四肢到底是用来干什么的呢？棘螈迫使人们重新思考，因为最早的四肢好像不是为了在陆地上行走才长出来的，而是为了在水里爬行和划行。大自然再一次提醒我们，进化倾向于回收和再利用身体的各种零件。

自从发现棘螈以来，人们又发现了许多其他的早期动物和更晚期的四足动物，所以，从水生动物到陆生动物的关键过渡时期的这一段进化树可谓是枝繁叶茂。

一些早期的四足动物每个肢体有5个以上的趾，后来，能负重的四肢开始出现的时候，这种变异逐渐稳定下来，形成了我们熟悉且更紧凑的五趾。但在下定决心在陆地上生存之前，最早的四足动物，如棘螈，似乎能在各种各样的环境中生存，从淡水湖到咸水湖再到河口。结合对棘螈解剖结构的了解和对其生存环境的重建，我们可以想象出这种动物是如何生存的。想象一下这种古老的、类似于蝾螈的生物，它从头到脚扁平，四肢末端各有8个手指或脚趾。它生活在温暖的热带沼泽中，用四肢划水来穿过浓密的杂草——特别像生活在水草中的巨大的蝾螈。它偷偷贴近在水面附近生活的小生物，在最后时刻从水下蹿出来，一口咬住猎物，用两排锋利的牙齿匆匆咀嚼一下，然后就吞下去。它非常适应在浅水沼泽中生活，但如果它真的尝试从沼泽中出来，它的四肢承受不了自己的体重。当它们死亡时，其中有一些会沉入它们终生栖息的热带沼泽底下的淤泥中。大约在3.65亿年后，这些泥土早已变成了东格陵兰岛的岩石。目前古生物学家们正在凿开这些沉积岩，将这种早期的四足动物从它们已经石化的坟墓中解放出来。

棘螈是四足动物的远亲，而且是水生的，除了鳍演变成四肢之外，它们的身体还有另一个重要的变化。从鳍到四肢的进化会引起这些附肢与骨骼其余部分连接方式发生重组。当胸鳍变成前肢时，它们就从头骨后面将自己分离出来，而鱼的胸鳍是紧连着头骨的。相反，当腹鳍变成后肢时，它们紧紧地附着在脊椎上。以前，人们曾认为四足动物的鱼类祖先的胸鳍比腹鳍更强壮，然后随着进化为两栖动物，这一点发生了变化，后肢变得更强壮了。但在发现提塔利克鱼盆骨之后，人们对这种"前轮驱动"假说提出了质疑，或者至少是把这种变化发生的时间往前推了，推到了四足动物出现之前。提塔利克鱼的盆骨和它的肩带一样大（相当于人的肩胛骨和锁骨），所以它的腹鳍在四肢进化产生之前就已经变得更强大了。

现在的大多数四足动物是"后轮驱动"的。通常情况下，人的四肢与骨骼的连接方式遵循四足动物的模式。你的上肢，相当于四足动物的前肢，通过肩带（由锁骨和肩胛骨组成）与你的胸部松散地连接。相比之下，你的下肢或腿，相当于四足动物的后肢，通过骨盆带与脊柱紧密相连。

此时大家可以想想自己的肩膀和骨盆是如何与你的躯干骨架相连的。你的肩胛骨"漂浮"在你的胸腔的后面，仅通过肌肉和锁骨或锁骨的狭窄支撑与胸腔前面的胸骨相连。将一只手放在另一边的肩膀后面，在那里你应该能够很容易地感觉到肩胛骨的凸起。现在移动你的自由臂——举起再放下，然后前伸——你应该能够感觉到肩胛骨在你的背部移动。对比之下，你的骨盆与脊椎底部——骶骨的连接相当牢固。在不移动脊椎的情况下，你是不可能左右移动骨盆的。大家可以做一个快速的实验：将一只手放在背部，然后从一边到另一边摆动你的臀部，就能证实这一点。位于骨盆上部（称为髂骨）和骶骨侧面之间的骶髂关节是大关节，由粗大的韧带支撑。这些关节必须长得很大，而且要稳定，因为在站立和行走时它们会承受很重的负荷，而在你跑步或跳跃时会承受更大的负荷。它们是你的下肢和脊椎之间的连接点。它们必须承受巨大的力量，因为 R. E. M. 乐队的一首歌里似乎唱过（在解剖学领域他们似乎就不那么出名了）："你长着腿，可以四处移动。"[1]

---

[1] 这里的 R. E. M. 指的是一支乐队。R. E. M.（Rapid Eye Movement）是一个精神病学和医学名词，意为"浅睡中的眼球跳动"，是潜意识和梦境最为活跃的时间。1980 年来自乔治亚大学的四位小伙子——乐队的核心人物、主唱及主要歌曲创作者 Michael Stipe、吉他手 Peter Buck、贝司手 Mike Mills 和鼓手 Bill Berry ——把这个术语作为自己乐队的名字，开始了他们的摇滚生涯。在该乐队创作的 Stand 这首歌中，他们唱道 "Your head is there to move you around"（你长着头，可以四处移动），故而本书作者说他们的解剖学学得不好，并且借用了这句歌词，把 head 改为 legs。——译者注

10. 臀部到脚趾

先学走，再学跑

10

"人类的脚是工程学的杰作， 也是艺术的杰作。"

——列奥纳多·达·芬奇

两条腿好

大多数四足动物，无论是爬行动物、两栖动物还是哺乳动物，都保持着原始的运动方式——在陆地上用四条腿行走。但并不是所有的四足动物都有四条腿，其中也有一些动物做了不同寻常的改变。一些四足动物已经完全放弃了陆地生活，回归到一种更靠近水的生活方式。根据它们的进化谱系，鲸、海豚和鼠海豚都是四足动物，但它们不再是长着四条腿的陆地动物。还有一些四足动物进化成了能够离开陆地，用四肢在空中移动，就像鱼儿在水中移动一样容易。这些空中的生物是爬行动物的后代，而且更准确地说，它们是恐龙的后代。我们确实应该把它们归类为恐龙，这当然就意味着并非所有的恐龙在 6600 万年前就灭绝了：有些幸存下来，繁衍生息，直到今天还和我们在一起——这些是有羽毛、有翼的恐龙，也就是我们熟悉的鸟类。（下次当你靠近一只鸟的时候，无论是花园里的知更鸟，码头上的海鸥，还是农场里的鸡，都要仔细观察一下它那神秘莫测的眼睛。记住，你正在看的可是一只恐龙啊！）也有一些四足动物仍然生活在陆地上，但已经完全失去了四肢：就跟我们一样，蛇的祖先也是有四条腿的。另外，还有一些四足动物仅靠两条腿在陆地上行走。当然，这也包括鸟类，当它们屈尊在地面上行走时，它们会收起带羽毛的前肢。但也有一些哺乳类的两足动物，包括袋鼠和沙袋鼠、袋鼯、跳鼠和我们。

如果非要用两个词来概括我们和其他猿类之间的关键区别的话，那就是：大脑和两足行走。扩充脑容量是人类进化的一个重大主题，但早在脑子变得更大之前，我们的祖先就开始习惯用两条腿走路了——这是我们和其他任何现存的类人猿之间的一个主要区别。有一点特别重要，那就是要区分哪种行为属于习惯性的两足行走，这是因为，其他所有的猿类都可以用两条腿走路，但它们不像我们一样习惯性地这样做。

直立的站立、行走和奔跑，意味着我们腿的形状和大小——还有骨盆，它将我们的下肢和脊椎连接起来——与其他猿类大不相同。如今的人类有盆状骨盆、相对较大的髋关节和膝关节、膝盖内曲（我们都有点八字脚）、与猿类相异的脚踝关节、富有弹性的脚、缩短的脚趾，以及与其他脚趾长齐的大脚趾。这些特征并不是一下子变得一应俱全的，而且如果是那样的话，也就太奇怪了。

这让我们不禁要好好思考一下塑造我们身体结构的力量。是什么原因让你的身体有了目前的外形？诚然，你的DNA起着主导作用，但是基因和影响它们的其他DNA片段，其实不会描绘出身体外形的精确蓝图。它们指导着身体如何发育，并有效地设定了各种人体结构的参数。在这些参数范围内，各种特征的形状和大小将取决于环境的影响。一个明显的例子就是营养。想象一下一对基因完全相同的双胞胎，一个营养不良，另一个营养充足，营养充足的那个比营养不良的体型会更大，这不足为奇。事实上，在基因和环境之间，它们对发育、身体的结构和功能等的影响是不可能划清界限的。最近的研究表明，一些环境影响通过基因起作用，这些基因会发生化学变化，从而改变自身功能。近期还发现，这些基因的改变可以和基因自身一起遗传。对这些变化的研究被称为表观遗传学（不要与胚胎发育的概念混淆，胚胎发育谈的是从简单的组织分化出复杂的组织，即所谓的后成说）。除了对人体结构的"正常"影响之外，还有另一种力量在起作用：病变。它涵盖了多种"原罪"：DNA 的问题（这可能来自复制错误，导致先天缺陷、新陈代谢问题或癌症）；细菌或病毒感染；营养不良（不管是缺乏食物还是缺乏像维生素这样的特定成分），以及身体创伤。

关注一下你可能称之为"正常人体结构"的变异（不包括病理学），很明显，现存猿类中存在的且我们目前认为属于人类所独有的特征，并不是在一瞬间出现的，而是以一种零碎的或拼接的方式出现的。据我们所知，生命之树的枝干，包括我们和作为我们祖先的那些远古物种，但不包括现存的猿类，是在六七百万年前出现的。这条枝干上的 20 多个物种都是人亚科原人（hominins）。这在生物学分类中有非常明确的含义。我们属于一个大家族：人科（即：人科原人或猩猩科）。这个家族中包括我们人类、黑猩猩、大猩猩、猩猩以及我们所有的祖先。但是在人科家族中有一个人亚科（大猩猩、黑猩猩和人类），在人亚科中，有一个人族（Hominini）——这个只包括我们人类和我们自己的祖先。实际上，我们最早的人亚科原人祖先已经适应了习惯性地用两条腿走路，也正因如此，我们认为他们是我们的祖先，而不是我们的近亲（如黑猩猩）的祖先。

2001 年，法国古生物学家米歇尔·布鲁内特（Michel Brunet）率领的一个小组在乍得发现了一块变形的头骨局部化石，其年代可追溯到 600 万年至 700 万年前。这是一个新物种，命名为撒海尔人乍得种（Sahelanthropus tchadensis），它另外还有个绰号叫"图迈人"，在当地的戈兰语中，"图迈"的意思是"生命的希望"。这个脑壳很小，但有一些有趣的特征表明这个头骨化石可能属于我们的人亚科原人祖先。与下巴向前突出的现代黑猩猩相比，图迈的脸是平的。但在这个头骨下面，可能有一个更重要的线索，在枕骨大孔的位置，也就是颅底的那个大洞，脑干在那里伸出去，形成脊髓。在黑猩猩的头骨中，这个洞位于头骨后部。图迈头骨虽严重变形，但人们判断其枕骨大孔更靠前，因此这个头骨应该是长在一个直立的脊椎上且能保持平衡。这听起来差别甚微，但这种大孔位置和直立脊椎之间的联系对其他动物也适用。两足长鼻袋鼠的枕骨大孔位置比四足的鼠类更靠前，两足小袋鼠的枕骨大孔位置也比四足树袋鼠更靠前。不幸的是，人类和黑猩猩的头骨下的大孔位置有很多变化，这意味着我们无法确定图迈是否真的是一种直立的、两足的猿类，即人亚科原人。

古人类学充满了争议，也正因如此，这门学科才如此有趣。图迈头骨的一个大问题是它只是一个头骨（图 10-1）。尽管有传言称同时还发现了股骨，但从未有文献报道过这块骨头。不过单凭图迈枕骨大孔的位置，就可能判断出他是直立行走的。

但如果没有来自其骨架其余部分的任何证据，这一点很难确定。并不是所有人都同意布鲁内特对图迈头骨的解释，一些研究

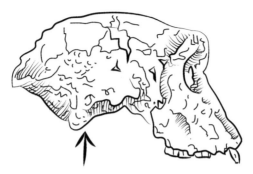

图 10‑1　图迈头骨——此图标示了枕骨大孔的位置

人员认为图迈根本不属于人亚科，而可能是黑猩猩和人类的共同祖先，甚至可能是大猩猩的祖先。

露西的臀部和约翰逊的膝盖

在后来收集的化石中，我们发现了更多的骨架，其中一副保存最好、最著名的古人类骨架是"露西"，是由唐·约翰逊（Don Johanson）在 1974 年发现的。约翰逊是一个由来自美国、英国和法国的人类学家组成的科考小组的成员，他们在埃塞俄比亚北部的阿法尔地区工作，对哈达尔地层进行调查。哈达尔地层中含有大约 300 万年前的化石沉积物。

我很幸运在为 BBC2 台录制《解剖史前古尸》（Prehistoric Autopsy）的时候亲眼见到了露西。其中一期聚焦于她以及她的物种——南方古猿阿法种（Australopithecus afarensis），我们不仅在演

我们为什么长这样

播室里看到了她骨架的精确模型，还委托制作了真人大小的重建模型，并在节目结束时公布。

露西非常矮小，身高只有一米，但是毫无疑问的是，我们看到的是一种古人类，一种习惯在地面上用两足行走的猿人。尤其是她的臀部形状特别像人类的，与黑猩猩的完全不同。不同于黑猩猩又高又窄的髂骨，人类骨盆上部的髂骨又短又宽（图10-2）。

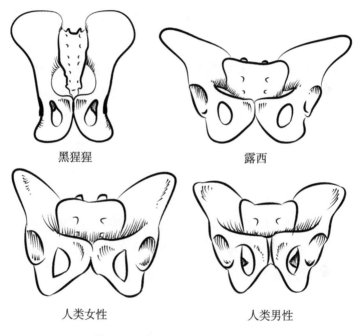

黑猩猩　　　　　　　　　露西

人类女性　　　　　　　　　人类男性

图10-2　露西、黑猩猩和人类的臀部

如果要在髋关节周围布置一些关键肌肉，人族的宽髂骨是非常重要的。臀大肌、臀中肌和臀小肌从髂骨外表面连接并伸入股骨颈。臀大肌，顾名思义就知道是一块非常大的肌肉，覆盖在另外两块肌肉上。它是髋关节的强有力的伸肌，相对于骨盆位置将大腿向后拉。在你想要站起来或爬楼梯时，你用这块肌肉来伸直你身子下面弯曲的腿。另外两块臀肌从骨盆侧面向下连接到一个从股骨颈伸出的杠杆上，这个杠杆叫作大转子。这些肌肉的作用不是伸展髋关节，而是将大腿向外侧移动，即"外展"。但它们对人类的真正意义在于它们是如何通过收缩来稳定髋关节的，而不是实际去移动髋关节。每次你迈步时它们都会起这种作用。当你把一只脚抬离地面，把你的腿摆过去，你就只剩下一条腿站着。此刻，你的骨盆在没有支撑的一侧有下沉的趋势——如果你摆动腿向前迈步时真的出现了这种情况，结果是你只能拖着脚在地上走。但是腿部的髋关节外展肌（臀中肌和臀小肌）在站立时收缩，将骨盆拉向一侧的股骨，并防止它下沉到另一侧。

臀中肌神经受损时其活动能力会丧失，这时髋关节周围肌肉组织的意义就显露出来了。当臀中肌神经受损的病人向前迈步时，由于站姿一侧没有臀中肌支撑，他们的骨盆在移动的那条腿上就会下沉。为了弥补这一缺陷，病人会将整个身体重心放在保持站立姿势的那条腿上。最终导致了一种奇特的蹒跚行走的方式，被称为"臀中肌倾斜"或"特伦佰氏步态"。[1]

露西有宽大的骨盆，不会以特伦德伦堡步态蹒跚而行，但她似乎也不会像黑猩猩那样弯曲臀部和膝盖走路。如同人类，她的腰椎会向后弯曲，产生脊柱前凸，平衡骨盆之上躯干的重量。

---

[1] 弗里德里希·特伦德伦堡（Friedrich Trendelenburg）是德国外科手术的先驱，他生于1844年，于1924年逝世。他的名字因一系列外科问题、试验和治疗而被人们铭记，其中包括步态异常，以及治疗静脉曲张的试验和手术。——译者注。

有进一步的迹象表明，露西走路的时候双腿应该很直。其实，最早被命名为南方古猿阿法种的骨架化石碎片是一块股骨的下端和胫骨的上端。这些化石是在发现露西的前一年由同一位古人类学家找到的，这些化石很快就被命名为"约翰逊的膝盖"（图10-3）。重要的是，它们表明股骨和胫骨成一种角度相交，这是另一种习惯性两足行走的迹象。就凭这些古代膝盖的化石，约翰逊判断他看到的是一种两足猿，一个人亚科原人。四足动物的股骨往往是直的，膝关节处没有角度，但人类和他们的两足祖先都是股骨内曲、朝向膝盖，在膝关节处形成角度。即使你觉得自己不是内八字，但你多少也有一点，尤其是与你的黑猩猩表亲相比时。当你向前走时，你身体的重量会落在一只脚上，保持平衡，然后再落在另一只脚上。为了做到这一点，你需要把脚放在身体重心的正下方。倾斜的股骨和有角度的膝盖能帮助你做到这一点。

双髁角度只有伸直腿走路时才有用，所以如果骨架中存在这一特征，就表明南方古猿和我们一样，走路时膝盖是直的，不是弯曲的。伸直腿走路更高效——试试在走路时弯曲你的臀部和膝盖，你就会感受到你的肌肉，尤其是大腿前部的股四头肌有多累。

虽然双髁角对有效地用两足行走非常有用，但它也会给膝盖带来连锁反应。构成大腿前部大部分肌肉的股四头肌与膝关节交叉，在这里膝盖骨或髌骨嵌在膝关节的肌腱中，并插入胫骨前部的肿块中。因为你的股骨是有角度的，你的股四头肌也有角度，它的作用线不是穿过膝关节的中心，而是稍微偏在一侧。这意味着，当你收缩你的股四头肌来伸直你的膝盖时，膝盖骨也会被拉向一侧——向你膝盖的内侧或外侧。你的身体构造弥补了这一点

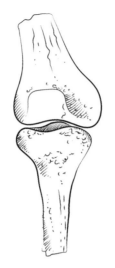

图 10‑3　约翰逊的膝盖

[必须如此，否则你的膝盖骨（髌骨）会一直侧向脱臼]：在股骨下方的外侧唇有一个陡峭的骨架，也就是在膝盖骨所在的位置，股四头肌内侧头附着的肉质纤维比外侧髁延伸得更远，这就意味着这块肌肉的中间部分有助于将髌骨拉向中间防止它脱臼。另外还有坚固的纤维组织附着在膝盖骨上，帮助它固定。

　　从脚踝到脚，有更多的迹象表明露西这一物种习惯于用两条腿走路。踝关节是铰链关节，由胫骨和小腿上的伴骨、腓骨和脚的最上骨——距骨——构成。大部分通过关节的载荷发生在距骨和胫骨之间，此时腓骨支撑着关节。下胫骨和腓骨紧密相连，有助于稳定踝关节。两根骨头形成的突出部分向下延伸到距骨的两侧，卡紧它并将其固定住。低头看你的脚，把脚趾向上拉，这个动作就是背屈。现在脚趾向下弯，你的脚在做跖屈。这两个动作都发生在踝关节这个铰链处。你也可以将脚掌向内（这叫作内翻）或向外扭转（外翻）。这些运动不是发生在踝关节的，而是更靠下的位置，在脚部。

我们的脚踝和脚的构造意味着我们的脚底可以完全着地。黑猩猩的脚踝和我们的不同，它们的脚踝是"翻转"的——换句话说，它们的脚踝在自然休息时脚底稍微向内。胫骨的关节面与距骨形成关节，在人类身上是垂直于胫骨轴的。而在黑猩猩身上，这个关节与胫骨轴的角度引起自然的脚部反转。黑猩猩的脚踝也可以让脚向后弯曲，与胫骨形成45°角。这使它们能够轻松地爬上垂直的树干。在这方面，大猩猩、猩猩和长臂猿都与黑猩猩相似。相反，从垂直于你的胫骨的静止位置，你可能只能把脚向上弯曲15°（专业术语是背屈），直到它与胫骨形成一个大约75°的角。如果把这个角度弯到45°可能会伤到你的脚踝，但在其他猿类中，弯到这个角度完全正常。

人类的脚和其他猿类的脚看起来大不相同。看看黑猩猩的脚，你会觉得很明显这是一个专为抓握而设计的器官。它的脚很灵活，脚趾很长，大脚趾像大拇指一样向外突出。而人类的脚看起来很不一样，它更不容易弯曲，有一个"脚背"（解剖学叫作"内侧纵弓"），由脚步骨架的自然形状构成，并由韧带和肌腱支撑（图10-4）。在你脚的外侧边缘有一个不太明显的足弓，还有一个横向的足弓，从足部的一侧到另一侧。

这些足弓让你的脚变得有弹性。当你走路或跑步时，支撑这些足弓的韧带和肌腱的弹性使你每一步都能保存一点能量——当你的脚着地时，肌腱会稍微拉伸，当你的脚离开地面时，肌腱会弹回来。你的脚趾相对于你的黑猩猩表亲来说比较短，你的大脚趾和其他脚趾排列整齐。这样的脚是用来走路和跑步的，不是用来抓东西的。（不过你的脚仍然有黑猩猩脚上的所有肌肉，所以在某种程度上仍然有可能锻炼出抓握能力。那些失去双手的人，或者生来就没有双手的人，向我们展示了人是能够重新找回我们脚上的抓握能力的。）

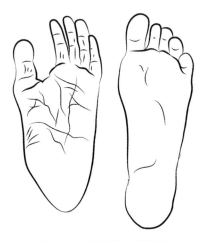

图 10－4　黑猩猩和人类的脚

2000 年，在埃塞俄比亚的哈达尔（Hadar）发现了一具保存极为完好的足骨。过去的 25 年里，在发现足骨的地点发现了 250 多块化石，它们都可以追溯到 320 万年前，而且似乎都属于露西所属的物种——南方古猿阿法种。我们有理由认为这块脚骨也属于同一物种。更确切地说，这块骨头是左第四跖骨，这是一块很重要的骨头，因为它的长度发生了扭曲，说明它是类似人脚的一部分，而不是类似黑猩猩的扁平足。

远古足迹

化石骨架并不是我们认为南方古猿和我们一样经常用两只脚走路的唯一原因。当然，有这些化石已经足够了，但还有一些来自坦桑尼亚的其他证据很难反驳。

大约 370 万年前，一座名为萨迪曼（Sadiman）的火山在现在的坦桑尼亚境内爆发，将大片的火山灰喷射到空中。那时正赶上雨季，当火山灰云消散后，就下起雨来，把火山灰层变成了一层又细又黏的泥浆。走过这里的动物都留下了它们的足迹，有大象、长颈鹿、羚羊、珍珠鸡，还有一些我们的祖先。三个古人走过灰烬，留下了一串脚印。经过了数百万年，克服了重重困难，这些脚印保存下来。2011 年，我去了坦桑尼亚，在那里遇到了一个人，那人现在的工作是为游客和电视摄制组管理野外营地。我们当时正在制作一个关于饮食在人类进化中的作用的节目，希望能和一群丛林深处的哈扎狩猎采集者一起拍摄。狩猎组织者的名字叫彼得·琼斯（Peter Jones），我记得以前就听说过他的名字。

早在 1977 年，在彼得开始组织狩猎之旅之前，他就和玛丽·利基（Mary Leakey）的团队在坦桑尼亚的拉多里（Laetoli）寻找古人类化石，他在古老的火山灰层中发现了疑似人类脚印的东西。那年晚些时候，玛丽·利基在美国举行了一场新闻发布会，这一重大发现登上了各大新闻头条。毫无疑问，拉多里脚印表明，大约 400 万年前一些类人猿已经开始直立行走了。

利物浦大学的罗宾·克朗普顿（Robin Crompton）对这些脚印进行了仔细的分析——利用激光扫描测量深度，并计算每只脚压入黏性火山灰的压力——揭示了拉多里类人猿是如何行走的。这些类人猿很可能属于在附近发现的化石物种，即南方古猿阿法种，是露西的同类。火山灰上的脚印提供了独立的证据，并与从远古人的化石骨架中得到的推论相互印证。脚印再次表明这些类人猿和我们一样直立行走，而不是像黑猩猩一样走路的时候臀部和膝盖弯曲着。

人脚的局限性

但是我们祖先的脚踝和脚是什么时候发生改变的呢？要回答这个问题，我们需要把网撒得更广一些，看看更久远的亲戚，甚至更早期的人亚科原人祖先。我们还需要确定包括我们自己在内的现存猿类的身体结构和功能的范围。从我们自己的生活方式来看，人类的运动方式可能比我们想象的更多样。

首先：脚踝。我们注意到人类的脚不会像黑猩猩的脚那样弯曲。一个快速的小测试让我确信我的脚确实是这样，可能你的脚也是如此。但是，你和我一样是在一个人们很少爬树的国家长大的。我们的身体结构不仅由基因决定，也由环境决定。如果我们从小就爬垂直的树干，那么我们的踝关节会有多大的不同呢？

我敢打赌，有些现代人一天爬树的次数比你一生中爬树的次数还多。生活在现代的狩猎采集者，为了获取某些水果和猎物，尤其是要采集蜂蜜，会经常爬树。有充分的文献记载，来自刚果民主共和国伊图里森林（Ituri forest）的姆布蒂人（Mbuti）和来自马来西亚巴泰克（Batek）的埃菲人（Efe）会爬到令人头晕目眩的 50 多米高的树上采集蜂蜜。爬这么高的树是一项危险的活动，但是为了采集蜂蜜，另外，做这样的事情能给当事人带来极高的声望，因此是值得的。在树干很粗的情况下，这些人有时会使用攀爬器械，但在较细的树干上，采蜜者会在无辅助器械的情况下爬上去。

那么进行这种垂直的攀爬的时候，当地人脚踝背屈的程度到底有多大呢？为了准确回答这个问题，人类学家最近拍摄了乌干达的图瓦狩猎采集者。图瓦的男子爬树采蜜时，他们的踝关节比我的灵活得多。他们爬的时候会把脚踝向后弯曲超过 45°。踝关节的这种额外的灵活性似乎是来自于软组织结构，尤其是结实的小腿肌肉，而不是来自踝关节的骨架结构。如果生活在现在的一部分人能够以这种方式爬上垂直的树干，像露西这样的早期人类也可能做到这一点。我们的身体结构有时比我们想象的更灵活，特别是当我们从小就经常做某些事情的时候。

那么脚踝以下的脚呢？既然人类的脚和其他猿类的脚看上去似乎存在非常明显的差异，我们也可以大胆地假设。比如，虽然我们的脚变得更结实但缺乏灵活性了，但是黑猩猩的脚可能仍然保留了祖先的灵活性。我们的脚上有足弓，脚底有强壮的韧带，这是其他猿类所没有的。

如果我们先不看猿类，而是看看猴子的脚，就会发现一些相当有趣的东西。猴子的脚没有那么灵活，而是相当结实，这对跳跃很重要：用更灵活的脚作为杠杆，从支撑物上蹬开会更困难，效率也更低。但是非洲猿太大了，不能像体重轻小的猴子那样安全地在树上跳跃，所以猿类的脚就可以变得更灵活。正如我们所见，它们的脚确实很灵活，非常善于抓握，看起来几乎像手一样。很长一段时间以来，人们一直暗地里假设，认为人类的脚一开始看起来肯定很像黑猩猩的脚，但是猴子的脚很结实，表明还有其他的可能性。我们有理由认为古猿的脚可能更结实。

古人类学家发现了一组属于一种叫地猿始祖种（Ardipithecus ramidu，拉密达地猿）的化石，其可以追溯到大约 440 万年前，这迫使古人类学家以新的视角来看待古人类的脚（以及古人类骨架的许多其他部分）。人们后来称她为"阿迪"，她的脚更像猴子的，而不像非洲猿的。与其他类人猿不同的是，阿迪的大脚趾向外突出，很适合抓树枝，但不太适合走路的时候往地面施加推力。但阿迪的脚也很结实——更像猴子和现代人类的脚。

但是人类的脚和其他猿类的脚相比有多结实坚固呢？要想正确解释化石脚印，取决于对现存人类（和其他灵长类动物）形态和功能的深入了解。70 多年来，人们一直认为人类的脚很结实，不像其他猿类的脚那样能在中间弯曲。但是最近，一组科学家对现代人类的脚进行了测试，这些科学家包括罗宾·克朗普顿，他一直对脚和脚印着迷。他们利用一台能记录压力的跑步机收集了人们走路时脚底压力变化的数据，并且发现了一个惊人的变化范围（图 10-5）。正如人类脚踝的功能似乎比我们之前假设的更多样化那样，我们对人脚的坚固程度的认识似乎也太刻板了。有些人有"猿类一样"灵活的中足，他们的跗骨中部是断开的。

另一组人类学家收集了 398 名在压敏垫上行走的人的数据，发现其中 8% 的人有同样的跗骨中段断开。很明显，人类脚的灵活性并不是"要有全有，要无全无"；这项研究的参与者展示了人类的脚的灵活性存在较大的差异范围。脚更灵活的人也更倾向于是扁平足，足弓较低。

图 10-5　行走过程中脚底压力的变化（Bates et al. 2013）

罗宾·克朗普顿的团队发现，个体之间也存在差异：脚的灵活性可能会发生变化。令人难以置信的是，他们所分析的人中有三分之二的人在跑步机上行走 5 分钟后，双脚跗骨中部出现了断开。这表明，控制脚的结实程度的主要因素不是骨架，而是韧带、肌腱和肌肉等软组织。这再次表明，在借助化石骨架推断功能时我们必须谨慎。我们首先需要了解人类脚部结构和功能的变化。事实上，我们每只脚的结实程度是不同的，这一点很重要，因为这可能有助于我们在不同类型的表面上行走。

研究人员还收集了倭黑猩猩和猩猩的数据，发现了一些令人迷惑的情形。这些研究结果与人类的数据重合。虽然猿类的脚外侧通常表现出更高的压力，但一些人也是如此。

现代人类脚的各种表现型（如果包括那些从小到大不穿鞋的人，这种变化类型还会更多）使得我们很难解释足化石的功能，也很难推断出一个特定的古人类会花多少时间在地面上行走，而不是在树上活动。现在，我们清楚了，看起来非常不同的脚最终可能在功能上非常相似，另外，那些看起来明显与特定功能相关的特定特征——比如跟其他脚趾相对的大脚趾与抓握树枝之间——并不是那么容易就能被解读的。例如，低地大猩猩是最具树栖性的非洲猿类，但它的脚也最像人类的。

脚的功能似乎比我们过去认为的更加多样化，但这并不意味着我们应该放弃对脚的解读，而是说，我们需要对此做更多的研究。如果想要真正理解一个化石物种如何运动并与环境相互作用，我们需要确保我们真正理解了现存物种的结构与功能之间如何联系，以及形态和功能与生态如何联系。

我们还需要记住，任何现存物种都不太可能与远古祖先非常相似。自人类与黑猩猩享有最后一个共同祖先以来，在过去的500万年到700万年间，人类的身体结构发生了巨大的变化，黑猩猩家族的解剖结构无疑也发生了变化。这让我们不禁疑惑，我们的最后一个共同祖先到底多大程度上像黑猩猩？与这个问题相关的或许是一个更大的问题：人类的两足行走习惯从何而来？

两足行走的起源

有关人类进化，最著名的一幅图是"进化的步伐"（March of Progress）。图的最左边是一个类似黑猩猩的祖先，通过一系列逐渐直立的生物进化过程达到最高点，成为图的最右边的完全现代的人类。关于这个主题有各种各样的恶搞，大家可以使用谷歌的图片搜索功能搜一下"March of Progress"，一下子就能看到一大堆这类图。有一个很棒的恶搞图片，图中的人一开始弓着背、拿着耙子，然后是拿着风钻，最后是坐在了电脑前。还有一个是以《神秘博士》中的戴立克人为主角的，画成它是由吸尘器一步步演变而来；另外还有"辛普森一家"的版本，最后进化为了"霍默人"[1]。有人甚至用乐高积木做了一个模型，然后拍照上传。

这一标志性的图像已经深深植根于我们的文化中，而且我认为也植根于我们的大脑中。但归根结底，它强调并传播的是关于人类进化的两个有害而无益的观点。首先，它将人类进化视为一种坚定不移的线性进程，甚至可能是一种命中注定的"进化的步伐"，对这种错误观点推波助澜。进化（包括在我们所处的生命之树的小枝干上）不是一个不断进步的阶梯，而是——此处借用斯蒂芬·杰伊·古尔德（Stephen Jay Gould）的话来说—— 一片"枝繁叶茂的灌木"。最早的名为《智人之路》（*The Road to Homo Sapiens*）的插图是由鲁道夫·扎林格（Rudolph Zallinger）为美国人类学家 F·克拉克·豪厄尔（F. Clark Howell）的一本科普书绘制的，这本书名为《早期人类》（*Early Man*），于 1965 年出版。豪厄尔在书中并没有将古人类进化描述为一个线性的轨迹，而这些插图——是当时已知的猿类化石和古人类物种的重建——只是简单地按照大致的时间顺序排列了一下。其目的显然不是要暗示图中的一个物种会沿着这样的链条在进化过程中一步就进化成另

---

[1]《辛普森一家》中爸爸的名字通译为"霍默"。"霍默人"指外观像他的人。

一个物种，但粗略地看一下该插图，人们就会这么理解——这就是图像的力量。

此外，这个图还会给人造成另一种毫无助益的印象，似乎告诉我们两足行走的类人猿是由类似黑猩猩的、指撑型行走的祖先进化而来的。这么解读对原始的插图可能有点不公平，因为原始的图上包括15个物种，而最前面的两个物种——上猿和原康修尔猿——实际上是直立行走的。完整的插图采用了折页的形式，展开后的那一页上的第一个物种是四足的森林古猿（中新世时期生活在欧洲和亚洲的猿）。根据这幅插图重新绘制的版本将里面的物种缩减为5到6个，从指撑型行走的森林古猿开始，而且把它画得非常像现代的黑猩猩。因此，我认为这样的插图带来了另一个问题：它在我们的大脑中形成了一个鲜明的观点，让我们以为两足的人类是由类似黑猩猩的、指撑型行走的祖先进化而来的。近年来，人们发现人类与黑猩猩的遗传基因非常相似（这取决于你如何衡量，但有时这种相似性被认为高达99%），这一发现只是助推了人类的祖先类似黑猩猩的观点。但这实际上是一种很老旧的假设。

两足行走被看作是人类的根本性的特征，但对此我们应该高度谨慎，认识到我们的特有的特征是习惯性地两足行走，因为所有现存的猿类其实都能用两条腿走路——它们只是不像人类那样乐意长时间两条腿走罢了。对人类来说，用两条腿走路（或跑）是我们选择的"运动模式"。只有婴儿需要四肢着地爬行，而攀爬和悬挂是为儿童和一些更爱冒险的成年人准备的。（这并不是说我们不擅长攀爬，我们实际上是擅长的，接下来的几页会讨论一下这个问题。）

　　人类（习惯性）两足行走的起源一直是个争论激烈的话题。1863 年，在达尔文发表《物种起源》四年后，他的"斗犬"托马斯·亨利·赫胥黎（Thomas Henry Huxley）在《人类在自然的位置》一书中提出了自己关于人类进化的论述。该书的卷首插图中绘制了一系列的骨架：长臂猿、猩猩、黑猩猩、大猩猩和人类的，都是直立的姿势。似乎很明显，人类是由已经在树干上直立活动的猿类进化而来的，那些猿类靠胳膊（或手臂）吊在树枝上四处活动。直到 20 世纪初，人们仍然普遍认为，在某个时候，我们的祖先是从树上下来，继续直立行走，但这次是用双脚行走。1923 年，苏格兰解剖学家、伦敦皇家外科学院亨特利安博物馆（Hunterian Museum）文物保护员亚瑟·基思爵士（Sir Arthur Keith）在他的"长臂猿理论"中概括了这一观点。长臂猿已经完善了摆臂的艺术——如果你有机会看到它们摆臂，你会觉得很神奇——但当它们落到地上时，就用两条腿走路。

　　但是关于人类两足行走起源的观点在 20 世纪后期发生了转变。长臂猿被人们遗忘了，因为新的遗传学研究表明，人类与黑猩猩和大猩猩等非洲猿类有更密切的亲缘关系。这些猿类倾向于四肢着地在地面上行走，用脚底和指关节走路，即所谓的"指撑型行走"。因此，我们可以做出合理的假设，认为人类、黑猩猩和大猩猩都是从指撑型行走的共同祖先进化而来，而这可能是所有相关物种的最简单、最节省的进化路径。事实上，研究人员已经在猿类和现代人类手部和腕部找到了一些骨骼特征，似乎是为了适应指撑型行走而做出的进化改变。（这意味着，由于我们曾经有指撑型行走的祖先，尽管我们如今不再以这种方式行走，但是仍然拥有这些特征。）

在没有非常可靠的证据支持的情况下，将特殊的骨骼特征与特定的功能联系起来时保持谨慎是有益的做法。的确，在许多科学领域保持谨慎都是有好处的。我们根据已知的知识来提出假设，但是好的假设要经得起检验。随着我们收集的数据越来越多，我们可以预料到一些假设可能经不住时间的考验，那样的话我们就必须对所看到的模式做出新的解释。这并不意味着我们不能相信科学理论（毕竟，科学理论和科学"事实"是一回事），这只是意味着我们必须让思想保持开放，接受某种解释可能会改变这样的事实。也许这让整个科学大厦看起来不那么稳固，但其实完全不必有此担心。科学上有一些理论、一些事实是不太可能被推翻的，它们是完全可靠的。例如，地球确实是球形的，而不是扁平的，另外生物进化肯定是发生过的。但是，我们的祖先开始习惯于用两条腿在地上行走之前，他们是如何移动的呢？关于这一点，有更多的争论空间，而且现在对于指撑型行走的祖先这一整体概念存在一些重大挑战。

首先，只有当黑猩猩、大猩猩和我们人类的指撑型行走的祖先的行走方式在本质上是相同的，或者是结构上同源，这种优雅的建议才会解释得通。过去 15 年左右的几项研究对这一假设提出了质疑，研究表明，黑猩猩和大猩猩的指撑型行走方式略有不同，它们的手腕的发育方式也不同。一些被认为与指撑型行走有关的骨骼特征也受到了质疑。其中一些与稳定手腕关节有关，但那可能是一种主要为垂直攀登而进化的东西，只是碰巧对指撑型行走也有用。

阿迪（地猿始祖种，20 世纪 90 年代初首次被发现）的解剖结构也使得人类似乎不太可能有一个指撑型行走的祖先。阿迪是一种非常久远的人亚科原人：它生活在 440 万年前，和我们与黑猩猩的最后一个共同祖先生存的时间非常接近，因为根据基因比对，我们与黑猩猩的进化路线是在大约 500 万年到 700 万年前分化的。这一物种留下了大量的骨骼化石可供研究，这些骨骼揭示出阿迪并不太像黑猩猩。如果硬要说她像什么，她更像一只大猴子而不像最早的古猿（包括原康修尔猿等物种）。我们已经看到阿迪的脚是坚固结实的，但是她的大脚趾是与其他脚趾相对的。脚上的这些特征综合起来反映了骨骼的特点：阿迪的特征表明她既适应在树上生活，也经常在地面上用两足行走。

阿迪的骨骼没有任何特征表明她是指撑型行走的，也没有任何特征表明她经常用手臂悬挂在树上。她有一个非常灵活的手腕，手可以向后弯曲很多，而不是像如今人类之外的猿类那样有着僵硬的手腕。阿迪四肢的比例与现代猕猴相似，只是体型更大。有人认为阿迪会像猕猴那样用四肢、脚底和手掌在树上活动。然而，罗宾·克朗普顿与其同事指出，跟猕猴相比，阿迪体型非常大，重约 50 千克——实际上是猕猴的 5 倍多。她体型很大，脚也很僵硬（另外，作为猿类，她也没有尾巴），这意味着她很难用四肢在树枝上爬并保持平衡。相反，他们认为阿迪所做的事情是所有猿类都会做的，如此一来，在地面上行走对她来说就不算是巨大的飞跃了：阿迪在树上走来走去。

这么推测很有道理——阿迪可以用两条腿站着，用手来稳定身体，抓住上面或侧面的树枝，或者用手掌和手指向下握住低于肩膀高度的树枝。通过这种方式，一只比较高大的猿也可以安全地在高高的树上活动。事实上，所有的类人猿仍然用这种方式在树上移动：用两只脚沿着水平的树枝行走，用手来帮助他们保持平衡。在所有的猿中，猩猩待在树上的时间最多，同时也是最习惯于用两足行走的猿。当猩猩用两条腿走路时，它们的臀部和膝盖往往比黑猩猩和大猩猩的更直，而黑猩猩和大猩猩都倾向于采用更弯曲且低效的弯曲臀部和弯曲膝盖的步态。

观察一下猩猩"在树上行走"，你会觉得很有趣。虽然它们在树上活动的时候，双足行走的时间不超过 10%，但这对它们很重要。用两条腿站在树枝上意味着它们可以直接够到树的边缘，摘到那里的果子，然后跨越到另一棵树上——这比从一棵树上下来再爬上另一棵树要更容易，效率也更高。除了沿着水平的树枝移动外，猩猩在爬树时也会采用站在树枝上的方法。我认为，与黑猩猩和大猩猩天生就会爬上垂直的树干相比，我们似乎更熟悉这种攀爬方式（尽管我们发现饥肠辘辘的人类采集觅食者似乎也能轻易做到这点）。

对我来说，在树上行走和攀爬时尽可能利用水平的树枝，让人类的两足行走看起来更自然。它不是一种全新的运动形式，而是已经存在的运动方式——很可能可以追溯到猿类的进化过程中。关于两足行走何时出现以及如何出现，人们有很多的争论。此外，一个多世纪以来，人们也一直好奇它为什么会出现。达尔文提出的假设是手可以用来防御，还有一些人认为这样可以腾出手来抱着食物或无助的婴儿。或者这么做能让类人猿的视线越过大草原上的高草看到捕食者。或者，在炎热的大草原上，双脚站立让身体暴露在烈日下的部分减少。或者它起源于一种进攻的姿势。或者是从我们的祖先有段时间需要经常涉水开始的。或者只是因为用两只脚移动比用四只脚移动更有效率。或者是这种姿势让雄性露出外生殖器，给雌性留下深刻印象。或者这是一种花招，不知怎么就流行开来了。或者是以上各种因素的结合。

这些说法中有许多都存在缺陷。早期类人猿的婴儿可能不是那么的无助，因为在人类进化过程中，脑容量的扩充比习惯两足行走要晚得多。黑猩猩特别善于用一只胳膊搬运食物，用另外一只胳膊加两条腿行走。将两足行走解释为适应大草原栖息地的说法不成立，因为我们现在根据对古代环境的重建得知，大草原在大约 300 万年前经历了一次大规模的扩张，这大大晚于类人猿开始用两条腿走路的时间。所谓的水生猿类假说漏洞太多，不值得在这里进行讨论（奇怪的是，这种说法流传甚广，生命力经久不息），在这里我只需告诉大家，根本没有任何证据表明，在人类进化中有哪怕是半水生的阶段。无论如何，重点是：如果在陆地上两足行走对猿类来说不是一件非同寻常的事情，而是极为平常的话，我们也就无需为这样做找一个非同寻常的理由。如果陆地上的两足行走是由指撑型行走的猿类进化而来，那么你就需要解释为什么会突然从一种运动模式"翻转"到另一种运动模式。但是如果你把习惯性的两足行走看作是一种特定的运动方式的延伸，而这种运动方式在祖先身上就已经有了，那么这种转变就会比较顺利。对于在更开阔的栖息地而不是茂密的森林中生活的猿类来说，两足行走是一种自然的举动，而且猿类的祖先在树上的时候已经开始用两足行走了，因此在地面上站立起来也就比较容易了。

事实上，在树上行走似乎对几种古猿类很重要，包括生活在中新世（530 万年至 2300 万年前）的皮尔劳尔猿、西班牙古猿和莫罗托猿。似乎至少有一种中新世猿类会有足够的时间在地面上行走，因此塑造了它们的解剖结构。山猿是一种生活在 700 万年到 900 万年前的古老猿类，分布在今天的托斯卡纳和撒丁岛。山猿拥有我们熟悉的一些特征：膝盖处有一个双髁的角度，臀部和膝盖显然适应了运用伸展：这当然看起来像在地面上行走的猿类。大约 500 万年后出现的阿迪可能也以类似的方式四处走动，将在树上行走和在地上行走结合起来。

前面我批评了人们根据扎格林的《进化的步伐》简化的版本所传播的指撑型行走的祖先形象之后，我希望能从大家的脑海中抹去那幅画面，里面描绘了指撑型行走的猿类站立和行走的景象。现在有可靠的证据表明，我们的人亚科原人祖先从未采用指关节走路，而是由在树上行走的物种变成了陆地行走的。这种关于两足行走，甚至是陆地上两足行走的起源的观点，把它推回到人类出现之前的时代，回到中新世古猿的时代，它们是猩猩、黑猩猩、大猩猩以及我们人类的祖先。

这一观点挑战了我们乐于把自己看作是特殊个体的倾向，但如果这种说法是正确的，那么黑猩猩和大猩猩才是真正的革新者，它们的祖先独立地创造了指撑型行走这种新的行走方式。事实上，很有可能，这不是它们的唯一创新。观察现存猿类以及古猿化石的前肢（实际上还有后肢），我们发现那些为了适应攀爬和悬挂而发生的适应性变化，包括腕部关节的稳定功能，都是平行地进化了好几次。这当然表明攀爬和用前肢悬挂的能力本身经过了好几次进化。表面上看，这些曲折可能没太有必要（如果这种行为和这些特征只出现一次，不是更简单、更节约吗？），但化石记录并没有显示出一种稳步进步的过程——这个过程要零碎得多。我们可以想一下，只有当体型足够大时，把攀爬和悬挂当作运动的方式才比较合理。（还记得有关阿迪是树上的四足动物的争论吗？用四足行走的方式在树上平衡庞大的身体很困难，而站立起来或攀爬，用腿来支撑身体的重量，用手来辅助，或者像一些猿类那样挂在树枝上，这样活动则要容易得多。）

在这些富有创造力的猿类中，我们人类似乎是属于保守的那一支；我们只是坚持下来了用两只脚走路，就像猿类一直所做的那样。

生而善跑

除了在陆地上行走，如果我们把在树上行走也算上的话，那么我们的祖先用两条腿走路的时间比我们之前认为的要长得多。但是就总体的体型和四肢比例而言，他们是什么时候开始看起来像我们的呢？阿迪，甚至南方古猿，都有着长长的臂和比较短的腿，看起来很像其他猿类。（直到 2005 年前，露西的骨架是人们发现的唯一一具既有胳膊又有腿的南方古猿阿法种。后来，一个埃塞俄比亚的研究小组在阿法尔地区发现了另一具骨架的部分，其年代可追溯到 360 万年前，他被称为卡达努姆（意为"大个子男人"），比露西大很多，很可能是一具男性骨架。他很高，但与现代人相比他的腿仍然很短。长腿是当今人类的特征，在我们的进化中出现得相对较晚。

1984 年，人们首次发现了真正像人的身体结构的古人类化石，其中也包括比较长的腿。卡莫亚·基穆（Kamoya Kimeu）在帮助领导理查德·利基寻找化石的小组时，在图尔卡纳湖以西 3 英里的纳利奥克托米河的砂质河床旁发现了一具骨架化石。这是一具男孩的骨架——他的骨头还没完全发育好——被称为"纳利奥克托米男孩"（图 10－6）。他生活在 150 万年前的东非，属于直立人种（Homo erectus）。一些研究人员把早期的非洲直立人（Homo erectus）分出来，把他们（包括我们所说的这个男孩）归入一个被称为"匠人"（Homo ergaster，东非直立人）的物种。但是，现在支持这是一个额外物种的证据已经变得很少了，特别是后来在格鲁吉亚共和国的德马尼西（Dmanisi）发现的直立人化石，表明这一物种包含了一系列广泛的变化形式。

在这名男孩的骨架上没有找到明显的死亡原因，不过有些人认为可能是牙脓肿导致他死亡。当然，这很有可能——那时可没有抗生素来抑制感染——但并不是完全确定的。不管他是怎么死的，他的尸体肯定很快就被沉积物盖住了，未遭到食腐动物破坏，而且保存得很好。

纳利奥克托米男孩死亡时的年龄多年来一直是研究人员热衷讨论的话题。从骨架来看，他似乎应该是个十几岁的少年。至少，如果他是一个现代人，我会认为他在 10 到 15 岁之间。但从他的

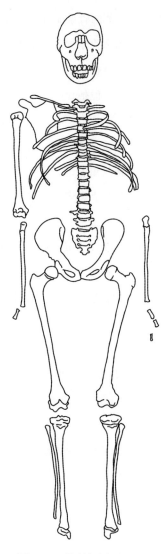

图 10 - 6　纳利奥克托米男孩

牙齿看，情况却并非如此。他的骨架和牙齿分别显示的年龄不相匹配，表明他的发育方式和你我不同。他的发育方式与黑猩猩也不同。不管怎样，对纳利奥克托米男孩年龄的最新、最贴近的估测是他很小，大约只有 8 岁。但他比一个 8 岁的现代男孩成熟多了。他身高大概 154 厘米（5 英尺 1 英寸），如果成年的话，可能会再高 3 英寸。先前的估测认为他身高可能已经有 6 英尺，但从某种程度上说，这种新的预测更合理，这意味着从更早期的能人（他们的身高几乎不比南方古猿高多少）到直立人，身高的变化就不会那么巨大了。

尽管如此，与早期的各种类人猿相比，他身材高大，腿也很长。这两者是有关联的。这似乎是老生常谈了，但不论是在现代人中还是古人类中，身高和长腿之间是有联系的：较高的人的腿似乎也较长。对于我们所属的物种"人属"来说，自然选择可能对体重起了影响，有相对较长的腿自然就有更大的体型。我想如果你看到纳利奥克托米男孩走在远处，你连眼皮都不会眨一下。你不会注意到他的小脑袋和截然不同的脸，只会觉得他的体型看起来非常熟悉。

他的长腿本可以让他走路的效率很高，但人类学家丹·利伯曼认为，他的骨架有许多特征不能解释为是为适合行走而特别产生的适应性变化。例如，有一个结实的韧带从他的脖子后面延伸下来；他的腰又长又窄，肩膀很低；他的臀部有大片的臀大肌，背部有大片的竖脊肌，这两部分肌肉都有助于稳定躯干；在他的腿和脚上，都有弹性组织——包括一块厚实的跟腱——来储存和释放能量；他的脚趾很短。丹解释说，所有这些特征都与一件非常特别的事情有关，为此，你需要有弹力的肌腱和韧带，需要肩膀和躯干在骨盆上方旋转来保持平衡，另外，你还需要强劲的臀部肌肉来伸展关节和阻止躯干前倾。这件特别的事情就是跑步。也许长出长腿也是"为了跑步"，因为加大步幅意味着增加耐力跑的速度。

我在哈佛大学的实验室见到了丹·利伯曼。他还坚持让我在他的跑步机上试一试，证明臀大肌在跑步中的重要性。臀大肌在走路时发挥的作用很小，即使是在轻微的斜坡上也发挥不了多少作用。但在跑步的时候，它非常活跃，会收缩以抵消躯干在站立时的弯曲——防止你摔个嘴啃泥。另外它还会在腿部摆动到尽头的时候让腿减速，好迈下一步。很难确切地说这块肌肉是什么时候长得这么大的，但丹认为它可能对人类跑步能力的进化很重要。

丹的理论在 2004 年登上了《自然》杂志的封面，他认为耐力跑对我们的祖先极为重要。我们一直以来都关注两足行走，将其视作人类运动模式的原型，但似乎跑步也同样重要——至少在直立人出现的时候是这样。除了这个简单的行走和跑步的观点外，这个故事可能还有更多的含义。步行上山或是在崎岖的地形攀登行走，也会用到一些丹认为与耐力跑相关的身体结构。但另一方面，跑步可能为我们的祖先提供了一种在不断变化的环境中生存的方式，也许这让体型发生了变化，造就了如今我们所认识的人类的基本身材。

如今，我们大多数人都过着久坐不动的生活，所以乍一听到说我们天生擅跑，可能会感到非常惊讶。但是对于任何一个跑过长跑的人来说，这一点并不奇怪。我们其实非常擅长跑步。我们的身体结构就是为了容易且高效地奔跑而设计的，虽然我们发现人很难在短跑上超过其他动物，但在长跑中，人可以超过许多动物，甚至是狗和马。

纳利奥克托米男孩所属的物种随着草原——就是我们如今所见到的典型的非洲大草原——扩张而进化，草原上的食草动物也随之增加并且更多样化。随着森林缩小，新草原环境的扩张为能够适应新环境的类人猿提供了机会。要充分利用这样的环境就需要有能力在大范围内高效地活动，而跑步也可能意味着我们的祖先能够有效地通过竞争获取一种重要的能量和蛋白质来源：肉类。至于说到底是通过狩猎还是以腐肉为食尚难回答（也许，更有可能的是两者兼而有之），但直立人在大约200万年前制造的石器似乎是加工肉类的完美工具——用来切割肉和筋。在非洲有几个早期发掘的考古遗迹发现了动物骨头上的切割痕迹（由石器工具造成），应该就是切割肉类的证据。最近，在肯尼亚维多利亚湖岸边发现了大量有屠宰痕迹的瞪羚骨，研究人员认为这是古人类不仅仅搜寻腐肉，而且会狩猎的可靠证据。

一种新奇事物

人类对跑步的适应被认为是进化中一个相当大胆的新想法，这一观点表明，在基因改变发生之前，身体就能发生深刻的变化。

在我们一生之中，身体一直在进行适应性变化。这一点我们从个人经验就能得知：如果你开始在健身房活动，你的身体会发生变化。某些肌肉会变大，而且你会注意到这些变化，但你可能不会注意到你的骨头也会发生变化。我们倾向于认为我们的骨架是惰性的，是我们活的身体中的一个没有生命的脚手架，但是骨头也是活的组织。虽然骨头已经高度矿化，但在硬骨基质的空洞中仍有活的细胞。这些细胞相互之间以及与骨头表面的细胞互通。它们会对骨头上的应力变化做出反应，在需要更多力量的地方长出新骨，在负重消除之后将骨质移除。（宇航员在失重环境中面临的诸多挑战之一就是骨质流失。）

不管是在胚胎期、童年期，甚至是成年之后，你身体的形态和功能并不完全由 DNA 决定。这意味着你的骨架的形状，实际上，还包括你整个身体的形状，不仅是你基因的产物，也是你如何使用自己身体的产物——你的行为的产物。你的基因设定了一组参数，你的身形可以在这个范围内改变。

当身体某个地方的结构和生理机能受到某种程度的干扰时，这个区域的"正常"身体结构可能会发生相当深刻的变化。1942年，一位名叫 E. J. 斯莱佩尔（E. J. Slijper）的荷兰兽医描述了一个奇怪的两足山羊的案例。这只羊生下来前腿就是瘫痪的，不能用四条腿行走。于是乎，它就用后腿跳来跳去，也能很好地移动。当这只山羊死后，斯莱佩尔解剖了它，发现它的身体结构确实很奇怪：它的胸部和胸骨形状奇特，后腿顶部肌肉改变了形状，长出了新的肌腱。像这样的例子能够说明动物身体解剖结构的可塑性有多强。

斯莱佩尔研究的"跳跳羊"说明了一个重要的问题：不管是什么原因导致了山羊前腿的功能丧失，这个问题并没有直接导致其后腿的变化。使其解剖结构发生变化的是这只山羊使用后腿的方式。身体结构的可塑性在成年后可能限制会更多——去健身房是无法达到"跳跳羊"这么戏剧性的变化的——但如果在发育早期阶段行为方式发生了改变，那么就有可能发生戏剧性的变化。

美国生物学家玛丽·简·韦斯特-埃伯哈德（Mary Jane West-Eberhard）提出，在人类进化中，人体结构上与跑步相关的变化可能就是以这种方式出现的，是身体在一生中适应其环境而发生的（通过行为的改变达到），这种变化甚至可能在一代人的时间内就成为整个群体的"常态"。这是一个很重要的观点，在某些方面也相当异端。这无疑是对严格的新达尔文主义进化论的挑战，在这种进化论中，随机的基因突变提供了变异的素材，然后自然选择会鼓励任何有利的突变。对新的行为的反应带来解剖结构的变化（或称表型适应），也会进而产生变异。

这个关于行为、解剖结构和进化之间的联系的大胆想法，与一个关于进化如何发生的古老假设有些相似。早在 19 世纪，前达尔文主义的法国博物学家让-巴蒂斯特·拉马克（Jean-Baptiste Lamarck）就提出过类似的观点。他认为动物可以把它们自己一生中形成的特征传递下去。他所给出的经典的例子是长颈鹿的脖子：一只长颈鹿把脖子伸得更高以便够到树叶，于是它的脖子长了一点，然后它把这种有利的特性传给它的后代。尽管达尔文对"软遗传"持开放态度，但他在《物种起源》一书中提出的自然选择机制使这种说法黯然失色。自然选择机制作用于种群中已经存在的变异。这种变异是由遗传因素造成的（后来被确认为基因突变），因此在一个个体的一生中发生的解剖结构变化是无法遗传的。

但现在看来，这个观点似乎过于死板了。我们现在知道环境对基因的影响可以遗传给后代。化学因素造成的基因变化——在动物的一生中发生的、对环境刺激的反应——会影响它们的功能。而可能更令人惊讶的是，即使基因本身保持不变，这些改变也可能是遗传的。这就是所谓的表观遗传学（不要与胚胎渐成说混淆），这意味着软遗传总归还是有一些合理之处的。

当新行为导致人体结构上的变化时，因为至少在几代内表观遗传的改变是遗传的，一些结构变化本身可能会在几代内遗传。但是表型适应也可能导致真正的进化和基因改变。与随机变异的基因突变相比（大多数突变不可避免是无益的），表型适应产生的变异并不是随机的，从一开始，它就已经在帮助有机体适应环境了。自然选择会作用于这种非随机的变异，也会作用于突变引起的更随机的变异。

某个个体由于行为方式而产生的新的解剖结构特征，可能在生存和繁殖方面具有优势，因此产生这些变化的潜力会被自然所选择。美国心理学家詹姆斯·马克·鲍德温（James Mark Baldwin）在 19 世纪末首次针对学习能力的进化提出了这样的观点，这就是所谓的"鲍德温效应"。

回到我们跑步的祖先，我们便可以理解这是如何发生的。想象一群远古人类，他们的祖先并不怎么喜欢跑步，但他们发现跑步有助于生存。这些人生活在大约 200 万年前的非洲大草原上。他们比自己祖先吃的食物更杂。他们会挖出块茎和树根，把它们煮熟，使它们更美味。在能得到肉的时候也会吃肉——正因如此，跑步出现了。有时他们会捕猎，但大多数时候，他们可能是从被其他捕食者杀死的动物尸体上获取肉。他们很善于发现在地平线上盘旋的秃鹫，会在其他食腐动物到来之前跑向猎物的尸体。他们也会尽量避免面对大型捕食者，但万一大型捕食者出现，他们会扔石头来吓跑它们。

在这种情况下，在一代人之内，跑步对于人类就会变得非常重要了。一旦有人开始这样做，其他人很可能也会加入。孩子会模仿大人。没有任何基因改变，这些人的身体可能会发生相当大的变化，骨头和肌肉会对新的生存要求做出反应。特别是对于那些在孩童时期就开始跑步的人来说，他们的身体最终可能会与他们的直系祖先大不相同。一些人的身体可能没有其他人那么具有"可塑性"，跑起来不那么利索，但也有一些人，他们的基因为身体的重要变化提供了潜在的可能性，这些变化有助于使跑步更舒适、更有效。在跑起来之后，这些人影响了他们自己的进化前景。跑步的遗传潜力将被选择。经过几代人，鲍德温效应意味着自然选择现在将倾向于碰巧会提高跑步能力的基因突变。但这一切是如何开始的呢？不是从自然选择所选中的基因突变开始的，而是从行为的改变开始的。

与我们更熟悉的作用于基因突变的自然选择机制相比，表型适甚至可能应更容易在一个谱系中造成，或至少是引发深刻的变化。表型适应可能是进化中真正的新东西的重要制造者。这些新奇变化与小规模的适应性变化非常不同，后者是由于自然选择促进某些变异，同时消除其他变异而发生的。动物对环境变化的即时反应并产生新奇的变化，其影响力非常大，可以同时影响许多个体。

当然，这并不是说达尔文错了，也不是说自然选择不重要。他没错，自然选择也确实重要，只不过，除了自然选择，可能还有更多的因素，而且拉马克的观点也并非全无道理。

我们的祖先可能并没有去等任何有用的基因突变发生来帮助他们，就开始了跑步——那些变化很可能是随着行为的变化而来，而不是促进了行为的变化。但是无论我们的祖先多么适应了耐力跑，他们仍然没有许多其他奔跑者跑得快，包括一些相当大型的非洲食肉动物。因此，保留一些更"原始"的特征可能是值得的，比如人类的腿虽然很适合跑步，但又不是过于专门化，至少没有专门化到在必要的时候没法爬上树的程度。（想象一下一只汤普逊瞪羚试图爬树的情景！）我们还有长而灵活的手臂，这是从那些在树上生活了很久的祖先那里遗传来的。事实证明，这些手臂在扔东西时也特别管用——这是一项对生活在非洲平原上的祖先很有用的技能，而我们也继承了这种技能。

11. 肩膀和拇指

习惯攀爬的祖先和人类独特的手

11

"也许没有什么比人类的手意义更重大了，这是人类从野蛮中艰难前行摸索创造出来的最古老的工具，并用之不断探索前进。"

——简·亚当斯

灵活的手臂

我们的手臂和手异常灵活，比大多数其他哺乳动物的前肢灵活得多。这要感谢我们曾经生活在树上的祖先。猿类的手臂比猴子的更灵活，这归结于它们在树上的活动方式不同。猴子主要是四足动物，用四肢在树枝上行走，躯干保持水平。和大多数四足动物一样，猴子的胸部左右侧扁平，肩胛骨上附着肌肉，位于胸腔的一侧。猿类在树上的活动方式有所不同：它们会攀爬，会悬挂，有时还会吊着手臂摇摆，所以它们的躯干大部分时间都是垂直的，而胸部则前后扁平。肩胛骨已经移动到前后扁平胸腔的后部，所以肩膀现在正好位于胸部两侧。这使得手臂可以向前或向后伸展，向上举起高于头部或向下垂贴近身体两侧。事实上，肩关节不会固定在一个地方。因为肩胛骨是"漂浮"在胸腔上的，由肌肉和前面的锁骨支撑，它可以移动，改变肩关节的位置。你之前肯定感受过肩胛骨移动，那么现在来试一下它能动多少吧。你可以试着把肩胛骨往中间拉，把肩膀向后拉得更远。你也可以向前移动整个肩膀。当你把手臂举过头顶时，肱骨抬起，肩胛骨就会跟着转动（图11-1），这样肩膀就可以朝向上方和外侧。

实际上，肩关节是人体最灵活的关节，这对在树上爬来爬去

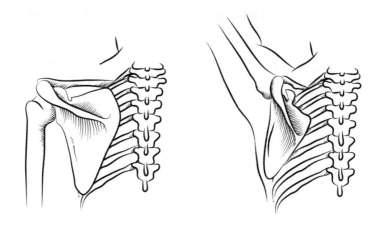

图 11-1　肱骨抬起时，肩胛骨在胸部旋转

的猿类来说很有意义，因为灵活的肩关节可以让手臂伸向任何方向去抓握树枝。不论是哪个关节，都要在灵活性和稳固性之间进行妥协，达到平衡。最稳固的关节是那些骨头结合非常紧密的地方，但这样就无法运动。而关节能做的运动越多，就越不稳固。运动关节的骨结构必须足够松，所以你要依靠软组织来把关节维持在一起。如果你仔细观察肩胛骨和肱骨头（上臂骨的上端），会发现这些骨头之间实际上几乎没有碰触。肩胛骨外角上的肩关节窝非常小且浅，它大约占肱骨头关节面面积的四分之一，并与之相连。当然，韧带也起到支撑关节的作用，但在稳定肩关节方面，肌肉起着最重要的作用。一组肌腱复合体附着在肩胛骨上，然后集中在肱骨颈。除了稳定关节外，这些肌肉还可以单独作用，使肱骨向各个方向旋转，这些肌肉被称为肩袖肌肉群。尽管这些肌肉对维持肩关节稳固有着重要作用，但肩膀仍然非常灵活。因

此，肩膀从本质上讲是不稳固的，它是身体中最容易脱臼的关节。

肩膀之下——手肘是一个简单的铰链关节，但你的前臂可以做一种特殊的灵活动作，即手的旋前作用：位于前臂外侧的桡骨可以沿着它的轴旋转，这样其下端就可以旋入另一根前臂骨头——尺骨——的里面，此时手掌向下。许多哺乳动物都不可能做到这一点。大多数哺乳动物是四足动物，它们的前臂通常就是掌心向下的状态，这样前脚就能放在合适的位置以接触地面（或树枝）。想想马、牛或者羊，这些动物的前臂只能保持"掌心向下"的姿势。而掌心向上这个动作，有些动物可以做到一半——狗可以做到一些，猫可能程度更多一点——这样可以用两只前爪抓住物体。但是，我们从来没见过猫能将前爪掌心向上，而这个动作人做起来其实非常容易。这种灵活性是你从树栖祖先那里继承来的——能够扭转前臂将手旋转180°，这意味着你的祖先可以伸手抓住任何方向的树枝。

在上肢末端是你的手，它也非常灵活，专门用来抓握。正是这些灵活性所赋予的能力，让你能做那些你认为理所应当的事——在两个肩胛骨之间抓痒，进行蛙泳和自由泳（而不是"狗刨"），使用螺丝刀，掌心向上拿球或捧着一碗汤——但这些事大多数其他哺乳动物无法做到。你的上肢，包括肩膀、手臂、肘部、前臂、手腕和手掌，都很灵活，这要归功于你的猿类遗传，但人类和其他猿类之间也有着重要区别。

古人类的肩膀

看看其他猿类，它们的肩膀似乎总保持"耸肩"的姿势，几乎耸到耳朵附近。在肩膀内部，关节本身也是"朝向头部"的。换句话说，肩关节向上指，这有助于将手臂举过头顶。一般来说，我们的猿类亲戚比我们更习惯在树上活动，大多数猿类会用手臂爬树和悬荡。如果是长臂猿，则会经常摆动胳膊。

相反，我们的肩膀位置下沉了，在休息状态时，我们的锁骨几乎是水平的，而不是斜向上和向外，我们的肩关节指向侧方向，而不是向上。于是乎，有人难免会认为，当我们的祖先不再那么频繁地把手臂举过头顶时，我们的肩膀位置就会自然下沉。但这肯定属于一种"懒惰进化思维"。肩膀为什么会"下沉"？我们需要找到肩位降低的动因。宽而低的肩膀如何有可能为我们的祖先提供了进化优势？这种变化是什么时候发生的？

从猿类的肩膀到人类独特的低肩膀的转变是缓慢进行的。与此不同的是，古人类的肩膀似乎相当多样化，尽管无可否认肩膀骨骼的化石记录非常零碎。但看起来，真正的现代人类肩膀出现得相当晚近。

目前只发现了一些南方古猿的肩胛骨的化石，这些早期的古人类可以追溯到 400 万年到 200 万年前，包括露西（古人类化石，被称为人类的祖母）和她的同类。这些化石表明这一时期古人类的肩关节是朝上的，更像其他猿类的肩关节，而不是人类。其他特征表明这些古老的肩胛骨位于胸腔很高的地方。150万年前，当纳利奥克托米男孩迈着他的长腿大步出现时，他的肩关节不再朝上，但也不是直接朝外的。纳利奥克托米男孩的锁骨很短——更像其他猿类。

纳利奥克托米男孩毕竟是个孩子，但据预测，即使他成年了，他的锁骨与我们的相比仍然较短。因此，虽然他的肩关节可能会落在胸部，与你我的肩关节处于同一水平，但他的肩膀并没有向两侧突出，而是处于更"向前"的位置。

有人认为，肩膀之所以变得低而宽，可能是因为它们在跑步中提供了一种优势，允许上半身有效地摆动，以抵消破坏身体稳定的、使身体扭转的力，即一只脚先着地，另一只脚后着地带来的摆动。我们已经在纳利奥克托米男孩的骨骼中发现了其他潜在的适应性，所以也许他的肩膀就是其中的一部分。但这种平衡在纳利奥克托米男孩身上不会那么有效，因为他的锁骨短，表明他的肩膀仍然窄。这也会限制他在跑步时保持头部稳定的能力。

在后来的古人类中，包括前人（Homo antecessor，又译为"先驱人"，一种从西班牙阿塔普尔卡山脉的化石中发现的物种，可以追溯到大约80万年前）和尼安德特人（Neanderthals），他们的锁骨很长，甚至比现代人的更长。长锁骨将肩膀向后推，使肩关节位于胸部侧面。

有人认为，肩膀出现这种变化是因为这样非常有利于投掷，这似乎确实是人类特别擅长的动作。

这并不是说其他猿类不会偶尔扔一下东西，它们不光会扔，有时甚至扔得相当准确。我记得在莱比锡动物园灵长类动物研究中心"庞哥兰"猿类馆（Pongoland）拍摄过 BBC "地平线"（Horizon）栏目的一期纪录片。其中一只猩猩不喜欢我们的导演。在庞哥兰，人和猿之间没有防护玻璃，你可以通过一条位置较高的小路走过猿类场馆，跟它们只隔着一堵矮墙。结果，导演和录音师被几坨粪便精准地击中了。

　　尽管如此，人类身体的一些解剖学特征是其他猿类所不具备的，这也就意味着，举手投掷对我们的祖先来说一定很重要，它塑造了我们的解剖学特征。这些特征包括肩膀的横向排列的位置，我们很容易想象出，肩膀位于胸腔两侧能够提供投掷优势，这能使整个手臂充分向后移动，准备投掷。但这要和其他特点共同配合——高而灵活的腰部能够使躯干旋转，绕肱骨的轴也能扭动，使肘部稍微向外倾斜，这样侧向对称的肩关节就提供了投掷的另一个优势。实验表明，手臂向后伸展、准备举手投掷时，这些特征都有助于拉伸肌腱、韧带和肩膀周围的肌肉。投掷动作会用到许多肌肉，肌肉群接连被激活，从臀部和躯干开始，向上延伸到肩膀、肘部和手腕。如果你做过举手投掷的动作，你就会感觉到有多少关节参与其中。现在我们把这个动作放慢看一下。你先站好，一脚在前，一脚在后，然后把手臂向后拉，准备投掷。接下来，首先臀部开始运动，由于骨盆与脊柱在骶髂关节处紧密相连，所以扭转运动现在延伸到脊柱。每根脊椎之间的小运动加起来就会产生大幅度的扭转，等到了肩膀这个位置，幅度已经很大了——它们现在已经扭转了 90° 甚至更多。现在将手臂向前移动，伸到肩膀前，这是由于球窝关节具有不可思议的灵活性，而脊椎仍然在扭转，推动肩膀向前。现在肘部的铰链关节正在伸直，最后，弯曲的手指展开，将想象中的球或长矛从你的手中扔出去。拿一个真球快速地做这一系列动作（最好在室外），如果你觉得自己很勇敢，也可以拿一支真正的长矛，当手臂在空中移动时，这些关节周围的肌腱和韧带所储存的弹性能量就会被释放出来，这有助于增加投掷的力量。

很有可能是投掷动作让前人、海德堡人、尼安德特人以及你有了宽阔的肩膀。（相反，这意味着纳利奥克托米男孩，就像患有短锁骨综合征的现代人一样，不可能拥有良好的投掷能力。）

当然，我们说投掷赋予了前人等古人类宽阔侧向的肩膀，这很符合逻辑，因为如果不考虑投掷动作的话，很难解释他们肩膀形状和位置如何能发生如此巨大的变化。但有些人却不相信，他们想要看到直接的证据。对于一个动作，要获得相关的证据是很难的。脚印是用两条腿走路的很好的记录，但是对于投掷，我们根本找不到类似的痕迹来证明。如果我们的祖先只是捡起石头或树枝扔向猎物，或扔向其他食肉动物，把它们从动物尸体上赶走，那么在考古记录中就不可能有这种活动的记录。扔出去的石头看起来和其他石头没什么两样，扔出去的棍子也会腐烂。但当人类开始制造专为投掷而设计的物品——长矛时，我们就可以推断出，这就是他们用位于两侧的肩膀所做的事情。

发明用于抛射的武器一定是一个重大的进步。想象一下，这会给我们以狩猎采集为生的祖先带来怎样的变化。长矛可能已经存在了一段时间，被用作刺击武器，用来杀死猎物或抵御捕食者，但是如果进一步，尝试投掷这些武器，会让武器变得更有效，同时能帮助猎人远离伤害。

问题是，很难证明长矛是用来投掷的！一些早期的潜在证据是一批在德国宁根发现的木制长矛，可以追溯到大约40万年前。这些长矛显然是为了投掷加重了重量，这似乎是相当有说服力的证据，可以间接证明人类至少在那个时候已经学会投掷长矛了。但一些研究人员仍然怀疑，宁根的长矛是否真的用来投掷。最近，一些其他的证据陆续出现。这些证据代表的时间更晚，但更有说服力。

考古学家们仔细研究了古代的石器，想弄清楚它们是否曾被用作矛尖，或是否曾被装在长矛上，并被投掷出去过。以前，这些解释在很大程度上是基于人种学上的比较，重点去观察现代采猎者制造的类似工具，以及石器的物理性质，检查它们的大小、形状和重量。但是近来，考古学家开始将弹道科学应用到这个问题上，研究石器上面破碎的纹理，希望这些能够揭示石器在击中目标时的移动速度。最新的证据出自埃塞俄比亚的东非大裂谷，考古学家在一个叫加德莫塔（Gademotta）的地方发现了数千块由一种叫作黑曜石的天然火山玻璃制成的碎片和尖状物。这些黑曜石石器的断裂模式意味着它们在撞击时的速度约为每秒1000米，这意味着它们可能曾作为矛尖使用。

这些黑曜石石器的年代可以追溯到大约30万年前，这表明至少在这个时候人们已经在使用抛射武器。曾经有一段时间，人们认为，把石头的尖端用在长矛上，并把它们当作投射物来使用，是现代人类特有的行为。严格地说，现代人类［不是随便一个人种，而是我们自己的物种：智人（Homo sapiens）］直到20万年前才出现。但在加德莫塔出土的石器告诉我们，人种的这一方面的"现代"行为在"现代"的解剖结构产生之前就已经发展出来了。这一点很重要：我们不应指望现代性的行为和现代性的解剖结构会在一夜之间突然一同出现。今天我们这个物种的特征应该是一块一块地呈现出来的，就像拼马赛克一样。

猿类的肘、腕和手

你的手肘和现存猿类的手肘大体相似。猿类的肘与猴子的肘不同。两者肱骨末端的关节表面被分成两个部分：一个球形的小头（capitulum，来自拉丁语）和一个圆形的滑车（trochlea，来自希腊语），分别与桡骨和尺骨相连（图 11－2）。小头与桡骨的盘状头形成一个关节，使其能与尺骨一起屈伸运动，也使桡骨能沿其轴旋转，做出旋后和旋前运动。

对我来说，旋后和旋前这些前臂的动作是我们能用身体做的最不可思议的事情之一。大多数哺乳动物都做不到这一点，但我们却认为这些理所当然。这种能力要归功于我们生活在树上的灵长类亲戚，但是今天，我们用这种运动来帮助我们操纵各种各样的东西。扭转前臂带动手运动，使手掌朝向不同的方向。你可以试一下：坐下来，肘部抵在腰部，前臂和手与大腿平行。掌心向上，大拇指向两侧伸出。你的前臂现在处于旋后状态。现在把你的手向内旋转，掌心向下放在大腿上。你刚刚做的是旋前动作。再做一次，这次，仔细观察你的前臂和手腕。不是手腕关节在旋转，而是前臂。开始时，桡骨位于前臂外侧。当前臂旋前，手掌向下时，桡骨远端或腕端旋转越过尺骨，现在它位于内部。换句话说，你的两根前臂骨，在旋后时平行，挨在一起，在旋前时交叉。这个特殊的运动让我们的祖先可以向任何角度伸手去抓树枝。现在，若没有这个运动，你就没法使用螺丝刀。

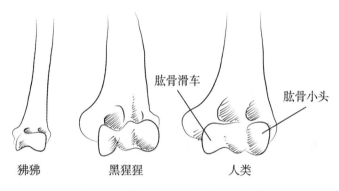

图 11-2　狒狒、黑猩猩和人类的肱骨下端

　　猿类使用手臂的方式与它们的猴子祖先不同，它们需要强壮有力的手肘。在肱骨末端，猿类（包括我们）滑车的形状与猴子截然不同。滑车呈现出明显的勺子形状，边缘突出，在运动时有助于保持尺骨的稳定，这对用胳膊攀爬和悬荡的灵长类动物非常有用。猿类的肱骨后部也有一个深坑，当肘部完全伸展时，可容纳尺骨肘突（这是肘部后部突出的部位）。

　　但是我们观察位于肢体末端，在手腕和手的位置，它们也存在很大的不同。这是你的手骨，旁边是黑猩猩的手骨（图 11-3）。

　　所以黑猩猩的脚看起来像手（在我们看来），而黑猩猩的手看起来，呃，不太像手。那个小拇指是干什么的？还有那些特别长的手指呢？

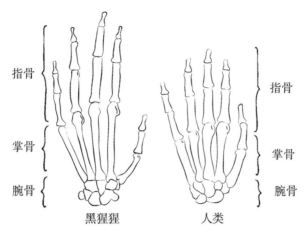

指骨

掌骨

腕骨

指骨

掌骨

腕骨

黑猩猩 人类

图 11 - 3 手骨

在乌干达维多利亚湖畔恩德培的一个黑猩猩保护区，我曾近距离观察过黑猩猩的手。在摄制组的带领下，我从一扇高高的、防猩猩的门进入黑猩猩岛，然后把黑猩猩放出来加入我们。我蹲下来迎接它们，我提前准备了一口袋的花生，它们立刻意识到——我是它们新来的好朋友。它们已经习惯了和人类相处，也习惯了被触摸。于是它们扑向我——其中最小的一只只有 3 岁半，叫尼佩尔，在我身上爬来爬去，我站起来时，它顺着我的腿爬到背上，用它的长臂环绕我的肩膀抱住我。[1] 我们来到饲养员建造的"白蚁丘"——一个一米高的土丘，里面有塑料管，还装着一些蜂蜜。黑猩猩熟悉这个游戏，开始捡竹条插入洞中，取出美味的食物。

---

[1] 尼佩尔的英文名 Nipper 也有"镊子"的意思——译者注

看黑猩猩如何使用它们的手非常有趣，它们五指弯曲握住竹条，而不是像我们那样用拇指和其他手指夹住棍子。随手拿起一支笔，你就会立即明白其中的区别。

我试着在土堆旁边做一个"背对镜头"的动作，尼佩尔跳到我的背上，咬了口我的胳膊（咬得很重，但那是跟我闹着玩，没有恶意）。我们也曾在开博尔（Kibale）的森林里拍摄过黑猩猩，它们几乎无视人类的存在，而这些从宠物交易或传统医生那里获救的黑猩猩，或森林里受伤很严重的黑猩猩，似乎把人类看作与它们非常相似的生物。至少，幼崽们肯定把我们当成了它们可以玩耍的对象，就像它们可以和其他黑猩猩玩耍一样。正如一位饲养员警告我的那样，它们的玩笑可能会变得相当难以承受。我们拍摄的三只黑猩猩中，年龄最大的是一只六岁的公猩猩，它非常强壮。它曾跑过来狠狠地打过我几下。我很庆幸身上戴的无线电麦克风没有丢失，这个麦克风的手机大小的发射器藏在我背心和衬衫下的腰带里，但黑猩猩知道那里有东西，不断地把手伸到我衬衫后面去抓。

我和黑猩猩坐下来，喂它们一些水果：鳄梨和橘子。它们把鳄梨扔在一边，拿起橘子掰开吃掉。我一直在读玛丽·马兹克（Mary Marzke）和马修·托切里（Matthew Tocheri）写的关于人类和黑猩猩的手的论文。通过让黑猩猩搬运食物，研究人员可以观察黑猩猩如何拿取东西，并将其与人类制造石器工具的抓握范围进行比较。尽管黑猩猩的拇指似乎没有那么有力，而人类在拿取东西的时候可以把精确性和力量结合起来，但通过观察发现，人和黑猩猩的抓握范围是一样的。马兹克指出，"侧握"或"正握"，即拇指向下压住其他弯曲的手指，在人类制造和使用工具中是很重要的。黑猩猩也使用这种握法，但通常还会用另一只手或一只脚来支撑食物，而不是用一只手牢牢地抓着食物。同样，与人类相比，黑猩猩握住球形物体时使用的更宽的握法似乎没有那么结实。我们可以用一只手拿着苹果，咬上一口，而黑猩猩可能会咬下去之后，用另一只手帮忙把苹果从嘴里拿下来。

读完这篇研究报告后，我坐在那里，看着年长的母黑猩猩萨拉用两只手拿着橘子，用拇指和其他手指夹着，咬着里面多汁的部分，感觉真是不可思议。它的拇指很短，只够到手指的指节（掌指关节）。与其他长而粗壮的手指相比，拇指也很纤细。虽然人类与黑猩猩有相同的基础解剖结构——同样的骨骼和肌肉——但关于手，我们之间存在明显的差异。可以说，这些差异与萨拉用指关节行走的习性有关，它可能需要这些粗壮的手指承受重量，而我的手大拇指更粗壮（还有另一侧的小指）可能是要适应制造和使用工具。这些都是合理的猜测，但如果我们要扎扎实实地论证这些都是适应性的变化，那么我们需要确切地知道这些特定的解剖学特征是如何与功能相联系的。我们还需要知道，人类和黑猩猩自从共同的祖先分化，然后独自进化以来，我们各自的手发生了怎样的变化。

我们祖先的双手

440万年前的雅蒂（Ardi，是一位前人类物种"拉密达地猿"

的女性）的骨骼化石，有助于我们了解黑猩猩和人类最后一个共同祖先的手长什么样。需要说明的是，我们需要排除一种错误的想法，以为人类祖先的手看起来像现代黑猩猩的手。自人类和黑猩猩各自单独进化之后，在数百万年的时间里，这两者的手都发生了巨大的变化。

雅蒂的手指又长又弯，但没有黑猩猩的手指长。长而弯曲的手指是大猩猩和黑猩猩的特征，这似乎与抓住树枝、在树枝上悬荡有关。幼年黑猩猩和大猩猩的指骨非常弯曲，成年后手指会变得更直。这反映了幼崽和成年猩猩运动方式不同。与体型较大、体重较重的成年大猩猩相比，幼年大猩猩在树上度过的时间要多得多。这也表明，弯曲的手指可能是受骨骼使用方式的影响而形成的。手指骨弯曲对于在树上活动的猿类来说，似乎是一种真正有用的适应：它有助于减轻骨骼的压力。

在大猩猩和黑猩猩中，掌骨（即5根连接手指但却在手掌内的骨头）较长，而440万年前的人类，如雅蒂，掌骨较短。这表明，在大猩猩和黑猩猩中，掌骨独立进化得更长，这可能是为了适应垂直攀登和用手臂悬挂在树上。这是趋同进化的一个例子，相似的解剖学特征出现在不同的谱系中，通常是因为这些不同的物种生活在相似的环境中，有着相似的生活方式。短掌骨，比如雅蒂，可以让手在树枝上更灵活，这在小心攀爬时很有用。与现代非洲猿类相比，雅蒂的拇指非常粗壮。再一次，我们能够看到人类和黑猩猩最后的共同祖先的大致形象，这个形象绝对不像黑猩猩，因为它不用指节走路，不习惯于攀爬垂直的树干或是用胳膊垂荡在树枝上。在某些方面，这个祖先更像一只猩猩，并且实际上与任何现存的猿类都不像。

露西和她的同类阿法尔南方古猿生活在距今 400 万年到 300 万年前，比雅蒂出现得更晚，它们的手指骨仍然是弯曲的。虽然毫无疑问，这些南方古猿完全是两足动物，但它们弯曲的指骨表明，它们至少有一部分时间是在树上度过的。也许露西还是会爬树去摘某些水果，还会像黑猩猩那样在树顶上筑一个窝睡觉。露西的发现者唐·约翰森（Don Johanson）提出了上述观点，但也提醒大家说，露西弯曲的手指可能只是进化的累赘。露西的其他解剖特征表明，情况确实如此。从她脊椎的解剖结构来看，她不太可能花很多时间在树上活动。在黑猩猩和大猩猩的身体内，短而硬的脊椎可以减少受伤的风险，并有助于在树与树之间移动。相反，露西的腰椎很长，很柔韧，这表明她几乎放弃了在树上的生活。

再看看露西的手，她的手指比非洲猿猴的手指短一些，和我们的很像。她的拇指尖很宽，但跟我们的拇指比起来，还是很细的。不过，至少有一种南方古猿的手更像"人类"的手。一般来说，在化石记录中，手骨非常稀少，但在南非的一处遗址发现了一具几乎完整的腕部和手部骨骼，它可以追溯到大约 200 万年前，被认为属于南方古猿源泉种（Australopithecus sediba）。这只手看起来非常"现代"，手指短，拇指长而粗壮。人们很容易认为，这种南方古猿一定用它的手做了一些非常特别的事情。尽管制造石头工具长期以来一直被认为是人属的标志（以至于最早的人属被命名为能人，Homo habilis，字面意思是"手巧的人"），更早期石器的发现意味着我们必须承认，有些南方古猿已经开始制造工具了。至于后来的人类（比如来自西班牙的前人，或尼安德特人），我们有大量的证据证明他们能制造工具，甚至他们的手与我们的更像（只不过他们的手更强壮），有着短而直的手指和强壮的拇指（图 11-4）。

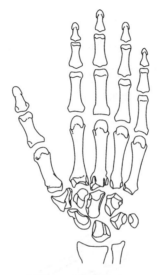

图 11-4　人类的手

独特的拇指

人类的拇指与其他现存灵长类动物的区别不仅仅在于骨骼结构。你的拇指上，有些肌肉是其他灵长类动物所缺乏或与之不同的，即使是我们最接近的近亲黑猩猩也是这样。在你的第一和第二掌骨之间有一块肌肉，它有力地将拇指拉向其他手指。如果你经常给握在手里的工具施加力量，这块"内收肌"就会变得非常发达。我注意到，当考古学家们在现场用手铲搬运大量的泥土时，他们的第一块手掌骨间肌非常发达。你把手掌放在一个平面上，这块骨间肌会非常突出，在拇指和食指之间的裂隙处隆起。我真的见过考古学家们在酒吧里比试骨间肌的大小。事实上，拇指内收肌并不是人类独有的肌肉，但是，它的旁边有一小块起辅助作用的肌肉，却是人类独有的。这块小肌肉有个相当时髦的名称，叫"亨利第一骨掌侧肌"（图 11－5）。

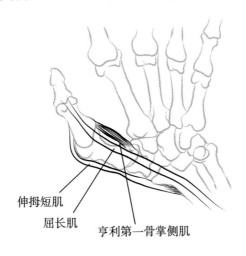

伸拇短肌
屈长肌
亨利第一骨掌侧肌

图 11－5　人类特有的拇指肌肉

还有两块肌肉是人类特有的：一个是（额外）伸肌把拇指拉向外侧，另一个是有力的屈肌，屈肌起源于前臂前端，其长肌腱穿过手腕到达手部，插入拇指最后一节指骨。其他灵长类动物也有这种肌肉，但它是深层屈肌的一部分，肌腱与所有手指相连。

在人类身上，屈长肌是块独立的肌肉。这块肌肉也很漂亮。肌腱从前臂开始，肌纤维以一定角度附着在肌腱上，所以它看起来像一支鹅毛笔。

为什么屈长肌是人类所特有的呢？它是做什么的？当然，其最基本的作用，是能使拇指弯曲。许多研究人员认为，这种屈肌对人类的一项特殊活动——制造工具——至关重要。

我们对技术的熟练掌握是独一无二的。其他动物也能创造物质文化，所以这并不是我们和其他物种之间的绝对差异。话虽如此，但差异的程度是如此之大，确实使我们与众不同。我们今天所拥有的技术似乎与最早的技术证据——石器——在外形上差别很大，但人类的另一个特征在于传递知识和技能，亦即我们是在继承文化的基础之上再发展。最早的石器发现于埃塞俄比亚，可追溯到 260 万年前。所以，似乎很明显，人类手部解剖学的某些特点可能反映了远古时期制造工具的传统。许多研究人员认为，制造工具和我们独特的屈长肌之间存在联系，粗壮的拇指对制造工具的人来说可能也是一个优势，因为它能很好地抵抗用一块石头撞击另一块石头时产生的强大冲击力，制造出薄石片。

我曾经听到一些有趣的关于人手结构和功能的新研究，于是我去了美国，在乔治华盛顿大学，和布莱恩·里士满（Brian Richmond）与艾琳·威廉姆斯（Erin Williams）进行了交流。他们调查了石器使用和制造过程中手部承受的压力。具体来说，他们想要验证一个假设，认为人类拇指独特的解剖特征与制造工具有关。

那次我刚到他们的实验室，他们就抓住机会，把我当成了另一个测试对象。艾琳在我的手指和拇指上贴上了薄薄的、类似胶带的压力传感器。全连接好之后，我就试着做一个粗糙的石器，而艾琳则记录下我手上的压力。然后我试着用我做的石片来切肉。要测量制作石器时手部承受的压力，我可能不是最好的实验对象。我从来没有花过很多时间去练习做这件事，而且通过用一块石头去砸另一块石头来得到你想要的石片，比想象的要困难得多。值得庆幸的是，现如今，仍然有些人不辞辛苦，花时间练习掌握我们旧石器时代的祖先就已掌握的一些敲石头的技能（这些技能是根据古人类的工具判断出来的）。因此，布莱恩和艾琳有机会研究熟练的石器制造者手部所承受的压力。他们的发现出乎意料。实验表明，手指受到的压力很大，尤其是食指和中指，但拇指所受的压力不是特别大。

然而，在我开始使用石片的时候，拇指所受的压力增大了，而且我本人的检测结果也符合这项研究的总体结果。

我很自然地把石片抵在食指的一侧，大拇指向下压，把它握住。测压结果显示，当我用石片锋利的边缘切开一块肉的时候，我必须用拇指用力压住石片，把它抓结实。此时，我的拇指所受的压力比其他手指高，而在工具制造的过程中不是这样。

这一点很有趣，与黑猩猩的手（可能是最后的共同祖先）相比，我们的拇指在抓握的时候要有力得多。这种力量部分来自于我们独特的屈长肌。我们强壮的拇指似乎是通过与使用石器相关的选择压力进化而来的，而不是制造石器。

看看你的手。你可以在自己的手上看到远古祖先的回音，看到你与其他灵长类动物共有的特征，并且看到对我们来说很特别的特征。你有五个手指，从一个远古祖先那里继承而来，经过了早期像蝾螈的棘螈等四足动物的不同数量的手指和脚趾的实验。使人类移动手腕和手指的基本肌肉组织，现存的两栖动物也有。但与那些生物不同的是，你有一对与其他手指相对的拇指。这不是人类独有的特征，大多数灵长类动物都有。你还有指甲而不是爪子，这也是灵长类动物的特征。但除此之外，还有所有那些最近进化出来的特征，包括粗壮的拇指和控制拇指的独特肌肉，这些特征已经把你的手塑造成了能够雕刻以及制造和使用工具的器官。看一下自己的手，动一动——你的手蕴含着它自身所有的进化史。

12. 人的出现

在生命之树上找到人类的枝杈

12

"这是人类的崇高，

我们满怀庄严， 来认识自己

由不同部分和比例构成的奇妙整体。"

——柯勒律治

来到这个解剖之旅的最后阶段，此时你再看自己的手，就会意识到它不仅是从胚胎中一个微小的肢体芽发育而来的东西，而且是经历了亿万年，经历了几百万代的生命，从一个鱼鳍进化而来的。无论你我觉得自己和其他动物有多么不同，我们每个人都是被同样的力量塑造的，这种力量也作用于地球上的其他生命。你是发育机制的产物，是发育机制将一颗受精卵变成一个完整的人体。在更大的时间尺度上，你是进化的产物——从你那对色彩敏感的眼睛，到能发声的喉头和微笑的脸庞，从你的心肺，到短小而整齐的脚趾头，再到你那粗壮的拇指和其他灵巧的手指头。你的身体里隐藏着无比深远的历史。正如特里·普拉切特（Terry Pratchett）所言："我们就是历史。"

有了自己的孩子后，我重新唤起了那种奇妙的感觉，我主导着如此不同寻常的创造活动，在我体内发生着犹如展开一件折纸作品的过程，利用我身体的资源来创造一个新生命，直到9个月后婴儿降生到世上，这一切太不可思议了。我们仍在试图理解这一切是如何发生的。当然，这是一个根本性的问题，也是所有孩子在某个时候都会问的问题："小孩子是从哪里来的？"然后，你必须制定一个回应方案，既要诚实，又要让孩子觉得这种解释可信，又隐隐让他们觉得舒服。

我们已经发现了自己较为近期历史的许多秘密——我们胚胎发育的故事。我们已经知道胚胎是如何形成的，从一个卵子和一个精子的结合开始，接着，一团细胞变成圆盘，卷曲成圆柱形，萌发出肢体芽，而逐渐成长的小身体内的细胞在增殖、迁移和死亡，形成人体组织和器官——对于上述过程，我们已经了解了相当长的时间。但直到最近，胚胎学家才理解这个过程是如何发生的：是什么驱使细胞分裂、移动或死亡。我们现在正慢慢开始理解 DNA 是如何指导发育的。遗传学家直到最近才能够对人的基因组进行测序，而对于所有的基因是如何协同工作并与环境相互作用，从而将一个受精卵变成一个婴儿（最终变成一个成人），在很大程度上，人们仍在探索之中。我们发现的越多，事情似乎就变得越复杂，所以重要的不仅是基因本身，还有中间的 DNA 片段，它们在调节基因方面起着作用。最重要的是，在我们的一生中，DNA 会受到化学修饰，产生另一层次的调控和另一层次的复杂性，这已经是一个全新的专门研究领域，即表观遗传学。

这让我们意识到，虽然从亚里士多德开始，我们似乎已经走了很长一段路，但在我们真正理解这个生物奇迹之前，还有很长的路要走。根据我们现在对胚胎发育的了解，尽管后成论和预成论的旧观点似乎都过时了，但事实证明它们都蕴含着真理的种子。

当年，当生物学家有了显微镜，开始观察精子和卵子时，就意识到了，很明显，生命的初始不仅仅是如亚里士多德的后成说所指出的那样是简单的体液混合产生的。但是精子和卵子里面似乎都没有包含任何可以被解释为微型小人的东西。一个完整的预先成形的人既不存在于生殖细胞中，也不存在于受精卵中。早期的胚胎看起来一点也不像婴儿，更不用说一个微型的成人了。在18世纪，卡斯帕·沃尔夫（Caspar Wolff）看到了从简单的开端发育出复杂的结构，显示形成一个细胞团，然后逐渐转变成分化的组织。胚胎里逐渐出现具体的结构，显然是自然地展开，就像玻璃上结的看起来像是蕨类植物的冰花一样。

沃尔夫是对的——胚胎形成就是分化的过程，从干细胞开始，以分化的组织结束——形成皮肤、肌肉、骨头、软骨、神经等等。但是第一个细胞——受精卵，并不像在光学显微镜下看起来那么简单。我们现在知道受精卵包含一种代码——构建一个完整身体所需的DNA。所以在某些方面，我们是不是又回到了先成论？在受精卵里可能没有一个预先成形的微型人，但肯定有复杂的东西——里面有一个组成人的配方。从一开始，某个人的身体的"概念"就已经存在了，是用DNA密码的4个字母写成的。不过，这个"概念"并非身体的蓝图或计划，而是一系列的指令，将指导人体的形成。从这一角度看，它真的很像折纸：一组相当简单的指令可以产生一个复杂的形状。

所以这就是我们所处的阶段：后成论起作用了，简单的事情变得更复杂，但有一点不像玻璃上的冰花的形成，它更有方向性。受精卵中的DNA控制并提供胚胎需要的所有指令，以便胚胎在复杂中成长。但这一解释过于简单明了，因为这种观点表明，就发育而言，基因决定一切，而我们知道，这也不是真的。基因完全相同的双胞胎不会以完全相同的方式发育，差异是由于DNA和生物环境之间的相互作用造成的。环境在宫内发育过程中起着一定的作用，但在婴儿出生后变得更为重要。你的DNA不会精确地指示你的身体（包括你的大脑）将如何发育，它提供的指令具有内在的灵活性：DNA可设置参数。这很重要，因为这意味着可能会发生创新，有时不需要任何基因突变身体就会产生重大变化。想想这个假设：当我们的祖先开始奔跑时，我们的身体会发生变化。

我们的胚胎发育与一段更古老的历史有着千丝万缕的联系。在胚胎发育过程中，你可能没有按顺序经历过整个进化史，但你不可能忽视那些远古祖先在胚胎上产生的回声。从单个的受精卵到复杂的人体，当你经历了这个不可思议的转变时，你会呈现一系列转瞬即逝的形象——幼虫状的节段、鳃、鱼的心、文昌鱼的大脑。进化发育生物学（Evo-Devo）就是把进化和胚胎发育结合起来：系统发育和个体发育。这两种发育历史之间具有相似之处，即物种在经过一段时间后发生的变化以及个体在胚胎发育中发生的变化，人们在很久以前就认识到了这一点，但现在分子生物学的进步意味着生物学家能够找到发生在进化和胚胎发育过程中的遗传基础。

尽管恩斯特·海克尔提出，胚胎概括了它们的进化史，但卡尔·恩斯特·冯·拜尔（Karl Ernst von Baer）关于变异和分化的观点却有所不同，他认为胚胎包含的是早期祖先的胚胎的回声，而非成年祖先的。如果我们把进化的变化看作是特征的增加，或者是发育的时机的改变，这是有道理的。

考古学家经常说，某个遗址是不同时期反复书写的羊皮卷，层层叠加在一起。这是一个有趣的比喻：羊皮卷是一种古老的手稿，有时会被抹去重写。"羊皮卷"（palimpsest，或"重写本"）在希腊语中的意思是"再次擦掉"。对于一个考古遗址来说，把它比作羊皮卷，每一代或每一种文化都把前代的擦掉（或大体擦掉）并重新书写，在上面留下印记，这样的类比很能说明问题。胚胎发育就像一本更现代的重写的羊皮卷。我们可以用文字处理软件编写的文档来类比——文档随着时间的推移而变化，可以在文本的任何地方添加或删除新单词，这些小的变化可能会显著地改变语句的含义。当你阅读这份文档时，你会惊讶地发现它与早期草稿存在很多相似之处，这并不奇怪。早期的人类胚胎——在发育的第一周形成的细胞球——看起来与任何其他脊椎动物胚胎都很相似。人类胚胎早期的心脏看起来很像胚胎期（和成年）鲨鱼的心脏。但怀孕 8 周后，胚胎看起来就像人了（图 12 - 1）。

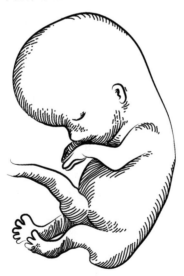

图 12 - 1　8 周大的人类胚胎

不可思议的生命进化

进化是通过对生物体的胚胎发育修修补补来进行的。这听起来非常危险——而实际情形确实如此，因为很多基因突变会导致后代完全无法存活。这种情况发生的频率可能比你想象的要高得多。事实上，我们不可能知道有多少人妊娠失败，因为异常胚胎很可能早在受精后两到三周内就排出了，通常甚至不会影响月经周期或是只是错过一次月经。据估计，大约有一半的受孕都没有留下，许多甚至从未被注意到。在那些失败的妊娠中，据估计有一半涉及到重大的染色体异常。流产是一种自然筛选程序，据估计，如果没有这种筛选，大约12%的婴儿出生时就会有先天缺陷，而不是2%。当然，流产也不只发生在怀孕的最初几天或几周，经检查所发现的妊娠大约有五分之一的在怀孕12周之前流产。

父母不大讨论这一话题，但它确实再次说明了你能来到这个世界是多么的不可思议。在某个特定的精子使某个特定的卵子受精后，你找到了通往母亲子宫的路，安全地着床，然后继续发育、生长，直到出生。

胚胎发育极其复杂，涉及到基因之间的对话，以及发育组织的特性，这种特性是由细胞相连的紧密程度而产生的，但是基因突变并没有经常地破坏胚胎发育，由此看来，这一点似乎是相当不同寻常的。重要的是要认识到，修修补补是有限度的。一个生命体本身就很复杂，改变这个机体的可能性受到了严格的限制。

从基因的角度看，发育机制中固有的限制，以及生物材料的性质所施加的限制，意味着任何物种的未来都不是充满无限可能的。而且，自然选择似乎并没有像我们想象的那样能有效地"掌控"进化的方向。它有一个有限的选择范围。

胚胎发育存在限制的自然属性也意味着个体特征不能自由地变化，不能迥异于其他个体。我们在解剖尸体，用进化视角观察每个身体特征的时候必须小心谨慎，单个特征不会孤立地出现，它们从来都不是被设计出来单独起作用的；还有一些解剖特征，可能只是因为它与我们在其他动物身上看到的不同，我们就以为是某种重要的特征，而实际上只是发育上的一个巧合。

斯蒂芬·杰伊·古尔德（Stephen Jay Gould）以威尼斯圣马可大教堂（Basilica of San Marco）为例，用建筑学上的类比来说明这一点。这个大教堂的拱门和上面的圆顶之间有近似三角形的空间，这些建筑特色被称为"拱肩"。拱肩不是建筑师特意设计的重要部分，它们只是碰巧在那里，因为拱门的边缘和圆顶的边缘之间不可避免地有一个空缺。但是拱肩既然出现在那里，人们就对其加以利用。在圣马可大教堂里，拱肩的位置放置了四个福音传教士的像。

古尔德认为，并不是所有的生物特征都是直接通过自然选择产生的。很多功能都是"顺带而来"的——它们就像拱肩一样，是被选中的其他功能（这些功能在生物身上相当于圣马可大教堂的拱门和圆顶）的附带品。我们不能把什么都视作是适应性选择的结果，这一点很重要，因为并不是所有的解剖学和行为上的特征都是被自然选择的。你的身体上也体现出类似拱肩的"设计"

元素，它们的出现也许是因为结构上的需要，就像圣马可大教堂的拱肩；也许是因为用于构成身体的生物材料的局限性，或是用于构建身体的基因信息的有限性造成的。这些约束在决定你的身体及身体部位的形状时起着重要的作用。自然选择只能在可能的变异中进行选择，而变异本身是受到约束的，然后自然选择才有机会。我们必须对变异的可能性保持一种开放的心态，即我们身体的某些特征可能是像拱肩一样的巧合，而不是适应的结果。甚至丹·利伯曼（Dan Lieberman）指出的一些适应跑步的特殊特征也可能只是巧合。长腿、大屁股和背部肌肉可能只是随着直立人体型增大而产生的副产品。随着我们对发育遗传学的了解越来越多，我们应该能够弄清楚一个特征是否更像一种适应，而不是巧合。

有机体的进化史和胚胎发育的机制都会对发育造成限制，因此，在任何时候，进化的路径都是有限的。再加上生活在类似栖息地的近亲动物的可能性，这意味着当我们发现一种新的进化特点以相当独立的方式在几个不同的谱系中出现时，我们或许不应该对趋同进化的例子过于惊讶。

这里我举一个相当惊人的例子：哺乳动物的中耳，以及中耳中的三个听骨，至少在四个独立但密切相关的谱系中进化了四次。而且，回到我们的猿类近亲身上，如果我们说相似的移动方式似乎在不同但关系密切的谱系中独立出现，也许是毫不奇怪的。对于一些大型灵长类动物来说，用指关节行走是一个显而易见的解决方案。在树上活动，用胳膊挂在树上，以及用两条腿承重，都是合理的。对这些行为的适应可能是平行出现的，而不是从共同的祖先那里继承来的。到了地面上，像原始猿人那样的早期猿类也可能像人类一样用两条腿走路。两足动物可能不像我们之前认为的那么特殊——事实上，它很可能多次出现过，在不同的谱系中，就像哺乳动物的中耳的进化一样。有了发育约束，加上适当的"时代精神"——几个相近的物种，生活在相似的环境中——此时相似的特征可能会重复出现，这一点也不奇怪。

　　一组特定的特征出现，那么其他一些特征出现的可能性就更大，如果上述规律存在的话，那么我们可以说，约束使进化变得可预测。但也有一些偶然事件对物种进化的方式产生了巨大的影响，它们不像自然选择那样精确。灾难性的大灭绝事件可以毁灭物种，或整个种群，在这一点上大灭绝可谓非常成功，但它也会改变其他物种的未来前景。恐龙灭绝的灾难就是这样一个不可预测的事件。如果一颗陨石落在你头上，不管你在进化上适应性多高都没用。6600万年前，希克苏鲁伯小行星撞击了墨西哥的尤卡坦半岛，恐龙存活的日子就不多了。这种灭绝事件的后果也无法预测，但在希克苏鲁伯撞击之后，一小群幸存的动物——我们自己的哺乳动物祖先——得以多样化，并占据了被撞击所清理出来的生态位。如果没有希克苏鲁伯撞击，人类进化产生的可能性微乎其微。

掌握自己的命运

　　当我们观察其他动物时，我们可能会看到那些似乎无助地被卷进进化潮流的生物，它们不断适应变化的环境，只能是随波逐流。然后我们审视自己，发现有一个物种似乎能够与进化潮流抗争：我们塑造环境以适应自己，而不是让环境塑造我们。在某种程度上，这是真的，但我们并不是改变我们的生存环境的唯一因素，我们所做的改变环境的事情可能最终会改变我们自己。

你的手和黑猩猩的手很不一样。你的手指更短，拇指更长、更粗壮。从你的手的特殊设计能看出，基因突变所导致的改善因为你的祖先开始使用石器而很快得以发生。很容易想象人类的手的形状如何适应（在一生中）制造和使用石器。我们也很容易想象，工具的使用可能会提高生存和繁衍的机会，这样自然选择就会引发遗传上、进化上的变化。

但是，从最初肌肉和骨骼的适应性变化，到载入你的基因组的基因变化，这不仅仅是一个生物体及其环境之间的直接相互作用。这之间还有些其他因素的作用，那就是文化，或者技术。我们的手是由我们的祖先制造和使用的工具所塑造的。我们习惯于认为我们的身体已经适应了一个环境。我们认为自然选择影响了"适者生存"——最适应环境的个体拥有生存优势。我认为，每当我们以这种方式将"环境"这个词与进化联系起来时，我们都会不由自主地想到自然环境。我们认为动物适应环境，可能包括适应某些类型的地形，特定的植物，可能还有猎物和捕食者。当然，这并不是我们这种动物的全部环境。这种环境中还包括来自同一物种的其他动物，这些动物中的每一种都可能是竞争对手、盟友、敌人或配偶——或者在不同的时间扮演所有这些角色。为了生存和繁衍，我们这种动物必须很好地适应其社会环境。

认为动物以一种对它们自身生存和进化很重要的方式影响着它们自己外在的环境，理查德·道金斯（Richard Dawkins）将这种想法称为"扩展表型"。当然，许多动物也会以特定的方式来改变环境，以帮助自身生存。例如，狐狸和兔子在地上挖洞居住，躲避猎人和捕食者，帮助它们在寒冷的夜晚和冬天保存热量，并找到安全的地方来养育相对幼小无助的后代。很容易想象，对于一只狐狸或兔子来说，能够挖一个像样的洞穴——既要有这种想法，又具有相应的解剖结构去做这样的事——将构成这种动物及其后代的生存优势。那些能够筑起实用的巢的鸟类也具有类似的生存优势。一些黑猩猩用石头敲开坚果，用棍子把白蚁从巢里引出来，这样它们就能接触到原本不可能接触到的食物源。所有这些活动——挖洞、筑巢、使用工具获取食物——都为从事这些活动的动物提供了生存优势。我们有理由认为，这些动物的解剖结构和生理机能可能已经进化到支持这些活动，那些更有助于它们挖洞、筑巢、捉白蚁的特征将会被自然选择留下，而那些阻碍这些活动的特征可能会被自然选择淘汰。

因此，当我们用同样的视角来审视我们这个物种时，发现我们自己的结构和功能已经受到我们祖先的所作所为的影响，对此我们不必感到惊讶，因为这为他们提供了生存优势。事实上，这一点在人类的进化过程中比其他任何动物的进化过程都更为突出，因为我们对所处的环境有着如此深远的影响。环境塑造了我们，但我们也在塑造着环境。

我们的双手是由我们创造的技术塑造的，因为技术在我们作为一个物种的生存和成功中发挥了作用。同样，那些经证明对我们祖先生存有利的思维方式和行为方式，也塑造了我们的大脑。

我们自己的技术和文化成为我们生活环境的一部分。现在是万维网的时代，在这个时代，我们可以比以往更快、更广地分享想法——想象一下，我们的技术将会如何塑造未来人类的大脑。新生婴儿的大脑仍有许多发育工作要做，其中大部分涉及到修剪连接和巩固某些通路，这些发育都发生在社会和文化环境之中。我们的思想不可能不受文化和技术的影响——它们设计就是以这种方式发育的。记住迈克尔·托马塞洛（Michael Tomasello）的格言："人类婴儿刚一出生就需要文化，就像鱼出生就需要水一样。"我们很有理由担心，过多的"屏幕时间"会影响其他活动——包括真实的而非虚拟的社交活动、体育活动和户外活动。我们可能会特别担心孩子们看屏幕的时间所带来的影响。我认为保持谨慎是没错的，但我们不应该害怕技术本身。技术是我们环境的一部分，我们的孩子在与父母不同的环境中成长。我们应该清醒地认识到，当初印刷业和出版业蓬勃发展的时候，人们对书籍也有类似的担忧。庆幸的是，人类大脑的适应性意味着我们的孩子将获得新的知识、技能和理解力——新的思维方式——这将使他们能够适应这种不断变化的文化环境。我们也不应该认为成年人的大脑是"固定僵化"的：神经具有可塑性，包括建立新连接的能力，这是我们大脑的终身特征。

人类的独特性

考虑一下我们的大脑，就等于是将注意力集中在我们确实感到独特的那部分。毫无疑问，我们喜欢认为自己很特别。但这到底意味着什么呢？广义上讲，智人作为一个物种是独一无二的。我们有一个独特的特征组合，比如习惯用两条腿走路，有非常灵巧的手和较大的大脑。但不是每个物种都是独一无二的吗？这就是问题的关键，不是吗？

许多假设假定某些特征是人类所独有的，但这些假设后来被证明是错误的，或者至少经过更仔细的观察不是完全正确的。产科困境假说认为，女性的骨盆是两足行走需求和生育大脑袋婴儿之间的一场拉力赛的受害者。高耗能组织假说表明，对于猿类这个物种来说，人类具有特别小的内脏，但这似乎并不完全正确。即使是习惯在地面上行走这一点，似乎也不只是我们人类独有的，猿类谱系中的原始人类分支——原始猿人，早在人类出现之前，就已经在地面行走了。

许多被认为属于人类的很独特的特征，结果却是程度上的差异：是量的差异，而不是质的差异。其他猿类偶尔也会用两条腿走路，而我们只是习惯了这样做而已。与其他哺乳动物相比，灵长类动物有更大的大脑，而我们只是更进一步而已。当然，如果你考虑到人类的身体已经进化了，那么这些程度上的差异就能讲得通了。

这不是一个新的创造，不是凭空出现的，而且我们的解剖结构也不是凭空出现的。当我们的思维似乎与我们最近的亲系物种有了质的不同时，这就产生了一个问题：这种变化是什么时候发生的？正如我们所知道的，"人类的思维"很可能是逐渐形成的。就像整套"人体构造"，包括两足行走、修长且柔韧的腰、低肩膀、较大的大脑等，不是一夜之间形成的，而是像拼马赛克那样一点一点出现的。同理，我们祖先的头脑中也不会突然形成完整的人类意识。

在现代生物学中，从"低等"动物到"高等"动物的线性发展的概念，已经被"枝繁叶茂的生命之树"的概念所取代。线性自然等级以人类为终点，该观点非常顽固。特别是因为我们确实对周围的世界产生了重大的影响，所以我们很容易相信，在某种程度上我们是进化的顶峰。在 20 世纪早期，进化生物学家仍在坚持这种观点，他们把人类进化描绘成灵长类进化趋势的自然延伸，是一种几乎不可避免的渐进发展。但到了 20 世纪 50 年代，化石的发现帮助揭示了一段不同的历史，在这段历史中，不可预测的环境变化影响了物种的进化方式。人类进化被认为包含了偶然性和机缘巧合。

在 20 世纪下半叶，随着发现了更多的古人类化石，我们的近亲族谱上的物种越来越多，很明显，我们独特的特征并不是同时出现的。用两条腿走路是在大脑变大之前数百万年出现的。但研究人类进化的学者们仍在寻找人类真正起源的决定性时刻，这种"适应性转变"把我们的祖先引向一个全新的方向。在 20 世纪 60年代，人们认为这种转变是狩猎和吃肉，而人类作为捕猎者勇敢地登上了舞台：捕猎就是这一关键的改变，是这一新的行为定义了人类。如今看来，这种想法似乎有些奇怪——就像寻找神秘的圣杯。如果说通往地狱的道路是由善意铺成的，那么通往人性的道路则是由行为、生理、解剖结构和意识的无数次（有时非常微妙的）转变铺成的。孜孜以求寻找能把一群动物带到新的进化方向的单一因素是愚蠢的。除此之外，较多的"方向"只有在事后才会显现出来。虽然我们可能能找到关键的创新，但是以为一个变化就能解释我们和我们最亲近的亲系物种之间的大部分差异，这是不太现实的。

　　和其他物种一样，智人代表了一个主题变奏，这个主题的关键词包括动物、脊椎动物、哺乳动物和猿类。但是许多物种都有一些与众不同的东西，一种独特而不寻常的特征，这种特征达到了一定的程度，使这些动物从群体中脱颖而出。在孔雀身上，这种特征是雄性特有的、长长的、金光闪闪的尾巴。对人类来说，这种特征当然是我们较大的大脑，以及我们利用大脑的方式。我们的许多身体功能和支持这些功能的解剖结构，例如肠子里的消化过程，心脏泵血在全身流动，还有我们的眼睛能够感知不同波长的光，这些与在其他猿类身上看到的非常类似，甚至与在其他哺乳动物身上看到的也非常类似。但我们的大脑是如此之大，充满了知识、思想和情感，我们相当肯定我们远远超出了任何其他动物的能力范围。我们的思维肯定是独一无二的吧？

　　据我们所知，我们的认知类型在现存动物中是独一无二的，我们可以肯定的是，虽然整套的认知能力似乎是人类特有的，如果我们开始分析我们心理的各个方面，与其他生物的精神状态加以对比，就会发现我们的思维和其他动物的思维实际上是程度上的差异，而不是彻底不同，或绝对差异。甚至黑猩猩似乎也有一些"心智"；有些人认为还有其他动物头脑中也有思想、欲望和抱负等内容。

与人类相比，这种心智理论在黑猩猩身上的作用程度可能存在差异。但这意味着，我们看到的是程度不同，而不是绝对不同。我们并非想象的那么不同，那么独特。这仍然是一个令人不安的想法，而且这也是许多人过去认为（在一些落后的地区，人们仍然这么认为）达尔文对进化论的描述和解释如此难以置信的主要原因之一。我们并不是一个和自然界其他生物截然不同的独特的生物，无论我们多希望这是真的。

1860 年，"达尔文的斗牛犬"托马斯·亨利·赫胥黎（Thomas Henry Huxley）与他的对手、大主教塞缪尔·威尔伯福斯（Samuel Wilberforce）在牛津大学自然历史博物馆（Oxford University Museum of Natural History）就进化论展开了一场即兴辩论。在交流过程中，威尔伯福斯深入研究了进化论，并问赫胥黎，他的家族的哪一支是猴子的后代，是祖母还是祖父那一支。关于接下来究竟发生了什么，众说纷纭，但有一种说法是赫胥黎喃喃自语道："上帝把他交到我手里了。"然后站起来，发动了他决定性的一击："我宁愿做两只猿猴的后代，也不愿做一个害怕面对真理的人。"

我们还在为自己是猿类、哺乳动物、脊椎动物而感到不安吗？因为我们其实本就如此的。在赫胥黎与威尔伯福斯在牛津大学辩论的 134 年后，生物人类学家马特·卡特米尔（Matt Cartmill）

写道：

"人类试图证明，在我们的同伴动物的生活和适应中，所有属于人的特性都是有预兆的，或是在动物身上也有类似的表现……在本质上是怀疑人与兽之间真的存在道德界限。对于这一边界的消失，我们是害怕还是欢迎，这才是真正的问题。"

找到我们的位置

我并不否认，我们是活得还不错的猿类。一种猿类竟能如此成功，这很不寻常。我们创造美好的事物，包括艺术、音乐和文学，以及提高我们生存、繁殖和寿命的技术。

但是，我们作为个体，不可能长生不老（无论这一点多么令人难以接受），我们这个物种不可能永远存在。我们可能稍微延缓了进化速度，躲过了自然选择这个死神的镰刀，至少在发达国家是这样。但即使在每个孩子都有机会活到成年的发达地区，每对夫妻拥有的孩子数量上也存在差异，这种差异会影响种群中基因频率的变化。也许很慢，但这仍是进化。

我们有可能不会发生重大的变化，至少在解剖学上是这样，当我们处于这种有利的状态时，我们可以控制和维持生存环境的稳定。我们可能会变成活化石，就像马蹄蟹和腔棘鱼一样，而其他物种在我们周围生生灭灭。我们给了自己一个真正的祈祷的机会，通过大量繁衍，分布在全球范围内，以求在局部灾难中幸存下来。但最终，我们的环境很可能会发生灾难性的变化。面对现实吧，那样的灾难甚至可能是我们自己造成的，而且将彻底改变游戏规则。（别忘了恐龙和希克苏鲁伯小行星的事例。）到那个时候，我们这个物种可能会灭绝，或者可能人数骤减，剩下的人在少数仍然适宜人类居住的地方苟活。在这些避难所，自然选择会把它的镰刀磨得锋利并开始起作用，而遗传漂变的影响也可能会愈发深远。在这种情况下，人类的未来可能会与目前的情形大不相同。

我并不是在擦亮水晶球，试图预测人类的未来，因为进化和宇宙中有太多的不可预测性。但是我会做一些关于人类如何在近期不会改变的预测：我们不会长出额外的、功能齐全的手指或脚趾；五指模式在我们的基因组中已经根深蒂固，根本不可能发生上述变化。我们不会因为同样的原因长出翅膀或多余的腿。只要我们在寒冷的地方（避难所、衣服、火）还保留着一些保暖的技术，我们就不会再长出毛皮——除非体毛莫名其妙地变得非常有吸引力。

我们很难预测我们进化的目标，因为这就像是在 6600 万年前预测一些在成群结队的恐龙中藏身的哺乳动物会进化成猴子，其中一些进化成猿类，其中一些猿类会成为在陆地行走的两足动物，而且会变得特别善于使用双手、特别聪明一样。我觉得，虽然进化存在意外性和偶然性（尽管受到约束，但仍然存在），我们也不应觉得自己无足轻重。对我来说，能来到这个世界上让我感到非常幸运。大家仔细想一想就会发现，其实你我不在这里是更容易出现的情形。

在我们这个物种的进化史上，有无数个时刻环境可能会朝向另外的方向发展，或者我们所在的生命之树的树枝半路上就被修剪掉了，而不是继续延伸到现在的灌木丛边缘。作为一个个体，你受孕的几率微乎其微。最开始的时候，你能否来到世界上，依赖于数百万精子中的一个能否进入母亲卵巢当月产生的卵子。其实很容易发生不同的情况。

虽然我们每个人都感到活着是幸运的，但我们也肩负着沉重的负担，背负着重大的责任。我们存在心智，它使我们能够判断别人的意图和目的。我们可以掌握和交流抽象的思想。我们也能感知自己行动的影响，不仅是个体和直接的影响，而且是集体和全面的影响，这些影响来自我们称之为科学的追根求底的冲动。

通过研究进化和胚胎学，我们在这个世界上找到了自己的位置。我们是生命故事的一部分，以一种非常真实的方式与过去和现在的其他物种联系在一起。受孕成功后，你自己的生命过程就开始了：无形状的地方慢慢成型，这由一种用古老的语言编写的代码控制，随着剧情的展开，产生了过去的生活和遥远的表亲的短暂回声。你不是生命之链的一部分，或说自然阶梯的一部分，而是生命之树——一棵枝繁叶茂的大树——的一部分。

因为我们是如此不同寻常的动物，因为我们意识到自己对他人的影响，我们不仅对彼此负有责任，而且对这棵生命之树上的其他小枝杈也负有责任。接受我们在自然世界中的位置，而不是处在自然世界之外，当然这意味着我们必须肩负起这一责任，为我们自己和地球上所有其他物种的可持续未来而努力。

13. 致谢及拓展阅读

13

致　谢

多年来，我一直想写一本关于胚胎学和进化的书，Heron Books 出版社的苏珊和乔恩·瓦特善意地给了我这样的机会，让我畅快地大讲了一通有关动物发育、共同祖先和谱系图的故事，而且他们还勇敢地将此书付梓！这本书谈论的可能是一个相当小众的主题，所以我非常感谢他们能这么热情地鼓励我。书中的许多想法都是在跟很多同事开会、讨论时跃入我脑海的，也有很多是在拍摄电视节目时产生的。我非常感激多套纪录片的制片人及制片团队，他们给了我机会，让我得以释放自己对于进化生物学和体质人类学的激情。在制作这些项目的过程中，我有机会跟世界各地富有洞见的研究者交流，并且跟更广大的观众分享这一科学领域激动人心的进展。这里我特别要感谢《人类的起源》（BBC2 台，2011 年）的制作团队，包括：迈格斯·莱特波蒂和戴维娜·布里斯托（助理制片人）；戴夫·斯图尔特、马特·戴斯和保罗·柯林（制片人/导演）；佐伊·海伦（系列片制作人）；萨莎·贝弗斯托克（执行制片人）；《史前尸检》（BBC2 台，2012 年）的执行制片人简·奥尔德斯；《地平线：何以为人》的制作团队，包括克里斯·皮特（研究员）、托比·麦克唐纳（制片人兼导演）和系列片编辑艾丹·拉弗蒂。非常感谢 BBC "科学与自然史"栏目特约编辑吉姆·希林洛。

另外，我要感谢所有慷慨地与我分享他们的研究和想法的人。本书正文中提到了他们中的一些人，包括：哈佛大学的杰夫·希林洛；伦敦大学伯贝克学院的杰夫·伯德；日内瓦大学的丹尼斯·杜柏尔；南安普顿大学的安娜·巴尼和伦敦大学学院的桑德拉·马特里；塞利奥克医院的罗伊·科克尔；罗德岛大学的霍莉·邓斯沃斯；纽约城市大学的赫尔曼·庞泽尔，以及哈佛大学的安娜·沃伦内。

还有很多其他的同事，他们通过对话和通信无私地与我分享他们在生物学、解剖学、进化论和表观遗传学方面的专业知识，在此也向他们表示诚挚的感谢。这些人包括：文纳-格林人类学研究基金会的莱斯利·艾洛；剑桥大学的帕特里克·贝特森爵士和大卫·奇弗斯；伯明翰大学的杰里米·普里查德、苏珊娜·索普和布莱恩·特纳。作为一名医科学生，我很幸运能够师从几位诲人不倦的解剖学和胚胎学专家，他们包括爱德华·埃文斯、伯纳德·莫克斯汉姆和理查德·内威尔。此外，我要特别感谢解剖学家鲍勃·普雷斯利，他是我本科解剖学毕业论文项目的导师，是我进入比较解剖学和胚胎学世界的引路人。

有几位同事不辞劳苦，帮我阅读本书的草稿并给出评价，我非常感谢他们提供的宝贵见解、建议和温和的修正。这些好心人包括：罗宾·克朗普顿、霍莉·邓斯沃斯、科林·格罗夫斯、德斯蒙德·莫里斯、马克·帕伦、克里斯·斯丁格和保罗·维斯卡迪。还要感谢我的编辑乔恩·瓦特，他以编辑特有的洞察力帮助我确定本书的叙述线索。还要感谢文字编辑海莲娜·卡尔登帮我润色文字。

最后，但并非最不重要的是，多亏了我夫君给予的超乎寻常的支持，才让我有可能在照顾一个新出生的婴儿和一个 3 岁大的孩子的同时写完本书。谢谢你，戴夫。

拓展阅读

大众读物

以下是一些关于胚胎学和进化论等领域科学史的大众书籍和在线资源。

书籍:

Cobb, M. (2007). The egg and sperm race: the seventeenth-century scientists who unravelled the secrets of sex, life and growth. London; New York: Pocket Books.

Correia, C. P. (1998). The Ovary of Eve: egg and sperm and preformation. Chicago: University of Chicago Press.

Gould, S. J. (1977). Ontogeny and Phylogeny. Cambridge, Massachusetts: Belknap Press of Harvard University Press.

Kent, G. C. & Carr, R. K. (2001). Comparative anatomy of the vertebrates. Boston: McGraw Hill.

Lieberman, D. (2011). The evolution of the human head. Cambridge, Massachusetts: Belknap Press of Harvard University Press.

Sadler, T. W. (2012). Langman's Medical Embryology. Philadelphia: Lippincott, Williams and Wilkins.

Shubin, N. (2008). Your inner fish: a journey into the 3. 5-billion-year history of the human body. New York, Pantheon Books.

Wolpert, L. (2008) The Triumph of the Embryo. Mineolla, NY: Dover Publications.

在线资料及移动应用:

由瑞士弗里堡、洛桑和伯尔尼大学开发的在线胚胎学课程,有法语、德语、英语和荷兰语版本:www. embryology. ch

亚利桑那州立大学(Arizona State University)的《胚胎工程百科全书》(The Embryo Project Encyclopedia)是一个关于胚胎学及其历史的"发现"、描述性文章和论文的在线资源库:www. emo. asu. edu

关于怀孕期间胚胎发育和变化的指南:lifeinthewombapp. com

开始

思想简史

Cobb, M. (2012). An amazing 10 years: the discovery of egg and sperm in the 17th century. Reproduction in Domestic Animals, 47: 2—6.

Gould, S. J. (1977). Ontogeny and Phylogeny. Cambridge, Massachusetts: Belknap Press of Harvard University Press.

生命的开始

看看这张关于怀孕的视觉指南吧：lifeinthewombapp. com

头和大脑

第一个脑袋

关于海鞘的简化：

Holland, N. D. & Chen, J. (2001). Origin and early evolution of the vertebrates: new insights from advances in molecular biology, anatomy and palaeontology. BioEssays, 23: 142—151.

关于海口虫的发现：

Chen, J. -. Y., Huang, D. -Y., Li, C. -W. (1999). An early Cambrian craniate-like chordate. Nature, 402: 518—522.

理查德·道金斯在他的著作《祖先的故事》(2004) 中讨论了我们和海星的关系以及我们在生命之树中的位置。

更多关于橡子虫和脊索动物起源的信息：

Brown, F. D., Prendergast, A., Swalla, B. J. (2008). Man is but a worm: chordate origins. Genesis, 46: 605—613.

Gerhart, J., Lowe, C., Kirschner, M. (2005). Hemichordates and the origin of chor-dates. Current Opinion in Genetics & Development, 15: 461—467.

Lacalli, T. C. (2010). The emergence of the chordate body plan: some puzzles and problems. Acta Zoologica (Stockholm), 91: 4—10.

YouTube 上 BBC《生命》有关海星的片段：

www. youtube. com/watch? v＝kGMCaTwkKrc

远古时代胚胎期的大脑

想了解更多关于神经细胞和"音速小子"的信息，请访问《胚胎
工程百科全书》：www. emo. asu. edu

更多关于不同动物大脑的信息：

Kent, G. C. & Carr, R. K. (2001). Comparative anatomy of the verte-
brates. Boston：McGraw Hill.

绘制人脑地图

欲知更多有关脑功能及头部和颈部的一般性的解剖结构：

Lieberman, D. (2011). The evolution of the human head. Cambridge,
Massachussetts：Belknap Press of Harvard University Press.

想了解更多关于菲尼亚斯·盖奇和他受伤的奇特故事：

Ratiu, P. et al. (2004). The tale of Phineas Gage, digitally remastered.
Journal of Neurotrauma, 21：637—643.

关于人脑的连接：

Drachman, D. A. (2005). Do we have brain to spare? Neurology, 64：
2004—2005.

关于大脑彩虹：

Livet, J. et al. (2007). Transgenic strategies for combinatorial
expression of fluores-cent proteins in the nervous system. Nature,
450：56—63.

关于大脑影像：

Raichle, M. E. (2008). A brief history of human brain mapping. Trends in Neurosciences, 32: 118—126.

镜像神经元

Catmur, C. et al. (2008). Through the looking glass: counter-mirror activation following incompatible sensorimotor learning. European Journal of Neuroscience, 28: 1208—1215.

Heyes, C. (2010). Where do mirror neurons come from? Neuroscience and Biobehavioural Reviews, 34: 575—583.

Ramachandran, V. S. (2000). Mirror neurons and imitation learning as the driving force behind 'the great leap forward' in human evolution. www. edge. org

Ramachandran, V. S. (2011). The Tell-Tale Brain: Unlocking the Mystery of Human Nature. London: Windmill Books. 第 4 章 The neurons that shaped civilization.

巨大的人脑

有关情商和人类进化的精彩讨论，请参见：

Lieberman, D. (2011). The evolution of the human head. Cambridge, Massachussetts: Belknap Press of Harvard University Press.

关于黑猩猩的视觉皮层：

Holloway, R. L., Broadfield, D. C., Yuan, M. S. (2003). Morphology and histology of chimpanzee primary visual striate cortex indicate that brain reorganization predated brain expansion in early hominid evolution. The Anatomical Record, 273A: 594—602.

Wood, J. N. & Grafman, J. (2003). Human prefrontal cortex: processing and repre-sentational perspectives. Nature Review Neuroscience, 4: 139—147.

关于黑猩猩心理学研究的历史:

Call, J. & Tomasello, M. (2008). Does the chimpanzee have a theory of mind? 30 years later. Trends in Cognitive Science, 12: 187—192.

论大脑的扩张对颅骨形状的影响:

Lieberman, D. E., Pearson, O. M., Mowbray, K. M. (2003). Basicranial influence on overall cranial shape. Journal of Human Evolution, 38: 291—315.

想了解更多关于现代人类头骨形状的进化:

Lieberman, D. E., McBrateney, B. M., Krovitz, G. (2002). The evolution and devel-opment of cranial form in Homo sapiens. Proceedings of the National Academy of Sciences, 99: 1134—1139.

头骨和感觉

神经嵴与头骨的起源

探讨了新结构的进化起源,以及"结构……不是简单地从尘土中冒出来"的观点:

Braun, C. B. & Northcutt, R. G. (1997). The lateral line system of hagfishes. Acta Zoologica (Stockholm), 78: 247—268.

基因复制与基因在进化中的新功能：

Holland, L. Z., Laudet, V., Schubert, M. (2004). The chordate amphioxus: an emerging model organism for developmental biology. Cellular and Molecular Life Sciences, 61: 2290—2308.

关于文昌鱼非神经嵴细胞：

Shimeld, S. M., Holland, N. D. (2005). Amphioxus molecular biology: insights into vertebrate evolution and developmental mechanisms. Canadian Journal of Zoology, 83: 90—100.

关于茱莉亚·普拉特和她发现的神经嵴细胞对颅骨发育的贡献：

Landacre, F. L. (1921). The fate of the neural crest in the head of the urodeles. The Journal of Comparative Neurology, 33: 1—43.

Zottoli, S. J. & Seyfarth, E. -A. (1994). Julia B. Platt (1857—1935): Pioneer comparative embryologist and neuroscientist. Brain, behaviour and evolution, 43: 92—106.

形成头骨

查尔斯·达尔文（Charles Darwin）在 1859 年出版的《物种起源》中提到了他的"胚胎相似性定律"。值得一读。还有一个很棒的在线资源：darwin-online. org. uk

颅骨形状

关于颅骨畸形：

Ayer, A. et al. (2010). The sociopolitical history and physiological underpinnings of skull deformation. Neurosurgical Focus, 29: 1—6.

Tubbs, R. S., Salter, E. G., Oakes, W. J. (2006). Artificial Deforma-
tion of the Human Skull. Clinical Anatomy, 19: 372—377.

关于"外星儿童头骨":

Novella, S. (2006). The Starchild Project, The New England Sceptical
Society: www. theness. com/index. php/the-starchild-project

嗅觉

研究表明大脑受伤后对嗅觉丧失缺乏意识:

Callahan, C. D. & Hinkebein, J. H. (2002). Assessment of anosmia
after traumatic brain injury. Journal of Head Trauma Rehabilitation,
17: 251—256.

论七鳃鳗的嗅觉基因:

Libants, S. et al. (2002). The sea lamprey Petromyzon marinus genome
reveals the early origin of several chemosensory receptor families in
the vertebrate lineage. BMC Evolutionary Biology, 9: 180.

关于嗅觉基因的缺失与灵长类动物颜色视觉发展的假设:

Gilad, Y. et al. (2004). Loss of olfactory receptor genes coincides with
the acquisi-tion of full trichromatic vision in primates. PLoS
Biology, 2: 120—125.

Matsui, A., Go, Y., Niimura, Y. (2010). Degeneration of olfactory re-
ceptor gene repertoires in primates: no direct link to full
trichromatic vision. Molecular Biology & Evolution, 27:
1192—1200.

视觉

更多关于视觉的书籍：

Lamb, T. D., Collin, S. P., Pugh, E. N. (2007). Evolution of the vertebrate eye: opsins, photoreceptors, retina and eye cup. Nature Reviews: Neuroscience, 8: 960—975.

对发育中的小文昌鱼眼睛中表达的基因的研究：

Vopalensky, P. et al. (2012). Molecular analysis of the amphioxus frontal eye unravels the evolutionary origin of the retina and pigment cells of the vertebrate eye. Proceedings of the National Academy of Sciences, 109: 15383—15388.

论脊椎动物的色觉和光感受器：

Bowmaker, J. K. (1998). Evolution of colour vision in vertebrates. Eye, 12: 541—547.

论灵长类动物的色觉与红底：

Surridge, A. K., Osorio, D., Mundy, N. I. (2003). Evolution and selection of trichro-matic vision in primates. Trends in Ecology and Evolution, 18: 198—205.

关于早期灵长类动物的饮食（以及对人类进化的全新诠释）：

Cartmill, M. (2012). Primate origins, human origins, and the end of higher taxa. Evolutionary Anthropology, 21: 208—220.

关于大猩猩关注眼睛注视方向：

Mayhew, J. A. (2013). Attention cues in apes and their role in social play behaviour of Western Lowland Gorillas (Gorilla gorilla gorilla). PhD thesis, University of St Andrews.

关于人类婴儿注视眼睛的实验，以及测试儿童是否会察觉到欺骗的杯子实验：

Freire, A., Eskritt, M., Lee, K. (2004). Are eyes windows to a deceiver's soul? Children's use of another's eye gaze cues in a deceptive situation. Developmental Psychology, 6：1093—1104.

关于人类婴儿和其他类人猿注意力和眼睛注视的比较：

Tomasello, M. et al. (2007). Reliance of head versus eyes in the gaze following of great apes and human infants：the cooperative eye hypothesis. Journal of Human Evolution, 52：314—320.

说话和腮

U 形骨和蝶形软骨

关于凯巴拉尼安德特人的发现：

Bar-Yosef, O. et al. (1992). The excavations in Kebara Cave, Mt Carmel. Current Anthropology, 33：497—550.

人类的舌头比其他类人猿拥有更丰富的神经，并且舌下管的大小可能是一个有用的线索的假设：

DeGusta, D., Gilbert, W. H., Turner, S. P. (1999). Hypoglossal canal size and hominid speech. Proceedings of the National Academy of Sciences, 96：1800—1804.

Kay, R. F., Cartmill, M., Balow, M. (1998). The hypoglossal canal and the origin of human vocal behaviour. Proceedings of the

National Academy of Sciences, 95: 5417—5419.

西玛德罗斯赫索斯的舌骨:

Martinez, I. et al. (2007). Human hyoid bones from the middle Pleisto-
cene site of the Sima de los Huesos (Sierra de Atapuerca, Spain).
Journal of Human Evolution, 54: 118—124.

尼安德特人是否会说话:

Boe, L. -J. et al. (2002). The potential Neanderthal vowel space was
as large as that of modern humans. Journal of Phoentics, 30:
465—484.

喉部神话

关于喉头下降不会增加窒息的风险:

Aiello, L. (2002). Fossil and other evidence for the origin of language.
Evolution of Language 4th International Conference, Harvard Uni-
versity.

后头落到颈部靠下的位置:

Lieberman, D. (2011). The evolution of the human head. Cambridge,
Massachusetts: Belknap Press of Harvard University Press.

Lieberman, D. E. et al. (2001). Ontogeny of postnatal hyoid and larynx
descent in humans. Archives of Oral Biology, 46: 117—128.

男人和女人发出的元音不同:

de Boer, B. (2010). Investigating the acoustic effect of the descended
larynx with articulatory models. Journal of Phonetics, 38:
679—686.

其他低喉动物：

Fitch, W. T. & Reby, D. (2001). The descended larynx is not uniquely human. Proceedings of the Royal Society of London, B 268: 1669—1675.

声音低沉的男性

咆哮的雄鹿：

Clutton-Brock, T. H. & Albon, S. D. (1979). The roaring of red deer and the evolu-tion of honest advertisement. Behaviour, 69: 145—170.

关于男声低沉对女性的影响：

Smith, D. S. et al. (2012). A modulatory effect of male voice pitch on long-term memory in women: evidence of adaptation for mate choice? Memory & Cognition, 40: 135—144.

匹兹堡大学的约会游戏：

Puts, D. A., Gaulin, S. J. C., Verdolini, K. (2006). Dominance and the evolution of sexual dimorphism in human voice pitch. Evolution and Human Behavior, 27: 283—296.

颌骨关节及听小骨

关于摩尔根兽的第二颌关节：

Kermack, K. A., Mussett, F., Rigney, H. W. (1973). The lower jaw of Morganucodon. Zoological Journal of the Linnean Society, 53: 87—175.

耳和面部肌肉（如鳃肌）的起源：

Comparative anatomy, homologies and evolution of the mandib-ular, hy-
  oid and hypobranchial muscles of bony fish and tetrapods: a new in-
  sight. Animal Biology, 58: 123—172.

Takechi, M. & Kuratani, S. (2010). History of studies on mammalian
  middle ear evolution: a comparative morphological and developmen-
  tal biology perspective. Journal of Experimental Zoology B, 314:
  1—17.

冯·贝尔与遗传学

关于咽或鳃弓的引用来自最受欢迎的本科生胚胎学教科书之一：

Sadler, T. W. (2012). Langman's Medical Embryology. Philadelphia:
  Lippincott, Williams and Wilkins.

脊柱和体节

果蝇，以及脊椎的起源

想了解更多关于托马斯·亨特·摩根和他的诺贝尔奖获奖作品，
  搜索：NobelPrize. org

关于同源异型基因：

Myers, P. Z. (2008). Hox genes in development: the Hox code. Scit-
  able, Nature Education.

Pearson, J. C., Lemons, D., McGinnis (2005). Modulating Hox gene functions during animal body patterning. Nature Review Genetics, 6: 893—904.

关于我们和果蝇的共同祖先:

Danchin, E. G., Pontarotti, P. (2004). Statistical evidence for a more than 800-million-year-old evolutionarily conserved genomic region in our genome. Journal of Molecular Biology and Evolution, 59: 587—597.

关于人类同源异型基因:

Holland, P. W. H., Booth, H. A. F., Bruford, E. A. (2007). Classification and nomen-clature of all human homeobox genes. BMC Biology, 5: 47.

更多关于丹尼斯·杜柏尔的信息:

Richardson, M. K. (2009). The Hox complex: an interview with Denis Duboule. International Journal of Developmental Biology, 53: 717—723.

椎骨的胚胎发育

欲了解更多关于脊柱裂的信息,请访问 NHS 国家遗传学和基因组学教育中心>遗传学条件>神经管缺陷: www. geneticseducation. nhs. uk? genetic−conditions−54/688−neural−tube−defects−new

Hox 基因在脊柱发育中的作用:

Carapuco, M. et al. (2005). Hox genes specify vertebral types in the presomitic mesoderm. Genes and Development, 19: 2116—2121.

椎间盘突出

关于椎间盘脊索细胞的丢失：

Hunter, C. J., Matyas, J. R., Duncan, N. A. (2003). The notochordal
 cell in the nucleus pulposus: a review in the context of tissue engi-
 neering. Tissue Engineering, 9: 667—677.

关于腰痛：

Cohen, S. P. & Raja, S. N. (2007). Pathogenesis, diagnosis, and
 treatment of lumbar zygapophysial (facet) joint pain. Anesthesiolo-
 gy, 106: 591—614.

Manchikanti, L. et al. (2004). Prevalence of facet joint pain in chronic
 spinal pain of cervical, thoracic and lumbar regions. BMC Musculo-
 skeletal Disorders, 5: 15.

长腰椎棘突

关于猴子和古老的长而灵活的脊椎的进化：

Harrison, T. (2013). Catarrhine Origins. In Begun, D. R. (ed.) A
 Companion to Paleoanthropology, pp376—396.

关于猿猴尾巴的神秘消失：

Larson, S. G. & Stern, J. T. (2006). Maintenance of above-branch bal-
 ance during primate arboreal quadrupedalism: coordinated use of
 forearm rotators and tail motion. American Journal of Physical An-
 thropology, 129: 71—81.

关于人类化石的腰椎：

Lovejoy, C. O. (2005). The natural history of human gait and posture, Part 1: spine and pelvis. Gait and posture, 21: 95—112.

直系亲属

关于测量古脊柱前凸的程度：

Been, E., Gomez-Olivencia, A., Kramer, P. A. (2012). Lumbar lordosis of extinct hominins. Americam Journal of Physical Anthropology, 147: 64—77.

肋骨、 肺和心脏

胸部形状

关于猿类胸部形状：

Kagaya, M., Ogihara, N., Nakatsukasa, M. (2008). Morphological study of the anthropoid thoracic cage: scaling of thoracic width and an analysis of rib curva-ture. Primates, 49: 89—99.

关于猿类的解剖结构和运动：

Larson, S. G. (1998). Parallel evolution in the hominoid trunk and forelimb. Evolutionary Anthropology, 6: 87—99.

肋骨化石

关于人亚科原人的胸部形状：

Haile-Selassie, Y. et al. (2010). An early Australopithecus afarensis postcranium from Woranso-Mille, Ethiopia. Proceedings of the National Academy of Science, 107: 12121—12126.

Schmid, P. et al. (2013). Mosaic morphology in the thorax of Australopithecus sediba. Science, 340: 1234598.

Wong, K. (2013). Is Australopithecus sediba the most important human ancestor discovery ever? Scientific American, April 23.

On the likelihood of hominins evolving from an ancestor with a small ape with a chest shape similar to that of gibbons or spider monkeys:

Lovejoy, C. O. et al. (2009). The pelvis and femur of Ardipithecus ramidus: the emergence of upright walking. Science, 326: p71e5.

Stern, J. T. et al. (1980). An electromyographic study of the pectoralis major in Atelines and Hylobates with special references to the evolution of a pars clavicu-laris. American Journal of Physical Anthropology, 20: 498—507.

尼安德特人的胸腔

Gomez-Olivencia et al. (2009). Kebara 2: new insights regarding the most complete Neanderthal thorax. Journal of Human Evolution, 57: 75—90.

肺部发育

Suzuki et al. (2010). The mitochondrial phylogeny of an ancient lineage of ray-finned fishes (Polypteridae) with implications for the evolution of body elonga-tion, pelvic fin loss and craniofacial morphology in Osteichthyes. BMC Evolutionary Biology, 10: 21.

肠和卵黄囊

神奇旅程

在塞利奥克医院用胶囊内镜检查病人的肠道：

Hudson, J. (2002). Hope at end of fantastic voyage. Birmingham Post,
    May 24.

论人类肠道的"非特殊性"

不同动物的大脑和肠道大小之间缺乏联系：

Hladik, C. M. & Pasquet, P. (2003). Reply to: Kaufman, J. A.
    (2003). On the expen-sive tissue hypothesis: independent support
    from highly encephalised fish. Current Anthropology, 44:
    705—707.

对人类和其他动物大脑大小和脂肪的研究：

Navarrete, A., van Schaik, C. P., Isler, K. (2011). Energetics and
    the evolution of human brain size. Nature, 480: 91—93.

在转换到高能量饮食的过程中，大脑和身体会变得更大：

Pontzer, H. (2012). Ecological energetics in early Homo. Current An-
    thropology, 53, S6: S346—S358.

有关乳糖酶的持久性和消化牛奶的能力，直至成年：

Ingram, C. J. E. et al. (2009). Lactose digestion and the evolutionary genetics of lactase persistence. Human Genetics, 124: 579—591.

生殖腺, 生殖器和妊娠

肿块、隆起物和导管

欲了解更多关于外生殖器的解剖和功能:

Berman, J. R. & Bassuk, J. (2002). Physiology and pathophysiology of female sexual function and dysfunction. World Journal of Urology, 20: 111—118.

O'Connell, H. E. (2005). Anatomy of the clitoris. Journal of Urology, 174: 1189—1195.

关于苗勒氏管和沃尔夫氏管:

Brian, B. H. & Bloom, D. A. (2002). Wolff and Muller: fundamental eponyms of embryology, nephrology and urology. The Journal of Urology, 168: 425—428.

令人难以置信的睾丸（和卵巢）的迁徙

Ivell, R. (2007). Lifestyle impact and the biology of the human scrotum. Reproductive Biology & Endocrinology, 5: 15.

人类、黑猩猩和大猩猩睾丸的重量:

Dixson, A. F. & Anderson, M. J. (2004). Sexual behaviour, reproductive physiology and sperm competition in male mammals. Physiology & Behaviour, 83: 361—371.

阴茎、阴蒂和高潮

关于像阴茎的阴蒂：

Place, N. J. & Glickman, S. E. (2004). Masculinization of female mammals: lessons from nature. Advances in Experimental Medical Biology, 545: 243—253.

更多有关阴蒂和阴茎勃起的资料：

Dean, R. C. & Lue, T. F. (2005). Physiology of penile erection and pathophysiology of erectile dysfunction. Urologic Clinics of North America, 32: 379—395.

Gragasin, F. S. et al. (2004). The neurovascular mechanism of clitoral erection: nitric oxide and cGMP-stimulated activation of BKCa channels. Federation of American Societies for Experimental Biology, 18: 1382—1391.

关于催产素：

Borrow, A. P. & Cameron, N. M. (2012). The role of oxytocin in mating and preg-nancy. Hormones and Behavior, 61: 266—276.

关于女性高潮的奥秘：

Colson, M. -H. (2010). Female orgasm: myths, facts and controversies. Sexologies, 19: 8—14.

性行为

关于膝上艳舞演员在排卵期赚得更多的话题：

Miller, G., Tybur, J. M., Jordan, B. D. (2007). Ovulatory cycle effects on tip earnings by lap dancers：economic evidence for human estrus? Evolution and Human Behavior, 28：375—381.

论侏儒黑猩猩和倭黑猩猩的性行为：

de Waal, F. B. M. (1995). Bonobo sex and society. Scientific American, March.

艰难的处境

社会学习对我们人类的重要性：

Sterelny, K. (2011). From hominins to humans：how sapiens became behaviourally modern. Philosophical Transactions of the Royal Society B, 366：809—822.

介绍"产科困境"：

Rosenberg, K. R. (1992). The evolution of modern human childbirth. Yearbook of Physical Anthropology, 35, 89—124.

Rosenberg, K. R. & Trevathan, W. (2002). Birth, obstetrics and human evolution. British Journal of Obstetrics & Gynaecology, 109：1199—1206.

关于产科困境面临的新挑战：

Dunsworth, H. M. et al. (2012). Metabolic hypothesis for human altriciality. Proceedings of the National Academy of Science, 109：15212—15216.

Meeting Holly Dunsworth to talk about the obstetric dilemma (from 28. 00 minutes) BBC2 Horizon：What makes us human? www. youtube. com/ watch? v＝AqK6eE51Ctk

Wells, J. C. K., DeSilva, J. M., Stock, J. T. (2012). The obstetric dilemma: an ancient game of Russian roulette, or a variable dilemma sensitive to ecology? Yearbook of Physical Anthropology, 55: 40—71.

关于寻找人类出生触发点的困难:

Plunkett, J. et al. (2011). An evolutionary genomic approach to identify genes involved in human birth timing. PLoS Genetics, 7: e1001365.

人类生殖的一般介绍,以及出生的背景:

Ellison, P. T. (2001). On fertile ground. Cambridge, MA: Harvard University Press.

猴子和猿胎儿头部大小:

Schultz, A. (1949). Sex differences in the pelves of primates. American Journal of Physical Anthropology, 7: 401—423.

关于世界各地和历史上的难产:

Dolea, C. & AbouZahr, C. (2003). Global burden of obstructed labour in the year 2000. Evidence and Information for Policy. Geneva: World Health Organization.

Maharaj, D. (2010). Assessing cephalopelvic disproportion: back to the basics. Obstetrical & Gynecological Survey, 65: 387—395.

Ould El Joud, D., Bouvier-Colle, M. -H., MOMA Group (2001). Dystocia: a study of its frequency and risk factors in seven cities of west Africa. International Journal of Gynecology & Obstetrics, 74: 171—178.

Roy, R. P. (2003). A Darwinian view of obstructed labor. Obstetrics & Gynecology, 101: 397—401.

Wittman, A. B. & Wall, L. L. (2007). The evolutionary origins of obstructed labor: bipedalism, encephalisation, and the human obstetric dilemma. Obstetrical & Gynecological Survey, 62: 739—748.

论四肢的性质

四肢萌发和生长板

关于胚胎学中的细胞死亡：

Penazola, C. et al. (2006). Cell death in development: shaping the embryo. Histochemistry and Cell Biology, 126: 149—158.

关于大脑发育中的细胞死亡：

Azevedo, F. A. C. et al. (2009). Equal numbers of neuronal and non-neuronal cells make the human brain an isometrically scaled-up primate brain. The Journal of Comparative Neurology, 513: 532—541.

Low, L. K. & Cheng, H. -W. (2006). Axon pruning: an essential step underlying the developmental plasticity of neuronal connections. Philosophical Transactions of the Royal Society B, 361: 1531—1544.

生肌节

关于同源异型基因与肢体发育：

Burke, A. C. & Nowicki, J. L. (2001). Hox genes and axial specification in verte-brates. American Zoologist, 41：687—697.

Richardson, M. K. et al. (2009). Heterochrony in limb evolution：developmental mechanisms and natural selection. Journal of Experimental Zoology, 312B：639—664.

鳍和四肢

Owen, R. (1849). On the Nature of Limbs. A discourse delivered on Friday, February 9, at an evening meeting of the Royal Institution of Great Britain. London：John van Voorst.

手指和脚趾的基因开关：

Gilbert, S. F. (2000). Generating the proximal-distal axis of the limb. In：Developmental Biology Sinderland, MA：Sinauer Associates.

格陵兰传奇

关于棘螈：

Clack, J. A. (2006). The emergence of early tetrapods. Palaeogeography, Palaeo-climatology, Palaeoecology, 232：167—189.

关于提塔利克鱼的盆骨：

Shubin, N. H., Daeschler, E. B., Jenkins, F. A. (2014). Pelvic girdle and fin of Tiktaalik roseae. Proceedings of the National Academy of Sciences, 111：893—899.

臀部到脚趾

两条腿好

关于枕骨大孔的位置为何能指明两足行走的可能：

Russo, G. A. & Kirk, E. C. (2013). Foramen magnum position in bipedal mammals. Journal of Human Evolution, 65: 656—670.

露西的臀部和约翰逊的膝盖

古人类臀部：

Lovejoy, C. O. (2005). The natural history of human gait and posture Part 1: spine and pelvis. Gait and posture, 21: 95—112.

关于南方古猿的双髁的角度：

Lovejoy, C. O. (2007). The natural history of human gait and posture Part 3: the knee. Gait and posture, 25: 325—341.

人脚的局限性

关于善于爬树的人令人难以置信的弯曲脚踝：

Venkataraman, V. V., Kraft, T. S., Dominy, N. J. (2013). Tree climbing and human evolution. Proceedings of the National Academy of Sciences, 110: 1237—1242.

关于猿类灵活的脚：

Lovejoy, C. O. et al. (2009). Combining prehension and propulsion:

the foot of Ardipithecus ramidus. Science, 326: 72, 72e1—72e8.

对人类的脚进行测试:

Bates, K. T. et al. (2013). The evolution of compliance in the human lateral mid-foot. Philosophical Transactions of the Royal Society B, 280: 20131818.

DeSilva, J. M. & Gill, S. V. (2013). Brief communication: A midtarsal (midfoot) break in the human foot. American Journal of Physical Anthropology, 151: 495—499.

两足行走的起源

史蒂芬·杰伊·古尔德对"前进的步伐"的观点:

Gould, S. J. (1989). Wonderful Life. New York: WW Norton & Co. pp30—36.

两足行走的起源的争论:

Corruccini, R. S. & McHenry, H. M. (2001). Knuckle-walking hominid ancestors. Journal of Human Evolution, 40: 507—511.

Dainton, M. (2001). Did our ancestors knuckle-walk? Nature, 410: 324—325.

Kivell, T. L. & Schmidt, D. (2009). Independent evolution of knuckle-walking in African apes shows that humans did not evolve from a knuckle-walking ancestor. Proceedings of the National Academy of Sciences, 106: 14241—14246.

Richmond, B. G., Begun, D. R., Strait, D. S. (2001). Origin of human bipedalism: the knuckle-walking hypothesis revisited.

Yearbook of Physical Anthropology, 44: 70—105.

直立的祖先是 20 世纪早期盛行的观点:

Avis, V. (1962). Brachiation: the crucial issue for Man's ancestry. Southwestern Journal of Anthropology, 18, 119—148.

Keith, A. (1923). Man's posture: its evolution and disorders. British Medical Journal, 1: 451—454.

关于阿尔迪在树上的活动:

Crompton, R. W., Sellers, W. I., Thorpe, S. K. S. (2010). Arboreality, terrestriality and bipedalism. Philosophical Transactions of the Royal Society of London B, 365: 3301—3314.

Lovejoy, C. O., McCollum, M. A. (2010). Spinopelvic pathways to bipedality: why no hominids ever relied on a bent-hip-bent-knee gait. Philosophical Transactions of the Royal Society of London B, 365: 3289—3299.

关于猿类在树上的位置和活动:

Hunt, K. D. (1991). Positional behaviour in the Hominoidea. International Journal of Primatology, 12: 95—118.

Thorpe, S. K. S. & Crompton, R. H. (2006). Orangutan positional behaviour and the nature of arboreal locomotion in Hominoidea. American Journal of Physical Anthropology, 131: 384—401.

非洲大草原栖息地扩张相对较晚:

deMenocal, P. B. (2004). African climate change and faunal evolution during the Pliocene-Pleistocene. Earth and Planetary Science Letters, 220: 3—24.

关于山猿的解剖和行为:

Crompton, R. H., Vereecke, E. E., Thorpe, S. K. S. (2008). Locomotion and posture from the common hominoid ancestor to fully modern hominins with special reference to the common panin/hominin ancestor. Journal of Anatomy, 212: 501—543.

对于体型较大的猿类来说,攀爬以及用胳膊悬挂是明智的选择:

Larson, S. G. (1998). Parallel evolution in the hominoid trunk and forelimb. Evolutionary Anthropology, 6: 87—99.

生而善跑

关于格鲁吉亚共和国德马尼西遗址化石的广泛变异:

Lordkipanidze, D. et al. (2013). A complete skull from Dmanisi, Georgia, and the evolutionary biology of early Homo. Science, 342: 326—331.

腿长可能是体型增大的结果:

Pontzer, H. (2012). Ecological energetics in early Homo. Current Anthropology, 53, S6: S346—S358.

关于纳利奥克托米男孩的环境——非洲草原的扩展:

deMenocal, P. B. (2004). African climate change and faunal evolution during the Pliocene-Pleistocene. Earth and Planetary Science Letters, 220: 3—24.

关于古人类狩猎的证据:

Ferraro, J. V. et al. (2013). Earliest archaeological evidence of persistent hominin carnivory. PLOS One 8: e62174.

一种新奇事物

解剖学的延展性，以及动物在基因发生变化之前如何改变以适应
　　环境：

West-Eberhard, M. J. (2005). Phoenotypic accommodation: adaptive
　　innovation due to developmental plasticity. Journal of Experimental
　　Zoology, 304B: 610—618.

表观遗传学和动物一生中发生的适应性变化可能遗传给下一代：

Bateson, P. (2012). The impact of the organism on its descendants.
　　Genetics Research International: 640612.

肩膀和拇指

古人类的肩膀

关于最近发现的真正的类人肩膀：

Larson, S. G. et al. (2007). Homo floresiensis and the evolution of the
　　hominin shoulder. Journal of Human Evolution, 53: 718—731.

关于投掷过程中所储存的弹性能量的释放：

Roach, N. T. et al. (2013). Elastic energy storage in the shoulder and
　　the evolution of high-speed throwing in Homo. Nature, 498:
　　483—486.

关于伽德莫塔的古黑曜石考古点：

Sahle, Y. et al. (2013). Earliest stone-tipped projectiles from the Ethiopian Rift date to >279,000 years ago. PLOS One 8：e78092.

猿类的肘、腕和手

关于猿类肘部的形状：

Larson, S. G. (1998). Parallel evolution in the hominoid trunk and forelimb. Evolutionary Anthropology, 6：87—99.

人类和黑猩猩手的区别：

Marzke, M. W. (1997). Precision grips, hand morphology, and tools. American Journal of Physical Anthropology, 102：91—110.

Marzke, M. W. & Marzke, R. F. (2000). Evolution of the human hand：approaches to acquiring, analysing and interpreting the anatomical evidence. Journal of Anatomy, 197：121—140.

我们祖先的双手

关于悬吊在树枝上时减少手部张力的指骨弯曲：

Richmond, B. G. (2007). Biomechanics of phalangeal curvature. Journal of Human Evolution, 53：678—690.

关于阿迪和黑猩猩长掌骨的独立进化：

Lovejoy, C. O. et al. (2009). Careful climbing in the Miocene：the forelimbs of Ardipithecus ramidus and humans are primitive. Science, 326：70.

关于唐·约翰森对露西的手臂和弯曲的手指的描绘：

Wong, K. (2012). Lucy's Baby. Scientific American, 22：4—11.

bigthink. com/videos/what-lucy-looked-like

关于柔韧的脊椎以及放弃在树上生活：

Lovejoy, C. O. (2005). The natural history of human gait and posture Part 1: spine and pelvis. Gait and posture, 21: 95—112.

想了解更多关于南方古猿源泉种的信息：

Kivell, T. L. et al. (2011). Australopithecus sediba hand demonstrates mosaic evolu-tion of locomotor and manipulative abilities. Science, 333: 1411.

独特的拇指

Diogo, R., Richmond, B. G., Wood, B. (2012) Evolution and homol-ogies of primate and modern human hand and forearm muscles, with notes on thumb move-ments and tool use. Journal of Human Evolu-tion, 63: 64—78.

Williams, E. M., Gordon, A. D., Richmond, B. G. (2012). Hand pressure distribu-tion during Oldowan stone tool production. Journal of Human Evolution, 62: 520—532.

生命之谜

不可思议的生命进化

更多关于胚胎学的一般性知识，和早期流产的估计数字：

Sadler, T. W. (2012). Langman's Medical Embryology. Philadelphia: Lippincott, Williams and Wilkins.

关于限制进化可能路径的约束因素：

Muller, G. B. & Newman, S. A. (2005). The innovation triad：an Evo-Devo agenda. Journal of Experimental Zoology B, 304B：487—503.

掌握自己的命运

以下信息精彩地展示了动物是如何影响环境的：Dawkins, R. (1982). The Extended Phenotype. Oxford University Press.

人类的独特性

关于在正确的地方寻找人类的独特性：

Cartmill, M. (1990) Human uniqueness and theoretical content in paleoanthro-pology. International Journal of Primatology, 11：173—192.

Roberts, A. M. & Thorpe, S. K. S. (2014). Challenges to human uniqueness：bipedalism, birth and brains. Journal of Zoology (in press).

关于为什么我们不应该寻找一个单一的"适应性变化"来解释人类进化中的所有变化：

Cartmill, M. (2012). Primate origins, human origins, and the end of higher taxa. Evolutionary Anthropology, 21：208—220.

图书在版编目(CIP)数据

我们为什么长这样/(英)爱丽丝·罗伯茨著;徐彬译.—长沙:湖南科学技术出版社,2021.9
  ISBN 978-7-5710-1068-3

Ⅰ.①我… Ⅱ.①爱…②徐… Ⅲ.①自然科学—普及读物 Ⅳ.①N49

中国版本图书馆 CIP 数据核字(2021)第 137840 号

THE INCREDIBLE UNLIKELINESS OF BEING:Evolution and the Making of Us
Copyright ⓒ 2014 Alice Roberts
Illustrations copyright ⓒ 2014 Alice Roberts
The moral right of Alice Roberts to be identified as the author of this work has been
asserted in accordance with the Copyright, Designs and Patents Act 1988.
All rights reserved.
湖南科学技术出版社获得本书中文简体版独家出版发行权
著作权合同登记号　18-2021-47

WOMEN WEISHENME ZHANGZHEYANG
我们为什么长这样

著　　者：[英]爱丽丝·罗伯茨
译　　者：徐　彬
策划编辑：吴　炜
责任编辑：杨　波
营销编辑：吴　诗
出版发行：湖南科学技术出版社
社　　址：长沙市开福区芙蓉中路一段 416 号
网　　址：http://www.hnstp.com
湖南科学技术出版社天猫旗舰店网址：http://hnkjcbs.tmall.com
印　　刷：长沙鸿和印务有限公司
厂　　址：长沙市望城区普瑞西路858 号
版　　次：2021 年 9 月第 1 版
印　　次：2021 年 9 月第 1 次印刷
开　　本：880mm×1230mm　1/32
印　　张：12.75
字　　数：272 千字
书　　号：978-7-5710-1068-3
定　　价：69.00 元
(版权所有·翻印必究)